21世纪高等学校规划教材 | 计算机科学与技术

U0133873

数据库原理及应用

雷景生　叶文珺　李永斌　主编

乐嘉锦　主审

清华大学出版社

北京

内 容 简 介

本书是上海市精品课程"数据库原理及应用"的配套教材。

本书较系统全面地阐述了数据库系统的基础理论、基本技术和基本方法,共分 11 章和 2 个附录,具体内容主要包括数据库的基本概念、数据模型、关系数据库、关系数据库标准语言 SQL、触发器、存储过程、数据完整性、数据库安全、关系数据库理论、索引、数据库设计、事务管理、并发控制、数据库备份与恢复、数据仓库、数据挖掘及数据库新技术、SQL Server 2005 的使用、实验指导等。

书中和 SQL 语句有关的例子均在 SQL Server 2005 环境下测试通过。

本教材附带的实验指导(附录 B)是笔者多年数据库实验教学的积累,以 SQL Server 为实验环境,内容丰富全面,非常具有实用性

本书既可以作为高等院校计算机、软件工程、信息安全、信息管理与信息系统、信息与计算科学等相关专业本科生数据库课程的教材,也可以作为电气工程相关专业研究生数据库课程及电力企业信息化教材。

图书在版编目(CIP)数据

数据库原理及应用 / 雷景生,叶文珺,李永斌主编. —北京:清华大学出版社,2012.1

(21 世纪高等学校规划教材·计算机科学与技术)

ISBN 978-7-302-26156-8

Ⅰ. ①数… Ⅱ. ①雷… ②叶… ③李… Ⅲ. ①数据库系统-高等学校-教材 Ⅳ. ①TP311.13

中国版本图书馆 CIP 数据核字(2011)第 136029 号

责任编辑:魏江江
责任校对:李建庄
责任印制:李红英

出版发行:	清华大学出版社	地　　址:	北京清华大学学研大厦 A 座
	http://www.tup.com.cn	邮　　编:	100084
社　总　机:	010-62770175	邮　　购:	010-62786544
投稿与读者服务:	010-62776969,c-service@tup.tsinghua.edu.cn		
质　量　反　馈:	010-62772015,zhiliang@tup.tsinghua.edu.cn		

印　装　者:北京鑫海金澳胶印有限公司

经　　销:全国新华书店

开　　本:185×260　印　张:19　字　数:471 千字

版　　次:2012 年 1 月第 1 版　　印　　次:2012 年 1 月第 1 次印刷

印　　数:1~3000

定　　价:29.50 元

产品编号:038199-01

编审委员会成员

（按地区排序）

扬州大学	李 云	教授
南京大学	骆 斌	教授
	黄 强	副教授
南京航空航天大学	黄志球	教授
	秦小麟	教授
南京理工大学	张功萱	教授
南京邮电学院	朱秀昌	教授
苏州大学	王宜怀	教授
	陈建明	副教授
江苏大学	鲍可进	教授
中国矿业大学	张 艳	副教授
	姜 薇	副教授
武汉大学	何炎祥	教授
华中科技大学	刘乐善	教授
中南财经政法大学	刘腾红	教授
华中师范大学	叶俊民	教授
	郑世珏	教授
	陈 利	教授
江汉大学	颜 彬	教授
国防科技大学	赵克佳	教授
	邹北骥	教授
中南大学	刘卫国	教授
湖南大学	林亚平	教授
西安交通大学	沈钧毅	教授
	齐 勇	教授
长安大学	巨永锋	教授
哈尔滨工业大学	郭茂祖	教授
吉林大学	徐一平	教授
	毕 强	教授
山东大学	孟祥旭	教授
	郝兴伟	教授
中山大学	潘小轰	教授
厦门大学	冯少荣	教授
仰恩大学	张思民	教授
云南大学	刘惟一	教授
电子科技大学	刘乃琦	教授
	罗 蕾	教授
成都理工大学	蔡 淮	教授
	于 春	讲师
西南交通大学	曾华燊	教授

出版说明

随着我国改革开放的进一步深化，高等教育也得到了快速发展，各地高校紧密结合地方经济建设发展需要，科学运用市场调节机制，加大了使用信息科学等现代科学技术提升、改造传统学科专业的投入力度，通过教育改革合理调整和配置了教育资源，优化了传统学科专业，积极为地方经济建设输送人才，为我国经济社会的快速、健康和可持续发展以及高等教育自身的改革发展做出了巨大贡献。但是，高等教育质量还需要进一步提高以适应经济社会发展的需要，不少高校的专业设置和结构不尽合理，教师队伍整体素质亟待提高，人才培养模式、教学内容和方法需要进一步转变，学生的实践能力和创新精神亟待加强。

教育部一直十分重视高等教育质量工作。2007年1月，教育部下发了《关于实施高等学校本科教学质量与教学改革工程的意见》，计划实施"高等学校本科教学质量与教学改革工程（简称'质量工程'）"，通过专业结构调整、课程教材建设、实践教学改革、教学团队建设等多项内容，进一步深化高等学校教学改革，提高人才培养的能力和水平，更好地满足经济社会发展对高素质人才的需要。在贯彻和落实教育部"质量工程"的过程中，各地高校发挥师资力量强、办学经验丰富、教学资源充裕等优势，对其特色专业及特色课程（群）加以规划、整理和总结，更新教学内容、改革课程体系，建设了一大批内容新、体系新、方法新、手段新的特色课程。在此基础上，经教育部相关教学指导委员会专家的指导和建议，清华大学出版社在多个领域精选各高校的特色课程，分别规划出版系列教材，以配合"质量工程"的实施，满足各高校教学质量和教学改革的需要。

为了深入贯彻落实教育部《关于加强高等学校本科教学工作，提高教学质量的若干意见》精神，紧密配合教育部已经启动的"高等学校教学质量与教学改革工程精品课程建设工作"，在有关专家、教授的倡议和有关部门的大力支持下，我们组织并成立了"清华大学出版社教材编审委员会"（以下简称"编委会"），旨在配合教育部制定精品课程教材的出版规划，讨论并实施精品课程教材的编写与出版工作。"编委会"成员皆来自全国各类高等学校教学与科研第一线的骨干教师，其中许多教师为各校相关院、系主管教学的院长或系主任。

按照教育部的要求，"编委会"一致认为，精品课程的建设工作从开始就要坚持高标准、严要求，处于一个比较高的起点上；精品课程教材应该能够反映各高校教学改革与课程建设的需要，要有特色风格、有创新性（新体系、新内容、新手段、新思路，教材的内容体系有较高的科学创新、技术创新和理念创新的含量）、先进性（对原有的学科体系有实质性的改革和发展，顺应并符合21世纪教学发展的规律，代表并引领课程发展的趋势和方向）、示范性（教材所体现的课程体系具有较广泛的辐射性和示范性）和一定的前瞻性。教材由个人申报或各校推荐（通过所在高校的"编委会"成员推荐），经"编委会"认真评审，最后由清华大学出版社审定出版。

目前，针对计算机类和电子信息类相关专业成立了两个"编委会"，即"清华大学出版社计算机教材编审委员会"和"清华大学出版社电子信息教材编审委员会"。推出的特色精品教材包括：

（1）21 世纪高等学校规划教材·计算机应用——高等学校各类专业，特别是非计算机专业的计算机应用类教材。

（2）21 世纪高等学校规划教材·计算机科学与技术——高等学校计算机相关专业的教材。

（3）21 世纪高等学校规划教材·电子信息——高等学校电子信息相关专业的教材。

（4）21 世纪高等学校规划教材·软件工程——高等学校软件工程相关专业的教材。

（5）21 世纪高等学校规划教材·信息管理与信息系统。

（6）21 世纪高等学校规划教材·财经管理与应用。

（7）21 世纪高等学校规划教材·电子商务。

（8）21 世纪高等学校规划教材·物联网。

清华大学出版社经过三十年的努力，在教材尤其是计算机和电子信息类专业教材出版方面树立了权威品牌，为我国的高等教育事业做出了重要贡献。清华版教材形成了技术准确、内容严谨的独特风格，这种风格将延续并反映在特色精品教材的建设中。

清华大学出版社教材编审委员会
联系人：魏江江
E-mail:weijj@tup.tsinghua.edu.cn

前 言

作为数据管理的最新技术，数据库技术是计算机科学技术中发展最快的领域之一，它已成为计算机信息系统与应用系统的核心技术和重要基础。数据库技术已在当代的社会生活中得到广泛的应用，并形成一个巨大的软件产业。

数据库技术始于 20 世纪 60 年代末，经过 40 多年的发展，已经历 3 次演变，形成以数据建模和 DBMS 核心技术为主，具有相当规模的理论体系和实用技术的一门学科，目前已成为计算机软件领域的一个重要分支。通常，人们把早期的层次数据库系统与网状数据库系统称为第一代数据库系统，把当今流行的关系数据库系统称为第二代数据库系统，当前正在发展的热点是新型的第三代乃至第四代数据库系统。数据库技术的发展方兴未艾，新原理、新技术不断出现，然而这些新型数据库系统大都建立在基本的数据库技术基础之上。

本书是上海市精品课程"数据库原理及应用"的配套教材，全书共分 11 章和两个附录，结合电力企业数据库应用案例，较为详细地介绍了数据库系统的基本概念、原理、方法和应用技术。

第 1 章介绍数据库系统的几个重要概念，回顾数据管理技术的发展过程，并在此基础上介绍数据库系统结构和数据库管理系统的体系结构。

第 2 章介绍数据模型的概念，并详细介绍了 E-R 模型。

第 3 章介绍关系数据库的基本概念，关系模型的运算理论：关系代数。

第 4 章介绍关系数据库标准语言 SQL 的应用。

第 5 章介绍数据库的存储过程和触发器的应用，并进一步介绍数据完整性的概念。

第 6 章介绍关系数据库理论，包括函数依赖、公理系统、规范化和模式分解等内容。

第 7 章介绍索引的概念及 SQL Server 中索引的结构。

第 8 章介绍一些常用的数据库系统的设计方法，主要介绍数据库的概念设计、逻辑设计以及物理设计，并给出一个电力系统数据库应用的实例。

第 9 章介绍数据库安全的概念以及 SQL Server 系统的安全机制。

第 10 章介绍数据库保护，包括事务的概念、并发控制和数据库恢复，并介绍 SQL Server 中的备份和恢复。

第 11 章简单介绍数据仓库、数据挖掘技术及数据库技术的最新发展动态。

附录 A 介绍 SQL Server 2005 的安装及简单使用。

附录 B 是实验指导，紧密结合教材内容提供 9 个上机实验，力求使实验内容详细、实用。

全书每章后面均配有适量的习题，以加强对数据库系统概念、方法的理解和掌握。

本书可以作为计算机、软件工程及相关专业的教材，讲授时应根据需要对内容作适当取舍。

　　本书由上海电力学院雷景生教授负责内容的取材、组织和统稿。第 1 章、第 2 章、第 10 章和第 11 章由李永斌老师执笔，第 3 章、第 6 章、第 9 章及附录 B 由叶文珺老师执笔，第 4 章、第 5 章及附录 A 由冯莉老师执笔，第 7 章、第 8 章的数据库设计部分由杜海舟老师执笔，第 8 章的设计案例由袁仲雄老师提供。

　　在教材的编写过程中，尽可能引入新的技术和方法，力求反映当前的技术水平和未来的发展方向，但由于学识浅陋、水平有限，不足之处还望批评指正。

编　者

2011 年 8 月

目 录

第1章

绪论

数据库是"由一个互相关联的数据的集合和一组用以访问这些数据的程序组成"。在经济管理的日常工作中，常常需要把某些相关的数据放进这样的"仓库"，并根据管理的需要进行相应的处理。例如，大学通常要把学生的基本信息（学号、姓名、籍贯等）存放在表中，这张表就可以看成是一个数据库，有了这个"数据库"，就可以根据需要随时查询某学生的基本情况。这些工作如果都能在计算机上自动进行，那信息管理就可以达到极高的水平。

J.Martin 给数据库下了一个比较完整的定义：数据库是存储在一起的相关数据的集合，这些数据是结构化的，无有害的或不必要的冗余，并为多种应用服务；数据的存储独立于使用它的程序；对数据库插入新数据，修改和检索原有数据均能按一种公用的和可控制的方式进行。当某个系统中存在结构上完全分开的若干个数据库时，则该系统包含一个"数据库集合"。

数据库管理的对象是数据及数据的关联，数据是一个广义的概念，是存储在计算机媒体上的物理符号的集合，数据分为数值型数据（如成绩、价格、工资）与非数值型数据（如姓名、地址、声音、图像），是描述事物的符号。

用户关心的是数据的内涵——信息，也就是对数据的语义解释。对数据加工处理后得到的有用知识称为"信息"。信息来源于数据，数据是信息的具体表现形式，数据是物理性的，信息是观念性的。例如：某学校要召开会议，这个事件形成了"开会"信息。把该信息通知有关院系时，既可以通过"声音"传播，也可以通过"文字"传递，尽管数据形式不同，但"开会"这个信息的内容并没有变。

数据库的数据要求具有两个特性：

- 整体性：数据库中的数据是从全局观点出发建立的，按一定的数据模型进行组织、描述和存储。
- 共享性：数据库中的数据是为众多用户共享其信息而建立的，已经摆脱了具体程序的限制和制约；不同的用户可以按各自的用法使用数据库中的数据。

1.1 数据管理技术的发展

数据管理技术的发展共经历了三个阶段。

1.1.1　人工管理阶段

20 世纪 50 年代的计算机主要用于科学计算，数据处理都是通过手工方式进行的。当时外存没有磁盘等直接存取的存储设备，数据只能存放在卡片或纸带上；软件方面只有汇编语言，没有操作系统，数据的处理是批处理，程序运行结束后数据不保存。这些决定了当时的数据管理主要依赖于人工。

主要特点如下。

1．数据不保存

由于计算机的软件和硬件的发展水平有限，当时计算机主要应用于科学计算，存储设备有限且可靠性低，通常一组数据对应一个程序，数据随程序一起输入计算机，处理结束后将结果输出，数据空间随着程序空间一起被释放。

2．只有程序概念，没有文件概念

由于当时没有专门的数据管理软件，应用程序的数据由程序自行负责，因此数据的组织方式必须由程序员自行设计与安排。所有的数据库设计包括逻辑结构、物理结构、存取方法及输入方式等，都由应用程序完成。程序员的负担很重，而且也造成不同程序之间的数据无法共享，数据的独立性差。

3．数据面向应用

一组数据对应一个程序，如果多个程序需要使用相同的数据，必须在多个程序中重复建立相同的数据，程序之间的数据不能共享，造成数据的大量冗余，从而有可能导致数据的不一致性。

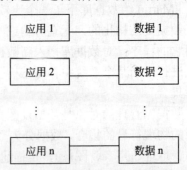

图 1.1　人工管理阶段应用和数据之间的关系

人工管理阶段应用和数据之间的关系，如图 1.1 所示。

1.1.2　文件系统阶段

20 世纪 50 年代末到 60 年代中期，计算机技术有了很大的发展，计算机的应用也从科学计算发展到了文档、工程管理。这时计算机在硬件上有了大容量的磁盘、磁鼓等外存设备；软件上有了操作系统、高级语言，出现了专门管理数据的文件系统；处理方式上不仅有批处理，还增加了联机处理方式。

这一时期的数据管理方式主要体现出以下特点。

1．数据可以长期保存

由于磁盘、磁鼓等外存设备的出现，数据可以长期保存在外存设备上，用户可以反复查询、修改、添加、删除这些数据。

2．数据由文件系统管理

数据由文件系统管理，文件系统把数据组织成相互独立的数据文件，文件系统实现了记录内的结构性，但整体无结构。应用程序可以通过文件系统提供的访问控制接口完成对数据文件的访问和读写，从而使应用程序和数据之间有了一定的独立性，这样程序员可以集中精力考虑软件功能的实现，而不需要考虑文件的物理结构及相应的操作。

3. 数据冗余、不一致、联系差

文件系统中，文件依然是面向应用的，一个文件基本上对应一个应用程序的状况并未改变。因此当有多个程序需使用相同数据时，依然需要在各自文件中建立相同文件，因此数据的冗余度大，同时由于相同数据重复存储，容易造成数据的不一致性。

同时，由于文件依然面向应用，一旦文件的逻辑结构改变，也将导致应用程序的修改，反之，应用程序的改变也有可能导致文件的逻辑结构相应发生变化，因此数据和程序之间仍缺乏相应的独立性。可见，文件系统中，文件之间是孤立的。

文件系统阶段应用和数据之间的关系，如图 1.2 所示。

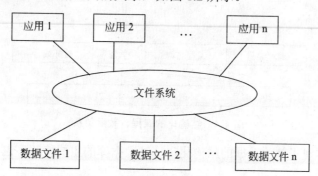

图 1.2　文件系统阶段应用和数据之间的关系

1.1.3　数据库管理阶段

20 世纪 60 年代后期，随着计算机应用越来越广泛，需要管理的数据规模也日益增长。这时硬件上已有大容量的硬盘出现，处理数据的方式上联机实时处理的需求也越来越多。在这种背景下，原先的以文件系统管理数据的方式已经不再适应发展的需要，于是人们对文件系统进行了扩充，研制了一种结构化的数据组织和处理方式，才出现了真正的数据库系统。数据库为统一管理与共享数据提供了有力支撑，这个时期数据库系统蓬勃发展形成了有名的"数据库时代"。数据库系统建立了数据与数据之间的有机联系，实现了统一、集中、独立地管理数据，使数据的存取独立于使用数据的程序，实现了数据的共享。

数据库系统的特点如下：

1. 数据结构化

文件系统阶段，只考虑同一文件内部各数据项之间的联系，而文件之间则没有联系。例如，图 1.3 中课程文件 Course 的记录是由课程编号、课程名称、学分、教师编号、教师姓名组成；教师文件 Teacher 的记录是由教师编号、教师姓名、性别、系组成。这两个数据文件的记录是有内在联系的，即课程文件中出现的教师编号和姓名必须在教师文件中存在。由于数据文件之间的无关性，无法保证两个数据文件之间的参照完整性，只能由程序员编写程序实现。

课程文件：

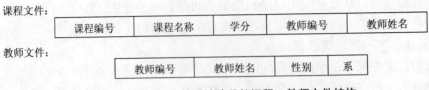

教师文件：

图 1.3　文件系统阶段的课程、教师文件结构

　　而在数据库系统中，数据记录保存在关系（二维表格）中，关系之间的参照完整性是由数据库系统实现的，也就是说数据库系统不仅考虑某个应用的数据结构完整性，还要考虑整个组织的完整性。如图 1.4 所示，课程关系和教师关系存在共同的列（属性），数据库系统会要求课程关系中的教师编号必须在教师关系中存在，而不像在文件系统中必须通过程序来约束。

课程关系：

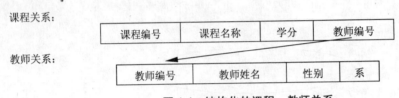

教师关系：

图 1.4　结构化的课程、教师关系

　　数据库系统实现了整体数据的结构化，这是数据库的主要特征，也是数据库系统和文件系统的本质区别。

2．数据共享性高

　　数据库系统从整体角度看待和描述数据，数据不再面向某个应用而是面向整个系统，因此，数据可以被多个用户、多个应用共享使用，极大地减少了数据的冗余度，节约了存储空间，又避免了数据之间的不相容性和不一致性。尤其是数据库技术与网络技术的结合扩大了数据库系统的应用范围。

3．数据独立性高

　　数据独立性包括两个方面：数据的物理独立性与数据的逻辑独立性。

　　物理独立性是指用户的应用程序与存储在磁盘上的数据库中的数据是相互独立的。即，数据在磁盘上怎样存储由 DBMS 管理，应用程序不需要了解，它要处理的只是数据的逻辑结构，这样当数据的物理存储改变时，应用程序不用改变。

　　逻辑独立性是指用户的应用程序与数据库的逻辑结构是相互独立的。即，当数据的逻辑结构改变时，应用程序也可以不变。

　　数据独立性是由 DBMS 通过用户程序与数据的全局逻辑结构及数据的存储结构之间二级映像得到的，具体方法将在后面介绍。

4．数据由数据库管理系统（DBMS）统一管理和控制

　　数据库为多用户共享资源，允许多个用户同时访问，为了保证数据的安全性和完整性，数据由数据库系统统一管理和控制。

　　数据库系统对访问数据库的用户进行身份及其操作的合法性检查，防止不合法地使用数据，造成数据的丢失和信息泄露。

　　数据库系统自动检查数据的一致性、相容性，保证数据应符合完整性约束条件，譬如规定性别只能是男、女，考试成绩只能在 0 分到 100 分之间等。

数据库系统提供并发控制手段，能有效控制多个用户程序同时对数据库数据的操作，保证共享及并发操作，防止多用户并发访问数据时而产生的数据不一致性。

数据库系统具有恢复功能，即当数据库遭到破坏时能自动从错误状态恢复到正确状态的功能，保证数据库能够从错误状态恢复到某个一致的正确状态。

数据库管理阶段应用和数据之间的关系如图 1.5 所示。

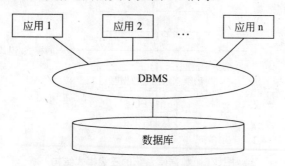

图 1.5 数据库管理阶段应用和数据之间的关系

1.2 数据库系统结构

数据库系统的结构从不同的角度可以有不同的划分。

从数据库最终用户角度看，数据库系统的结构分为单用户结构、主从式结构、分布式结构等。

从数据库管理系统的角度看，数据库系统的结构通常分为三级模式的总体结构，在这种模式下，形成了二级映像，实现了数据的独立性。

随着时间的推移，信息总会发生变化，数据库也随之发生改变。特定时刻存储在数据库中信息的集合称作数据的一个实例，而数据库的总体设计称为数据库模式。数据库模式是对现实世界的抽象，是对数据库中全体数据逻辑结构和特征的描述，它是相对稳定的，即使发生变化，也是不频繁的。

下面介绍数据库系统的模式结构。

1.2.1 三级模式结构

数据库系统的三级模式结构由模式、外模式和内模式组成，如图 1.6 所示。

1. 模式

模式（Schema）也称逻辑模式或概念模式，是数据库中全体数据逻辑结构和特征的描述，描述现实世界中的实体及其性质与联系，是所有用户的公共数据视图。

数据库系统概念模式通常还包含有访问控制、保密定义、完整性检查等方面的内容，以及概念/物理之间的映射。

模式实际上是数据库数据在逻辑级上的视图。一个数据库只有一个模式。定义模式时不仅要定义数据的逻辑结构，而且要定义数据之间的联系，定义与数据有关的安全性、完整性要求。

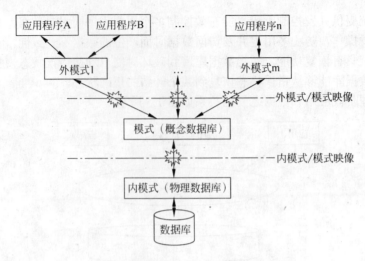

图 1.6   数据库系统的三级模式结构

2. 外模式

外模式（External Schema）也称子模式或用户模式，它是用以描述用户看到或使用的数据的局部逻辑结构和特性的，用户根据外模式用数据操作语句或应用程序去操作数据库中的数据。外模式主要描述组成用户视图的各个记录的组成、相互关系、数据项的特征、数据的安全性和完整性约束条件。

外模式是数据库用户（包括程序员和最终用户）能够看见和使用的局部数据的逻辑结构和特征的描述，是数据库用户的数据视图，是与某一应用有关的数据的逻辑表示。一个数据库可以有多个外模式，一个应用程序只能使用一个外模式。

外模式是保证数据库安全的重要措施，每个用户只能看见和访问所对应的外模式中的数据，而数据库中的其他数据均不可见。

3. 内模式

内模式（Internal Schema）也称存储模式，是整个数据库的最底层表示，不同于物理层，它假设外存是一个无限的线性地址空间。一个数据库只有一个内模式。它是数据物理结构和存储方式的描述，是数据在数据库内部的表示方式。

内模式定义的是存储记录的类型、存储域的表示、存储记录的物理顺序、指引元、索引和存储路径等数据的存储组织。例如，记录的存储方式是顺序结构存储还是 B 树结构存储；索引按什么方式组织；数据是否压缩，是否加密；数据的存储记录结构有何规定等。

这三级模式的特点如表 1.1 所示。

表 1.1   三级模式的特点

外 模 式	模 式	内 模 式
是数据库用户所看到的数据视图，是用户和数据库的接口	是所有用户的公共视图	数据在数据库内部的表示方式
可以有多个外模式	只有一个模式	只有一个内模式
每个用户只关心与他有关的模式，屏蔽大量无关的信息，有利于数据保护	以某一种数据模型为基础，统一综合考虑所有用户的需求，并将这些需求有机地结合成一个逻辑实体	
面向应用程序和最终用户	由数据库管理员（DBA）决定	由 DBMS 决定

1.2.2 数据库系统的二级独立性

数据库系统二级独立性是指物理独立性和逻辑独立性。三个抽象级间通过两级映像（外模式/模式映像，模式/内模式映像）进行相互转换，使得数据库的三级形成一个统一的整体。

1. 物理独立性

物理独立性是指用户的应用程序与存储在磁盘上数据库中的数据是相互独立的。当数据的物理存储改变时，应用程序不需要改变。

2. 逻辑独立性

逻辑独立性是指用户的应用程序与数据库中的逻辑结构是相互独立的。当数据库的逻辑结构改变时，应用程序不需要改变。

1.2.3 数据库系统的二级映像

数据库系统的三级模式是对数据库中数据的三级抽象，用户可以不必考虑数据的物理存储细节，而把具体的数据组织留给 DBMS 管理。为了能够在内部实现数据库的三个抽象层次的联系和转换，数据库管理系统在这三级模式之间提供了两层映像：外模式/模式映像，模式/内模式映像。

1. 外模式/模式映像

对应于同一个模式可以有任意多个外模式，数据具有较高的逻辑独立性。对于每一个外模式，数据库系统都有一个外模式/模式映像，它定义了该外模式与模式之间的对应关系。这些映像定义通常包含在各自外模式的描述中。当模式改变时，DBA 要对相关的外模式/模式映像作相应的改变，以使外模式保持不变。应用程序是依据数据的外模式编写的，外模式不变，应用程序就没必要修改。所以外模式/模式映像功能保证了数据与程序的逻辑独立性。

2. 模式/内模式映像

数据库中只有一个模式，也只有一个内模式，所以模式/内模式映像是唯一的，它定义了数据库全局逻辑结构与存储结构之间的对应关系。该映像定义通常包含在模式描述中。当数据库的存储结构改变了，数据库管理员要对模式/内模式映像作相应的改变，以使模式保持不变。模式不变，与模式没有直接联系的应用程序也不会改变，所以模式/内模式映像功能保证了数据与程序的物理独立性。

1.3 数据库、数据库管理系统和数据库系统

1.3.1 数据库

数据库（DataBase，DB），顾名思义，是存放数据的仓库。只不过这个仓库是在计算

机存储设备上，而且数据是按一定的格式存放的。

人们经常从现实世界的某些事物中抽取大量的数据，并将其保存起来，以供进一步的加工处理。在科学技术飞速发展的今天，人们的视野越来越广，数据量急剧增加。过去人们把数据存放在文件中，现在人们利用计算机和数据库技术进行大量的数据保存工作。

概括地讲，数据库就是按照一定的组织方式存储在计算机介质上，能够为多个用户共享，与应用程序相互独立，数据之间相互关联，具有较小冗余度的数据的集合。

1.3.2　数据库管理系统

数据库管理系统（DataBase Management System, DBMS）是数据库系统的核心部分，它负责数据库的定义、建立、操作、管理、维护等。数据库管理系统为用户管理数据提供了一系列命令，利用这些命令可以实现对数据库的各种操作。

数据库管理系统和操作系统一样是计算机的基础软件，也是一个大型的复杂系统软件。DBMS 的工作机制是把用户对数据的操作转化为对系统存储文件的操作，有效地实现数据库三级之间的转化。数据库管理系统的主要职能有数据库的定义和建立、数据库的操作、数据库的控制、数据库的维护、故障恢复和数据通信。它的主要功能包括以下几个方面。

1. 数据定义功能

DBMS 提供了相应的数据定义语言（Data Definition Language，DDL）定义数据库及其组成元素的结构。

2. 数据操纵功能

DBMS 还提供了数据操纵语言（Data Manipulation Language，DML）操纵数据库中的数据，实现对数据的基本操作，如查询、插入、删除和修改等。

3. 数据组织、存取功能

DBMS 提供了数据在外围设备上的物理组织方式与相应的存取方法（索引查找、Hash查找、顺序查找等）来提高存取效率。

4. 数据库运行管理功能

数据库在建立、运用和维护时由 DBMS 统一管理、统一控制，以保证数据的安全性、完整性、多用户对数据的并发使用及发生故障后的系统恢复。

5. 数据库建立与维护功能

数据库的建立是指数据的载入、存储、重组与恢复等。数据库的维护是指数据库及其组成元素的结构修改、数据备份等。这些功能通常由数据库管理系统的一些实用工具完成。

1.3.3　数据库系统

数据库系统（DataBase System，DBS）是实现有组织地、动态地存储大量关联数据，方便多用户访问的计算机软件、硬件和数据资源组成的系统。一个典型的数据库系统包括数据库、硬件、软件（应用程序）和数据库管理员（DBA）四个部分，即它是采用了数据库技术的计算机系统。

一般情况下，常常把数据库系统简称为数据库。

数据库系统可以用图 1.7 表示。

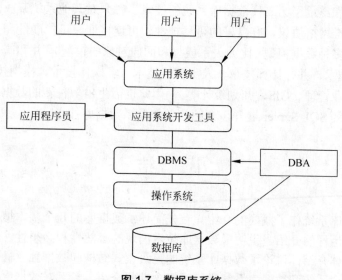

图 1.7 数据库系统

1.4 数据库技术的发展

数据库技术最初产生于 20 世纪 60 年代中期，特别是到了 20 世纪 60 年代后期，随着计算机管理数据的规模越来越大，应用越来越广泛，数据库技术也在不断地发展和提高，先后经历了第一代的网状、层次数据库系统；第二代的关系数据库系统；第三代的以面向对象模型为主要特征的数据库系统。

第一代数据库的代表是 1969 年 IBM 公司研制的层次模型的数据库管理系统 IMS 和 20 世纪 70 年代美国数据库系统语言协商 CODASYL 下属数据库任务组 DBTG 提议的网状模型。层次数据库的数据模型是有根的定向有序树，网状模型对应的是有向图。这两种数据库奠定了现代数据库发展的基础。这两种数据库具有如下共同点：(1) 支持三级模式（外模式、模式、内模式），保证数据库系统具有数据与程序的物理独立性和一定的逻辑独立性；(2) 用存取路径来表示数据之间的联系；(3) 有独立的数据定义语言；(4) 导航式的数据操纵语言。

第二代数据库的主要特征是支持关系数据模型。这一理论是在 20 世纪 70 年代由时任 IBM 研究员的 E. F. Codd 博士提出的。关系数据库系统管理的数据，其结构较为简单，数据本身以二维表的形式进行存储；表之间的数据联系是通过一个表的码与另一个表的码的连接来实现的。关系数据库系统为其管理的数据提供并发控制、应急恢复和可伸缩性等功能。值得注意的是，关系数据库最重要的特征不是其存储和读取数据的能力，而是关系数据库系统提供的强大的查询功能以及提供的十分方便、易于使用的非过程化查询语言 SQL，这些优点使得关系型数据库得到广泛的应用。

第三代数据库产生于 20 世纪 80 年代，随着科学技术的不断进步，不同领域的数据库应用提出了更多新的数据管理的需求，关系型数据库已经不能完全满足需求，于是数据库技术的研究和发展进入了新时代。主要有以下特征：（1）支持数据管理、对象管理和知识管理；（2）保持和继承了第二代数据库系统的技术；（3）对其他系统开放，支持数据库语言标准，支持标准网络协议，有良好的可移植性、可连接性、可扩展性和互操作性等。第三代数据库支持多种数据模型（比如关系模型和面向对象的模型），并和诸多新技术相结合（比如分布处理技术、并行计算技术、人工智能技术、多媒体技术、模糊技术），广泛应用于多个领域（商业管理、GIS、计划统计等），由此也衍生出多种新的数据库技术。

本书主要围绕 SQL Server 展开，介绍相关的关系数据库技术。

小　结

本章对数据库系统作了概要的介绍。首先简述了数据库的几个基本概念，通过对数据管理技术的发展历程的介绍，说明了数据库技术出现的必然性和必须性。之后，对数据库系统结构作了整体介绍，讨论了数据库系统的三级模式结构和数据独立性的概念，并对数据库、数据库管理系统和数据库系统进行了概念性的介绍。最后对数据库技术的发展作了简要介绍。

学习完本章之后，应该理解有关数据库的基本概念和基本方法，并初步了解数据库系统的三级模式结构和数据独立性。

- **数据库系统（DataBase System，DBS）主要特点**：数据结构化；数据共享性好，冗余度小；数据独立性好；数据由 DBMS 统一管理和控制，从而保证多个用户能并发、安全、可靠地访问，而一旦出现故障，也能有效恢复。
- **数据库系统三级模式结构**：定义了数据库的三个抽象级：用户级、概念级、物理级；用户级数据库对应于外模式，概念级数据库对应于模式，物理级数据库对应于内模式；这三级之间通过一定的对应规则进行相互映射，从而保证了数据库系统中能够具有较高的逻辑独立性和物理独立性。
- **数据库管理系统（DataBase Management System，DBMS）**：DBMS 是数据库系统的核心，用户开发的数据库系统都是建立在特定的 DBMS 之上；数据库管理系统的主要职能有数据库的定义和建立、数据库的操作、数据库的控制、数据库的维护、故障恢复和数据通信。

习　题

选择题

1. 数据逻辑独立性是指（　　）。

 A. 模式改变，外模式和应用程序不变

 B. 模式改变，内模式不变

 C. 内模式改变，模式不变

 D. 内模式改变，外模式和应用程序不变

2. DB、DBMS、DBS 三者之间的关系（　　）。

　　A．DB 包括 DBMS 和 DBS　　　　　　　B．DBS 包括 DB 和 DBMS

　　C．DBMS 包括 DB 和 DBS　　　　　　　D．DBS 与 DB 和 DBMS 无关

3. 下列四项中，不属于数据库系统特点的是（　　）。

　　A．数据共享　　　　　B．数据完整性　　　　C．数据冗余度高　　　D．数据独立性高

4. 位于用户和数据库之间的一层数据管理软件是（　　）。

　　A．DBS　　　　　　　B．DB　　　　　　　　C．DBMS　　　　　　　D．MIS

5. 在数据库系统的组织结构中，下列（　　）映像把概念数据库与物理数据库联系起来。

　　A．外模式/模式　　　B．内模式/外模式　　　C．模式/内模式　　　D．模式/外模式

6. 物理数据独立性是指（　　）。

　　A．概念模式改变，外模式和应用程序不变

　　B．概念模式改变，内模式不变

　　C．内模式改变，概念模式不变

　　D．内模式改变，外模式和应用程序不变

7. 数据库系统中，用（　　）描述全部数据的整体逻辑结构。

　　A．外模式　　　　　　B．存储模式　　　　　C．内模式　　　　　　D．概念模式

8. 数据库系统中，用户使用的数据视图用（　　）来描述，它是用户与数据库系统之间的接口。

　　A．外模式　　　　　　B．存储模式　　　　　C．内模式　　　　　　D．概念模式

9. 数据库系统中，物理存储视图用（　　）描述。

　　A．外模式　　　　　　B．用户模式　　　　　C．内模式　　　　　　D．概念模式

10. 数据库系统达到了数据独立性是因为采用了（　　）。

　　A．层次模型　　　　　　　　　　　　　　B．网状模型

　　C．关系模型　　　　　　　　　　　　　　D．三级模式结构

简答题

1. 简述数据管理技术的发展历程。

2. 简述数据、数据库、数据库管理关系、数据库系统的概念。

3. 简述数据库系统的三级模式和两级映像的含义。

4. 什么是数据独立性？简述数据库系统如何实现数据独立性。

5. 数据库管理系统的主要功能有哪些？

第2章

数据模型

模型是对现实世界中某个对象特征的模拟和抽取。数据模型也是一种模型，它是对现实世界数据特征的抽取。具体说，数据模型是一个描述数据、数据联系、数据语义以及一致性约束的概念工具的集合。

数据模型是理解数据库的基础，本章将就数据模型的有关概念、方法及其数据库常用数据模型进行讨论。

2.1 数据模型的概念

2.1.1 数据的三个范畴

数据需要经过人们的认识、理解、整理、规范和加工，然后才能存放到数据库中。也就是说，数据从现实生活进入到数据库实际经历了若干个阶段。一般分为三个阶段，即现实世界阶段、信息世界阶段和机器世界阶段，也称为数据的三个范畴。

为了把现实世界中的具体事物抽象、组织为某一 DBMS 支持的数据模型，人们常常首先把现实世界抽象为信息世界，然后将信息世界转化为机器世界。也就是说，首先把现实世界中的客观对象抽象为某一种信息结构，这种信息结构并不依赖于具体的计算机系统，不是某一个 DBMS 支持的数据模型，而是概念级的模型；然后再把概念模型转换为计算机上某一 DBMS 支持的数据模型，其过程如图 2.1 所示。

1. 现实世界

现实世界即客观存在的世界。在现实世界中客观存在着各种运动的物质，即各种事物及事物之间的联系。客观世界中的事物都有一些特征，人们正是利用这些特征来区分事物的。一个事物可以有许多特征，通常都是选用有意义的和最能表征该事物的若干特征来描述。以人为例，常选用姓名、性别、年龄、籍贯等描述一个人的特征，有了这些特征，就能很容易地把不同的人区分开来。

世界上各种事物虽然千差万别，但都息息相关，

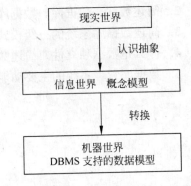

图 2.1 现实世界中客观对象的抽象过程

也就是说，它们之间都是相互联系的。事物间的关联也是多方面的，人们选择感兴趣的关

联，而没有必要选择所有关联。如在教学管理系统中，教师与学生之间仅选择"教学"这种有意义的联系。

2. 信息世界

现实世界中的事物及其联系由人们的感官感知，经过大脑的分析、归纳和抽象形成信息。对这些信息进行记录、整理、归纳和格式化后，它们就构成了信息世界。为了正确直观地反映客观事物及其联系，有必要对所研究的信息世界建立一个抽象模型，称为信息模型（或概念模型）。在信息世界中，数据库技术用到下列一些术语。

（1）实体（Entity）：客观存在的、可以相互区别的事物称为实体。实体可以是具体的对象，例如一个学生、一辆汽车等；也可以是抽象的事件，例如一次借书、一次足球赛等。

（2）实体集（Entity Set）：性质相同的同类实体的集合称为实体集。例如，所有的学生、全国足球联赛的所有比赛等。

（3）属性（Attribute）：实体有很多特性，每一个特性称为一个属性。每个属性有一个值域，其类型可以是整数型、实数型或字符串型等。例如，学生有学号、姓名、年龄、性别等属性，相应值域为字符串、整数和字符串型。

（4）码（Key）：能唯一标识每个实体的属性或属性集称为码。

3. 机器世界

早期的计算机只能处理数据化的信息（即只能用字母、数字或符号表示），所以用计算机管理信息，必须对信息进行数据化，即将信息用字符和数值表示。数据化后的信息称为数据，数据是能够被机器识别并处理的。当前多媒体技术的发展使计算机还能直接识别和处理图形、图像、声音等数据。数据化了的信息世界称为机器世界。通过从现实世界到机器世界的转换，为数据管理的计算机化打下了基础。信息世界的信息在机器世界中以数据形式存储。机器世界中数据描述的术语也有四个。

- 字段（Field）：标记实体属性的命名单位称为字段或数据项。它是可以命名的最小信息单位。字段的命名往往和属性名相同，例如，学生有学号、姓名、年龄、性别等字段。

- 记录（Record）：字段的有序集合称为记录。一般用一个记录描述一个实体，例如，一个学生记录由有序的字段集组成：（学号，姓名，年龄，性别）。

- 文件（File）：同一类记录的汇集称为文件。文件是描述实体集的，例如，所有学生记录组成了一个学生文件。

- 码（Key）：能唯一标识文件中每个记录的字段或字段集，称为记录的码。这个概念与实体的码相对应，例如，学生的学号可以作为学生记录的码。

机器世界和信息世界术语的对应关系如图 2.2 所示。

信息世界	机器世界
实体……………………记录	
属性……………………字段（数据项）	
实体集…………………文件	
码………………………码	

图 2.2　术语的对应关系

在数据库中，每个概念都有类型（type）和值（value）的区分。例如，"学生"是一个实体类型，而具体的人"张三"、"李四"是实体值；又如"姓名"是属性类型，而"张三"是属性值。记录也有记录类型和记录值之分。

类型是概念的内涵，而值是概念的外延。有时在不会引起误解的情况下，不用仔细区分类型和值。

为了便于理解，在图 2.3 中以学生数据为例表示了信息在三个世界中的有关术语及其联系。要特别注意实体与属性、型与值的区分，以及三个世界中各个术语的相应关系。

数据模型的所有术语都用在型一级，整个模型就像一个框架，给它添上具体的数据值就得到数据模型的一个实例（Instance）。为了简单起见，在以后的讨论中对于实体、属性等不再加上后缀"型"或"值"，同一个术语在型与值中平行使用。它们具体的含义可根据上下文的含义来判断。

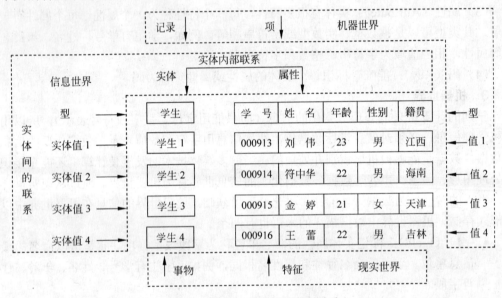

图 2.3　信息三个世界的术语联系

2.1.2　数据模型的组成要素及分类

一个部门或单位所涉及的数据很多，而且数据之间的联系错综复杂，应组织好这些数据，以方便用户使用数据。

为了用计算机处理现实世界中的具体问题，往往要对问题加以抽象，提取主要特征，归纳形成一个简单清晰的轮廓，从而使复杂的问题变得易于处理，这个过程称为建立模型。在数据库技术中，我们用数据模型（Data Model）的概念描述数据库的结构与语义，对现实世界进行抽象。

数据模型通常由数据结构、数据操作和完整性约束三要素组成。

数据结构描述的是系统的静态特性，即数据对象的数据类型、内容、属性，以及数据对象之间的联系。由于数据结构反映了数据模型最基本的特征，因此，人们通常都按照数据结构的类型来命名数据模型。传统的数据模型有层次模型、网状模型和关系模型。近年来，面向对象模型也得到了广泛应用。

数据操作描述的是系统的动态特性，是对各种对象的实例允许执行的操作集合。数据操作主要分更新和检索两大类，更新包括插入、删除和修改。数据模型必须定义这些操作的确切含义、操作符号、操作规则（如优先级），以及实现操作的语言。

完整性约束是一组完整性规则的集合，它是对数据模型中数据及其联系所具有的制约和依赖性规则，用来保证数据的正确性、有效性和相容性。例如，在关系模型中，任何关系都必须满足实体完整性和引用完整性这两个条件。

不同的数据模型实际上是提供给我们模型化数据和信息的不同工具。根据模型应用的不同目的，可以将这些模型划分为两类，它们分属于两个不同的层次。

第一类模型是概念模型，也称信息模型，它是按用户的观点来对数据和信息建模，主要用于数据库设计，其中最具影响力和代表性的是 P.P.S.Chen 于 1976 年提出的实体-联系方法（Entity-Relationship Approach），即通常所说的 E-R 方法或 E-R 图，其次是面向对象的数据模型，如 UML 对象模型。

另一类模型是结构化数据模型，主要是对数据最底层的抽象，它直接面向数据库的逻辑结构，是现实世界的第二层次抽象，它描述数据在系统内部的表示方法和存取方法，在磁盘或磁带上的存储方式和存取方法。面向计算机系统的常用结构化数据模型有层次模型、网状模型和关系模型。

数据模型是数据库系统的核心和基础，各种计算机上实现的 DBMS 软件都是基于某种数据模型。

下面主要介绍 E-R 模型和面向对象的数据模型（UML 对象模型）。

2.2 E-R 模型

实体-联系（E-R）数据模型基于对现实世界由一组称为实体的基本对象及这些对象间的联系组成这一认识的基础。E-R 模型是一种语义模型，它利用实体、实体集、联系、联系集和属性等基本概念，抽象描述现实世界中客观数据对象及其特征、数据对象之间的关联关系。E-R 模型的优点在于直观、易于理解，并且与具体计算机实现机制无关。

目前还没有具体的 DBMS 支持 E-R 模型，但有支持 E-R 模型的数据库设计工具，这种设计工具可以把 E-R 模型直接转换为具体的 DBMS 上的数据模型，并可以生成建立数据库的目标代码，甚至可以直接建立数据库，PowerDesigner 就是这样的工具。

2.2.1 基本概念

E-R 模型涉及的主要概念如下：

- 实体。实体是现实世界中客观存在并可相互区别的事物。实体可以是具体的人、事、物，也可以是抽象的概念或联系。例如一个员工、一个部门、物资设备等都是实体。
- 属性。实体所具有的某一特性称为属性。将一个属性赋予某实体集，则表明该实体集中每个实体都有相似信息，但每个实体在自己的每个属性上都有各自的值。例如，实体集员工可能具有 EmployeeID、EmployeeName 属性，对于某个特定的 Employee 实体，它的 EmployeeID 为 20100012，EmployeeName 为 Jack。

- 码。唯一标识实体的属性集称为码（key）。例如，EmployeeID 为 Employee 实体的码。
- 域。属性的取值范围称为域（Domain）。例如，EmployeeID 的域为 8 位整数，EmployeeName 的域为字符串集。
- 实体集。实体集是具有相同特征或能用同样特征描述的实体的集合。例如，某个单位的所有员工的集合可被定义为实体集 Employee。组成实体集的各实体称为实体集的外延，例如某单位所有员工称为实体集 Employee 的外延。

实体集不是孤立存在的，实体集之间存在各种各样的联系。例如，员工和部门之间有归属的关系，并且实体集不必互不相交。例如，可以定义单位所有员工的实体集 Employee 和所有客户的实体集 Customer，而一个 person 实体可以是 Employee 的实体，也可以是 Customer 的实体，也可以都不是。

- 实体型。实体型是指具有相同属性的实体必然具有共同的特征和性质。用实体名及其属性名集合来抽象和刻画同类实体，称为实体型。例如，员工（员工编号、姓名、部门、性别、年龄、职称）就是一个实体型。
- 联系。现实世界中，事物内部或事物之间总是有联系的，联系反映了实体之间或实体内部的关系。实体内部的联系通常是指组成实体的各属性之间的联系；实体之间的联系通常是指不同实体集之间的联系。例如实体集员工 Employee 和实体集部门 Depart 之间的联系是归属联系，即每个员工实体必然属于某个部门实体。

联系集是同类型的联系的集合，是具有相互关联的实体之间联系的集合。可分为两个实体间的联系集和多个实体间的联系集。

两个实体间的联系集可分为 3 种：

- 一对一联系(1:1)：如果对于实体集 A 至少和实体集 B 中的一个实体有联系，反之亦然，则称实体集 A 和实体集 B 具有一对一联系，记为 1:1。

例如，假设每个部门只能有一个负责人，每个负责人只能负责一个部门，则部门与负责人这两个实体之间是一对一的联系。

- 一对多联系(1:n)：如果实体集 A 中每个实体与实体集 B 中任意多个（含零个或多个）实体有联系，而实体集 B 中每个实体至多与实体集 A 中一个实体有联系，就称实体集 A 和实体集 B 具有一对多联系，记为 1:n。

例如，每个部门可能有多个员工，而每个员工只能属于一个部门，则部门实体集 Depart 和员工实体集 Employee 之间是一对多联系。

- 多对多联系(m:n)：如果实体集 A 中每个实体与实体集 B 中任意多个（含零个或多个）实体有联系，而实体集 B 中每个实体与实体集 A 中任意多个（含零个或多个）实体有联系，就称实体集 A 和实体集 B 具有多对多联系，记为 m:n。

例如，一个工程项目可能需要多个员工参与，而每个员工还可以参与其他项目，则工程项目与员工之间就是多对多联系。

可以用图形来表示两个实体之间的这三类联系，如图 2.4 所示。

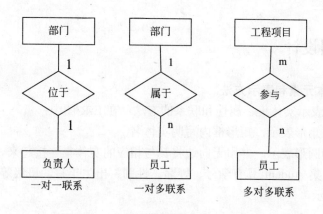

图 2.4 两个实体间的三类联系示例

同一个实体集内的各实体之间也可以存在一对一、一对多、多对多的联系。例如，实体集员工 Employee 各具体实体之间具有领导与被领导的关系，即某一员工"领导"若干名员工，而一个员工仅被另外一个员工直接领导，这就是一对多的联系。员工与员工之间还有配偶联系，由于一个员工只能有一个配偶，所以员工之间的"配偶"联系就是一对一的联系，如图 2.5 所示。

一般地，两个以上实体型之间也存在一对一、一对多、多对多的联系。例如，学生选课系统中，有教师、学生、课程三个实体，并且有语义：同样一门课程可能同时有几位教师开设，而每位教师都可能开设几门课程，学生可以在选课的同时选择教师。这时，只用学生和课程之间的联系已经无法完整地描述学生选课的信息了，必须用如图 2.6 所示的三向联系。

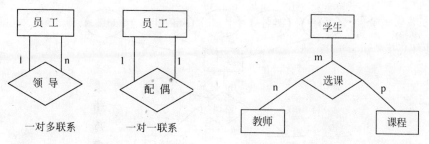

图 2.5 同一个实体内的联系示例　　图 2.6 3 个实体型之间的联系示例

- 弱实体集。在描述实体的过程中，有些实体集的属性可能不足以形成主键，需要依赖其他实体集中的部分属性，这样的实体集叫做弱实体集。不需要依赖其他的实体的实体集称为强实体集。如图 2.7 所示，一般而言，强实体集的成员必然是一个支配实体，而弱实体集的成员是从属实体。例如，一个单位的员工实体集 Employee 与工作履历实体集 Career，则工作履历实体集 Career 是以职工存在为前提的，即工作履历实体集 Career 是弱实体集。

图 2.7 弱实体示例

2.2.2　E-R 图设计

1. E-R 图基本元素和表示方法

E-R 图提供了表示实体集、属性和联系的方法，在 E-R 图中：

- 实体集：用矩形表示，矩形框内写明实体名。
- 属性：用椭圆形表示，并用无向边将其与相应的实体集连接起来。

例如学生实体集 student 具有学号、姓名、性别、出生年月、班级等属性，用 E-R 图表示，如图 2.8 所示。

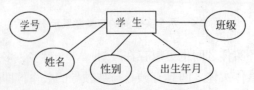

图 2.8　学生实体集属性

- 联系：用菱形表示，菱形框内写明联系的名称，并用无向边分别与有关实体集连接起来，同时在无向边上表明联系的类型（1:1、1:n 或 m:n）。如果联系具有属性，则该属性仍用椭圆框表示，仍需要用无向边将属性与对应的联系连接起来。对图 2.6 所示多个实体型之间的联系，假设每个学生选修某门课就有一个成绩，给实体及联系加上属性，如图 2.9 所示。
- 用虚边矩形和虚边菱形分别表示弱实体和弱实体之间的联系。

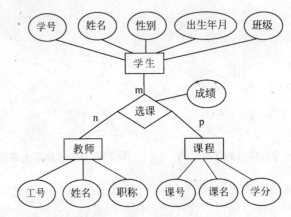

图 2.9　学生选课 E-R 图

2. E-R 图实例

【例 2.1】　某电力公司的配电物资存放在仓库中，假设一个仓库可以存放多种配电物资，一种配电物资只能存放在一个仓库中；一个配电抢修工程可能需要多种配电物资，一种配电物资可以应用到多个抢修工程中。仓库包含仓库编号、仓库名称、仓库面积等属性，配电物资包含物资编号、物资名称、单价、规格、数量等属性，抢修工程包含工程编号、工程名称、开始日期、结束日期、工程状态（工程是否完工）等属性，某一抢修工程领取某配电物资时，必须标明领取数量、领取日期、领取部门。其 E-R 图如图 2.10 所示。

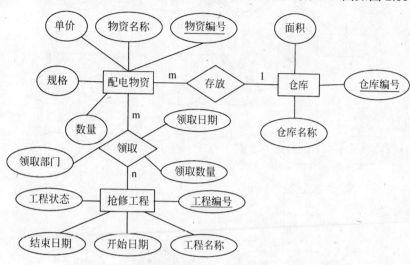

图 2.10　电力物资抢修工程 E-R 图

【例 2.2】　某工厂有若干车间及仓库，一个车间可以生产多种零件，每种零件只能在一个车间生产，一种零件可以组装在不同产品中，一种产品需要多种零件，每种零件和产品都只能存放在一个仓库中；车间有工人，工人有家属。各实体的属性为：

车间：车间号、车间主任姓名、地址和电话；

工人：职工号、姓名、年龄、性别、工种；

工厂：工厂名、厂长名；

产品：产品号、产品名、价格；

零件：零件号、零件规格、价格；

仓库：仓库号、仓库负责人、电话；

家属：家属姓名、亲属关系。

其 E-R 图如图 2.11 所示。

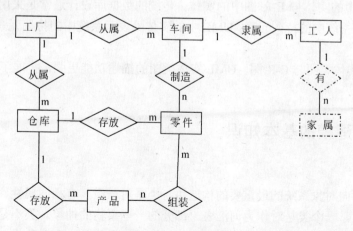

（a）实体及其联系图

图 2.11　工厂生产 E-R 图

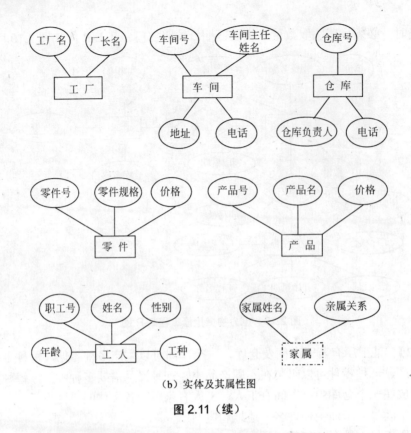

（b）实体及其属性图

图 2.11（续）

2.3 面向对象模型

面向对象模型一般采用统一建模语言（UML）进行描述，它是一种绘制软件蓝图的标准语言。可以用 UML 对软件密集型系统的制品进行可视化、详述、构造和文档化。

总的来说，用面向对象的方法设计数据模型与传统的 E-R 图方法设计差别不大。

（1）UML 中的实体与 E-R 图中的实体。传统的数据库设计通常是采用 E-R 图，E-R图中的实体表示系统中的持久元素。UML 中的实体除表示系统中的持久元素外，还具有行为特征。

（2）UML 实体类图与 E-R 图。UML 实体类图的描述功能更强，扩展了 E-R 图的描述功能。

2.3.1 对象建模的基本知识

1. 类

类是任何面向对象系统的最重要的构造块。类是对一组具有相同属性、操作、关系和语义的对象描述。一个类是对作为词汇表一部分的一些事物的抽象。类不是个体对象，而是描述一些对象的一个完整集合。这样，你可以把员工看作是一个对象类，它具有一定的共同属性，如职工编号、职工姓名、工作部门、职称、性别等。当然，此时一名具体的员工如张宏就是该类的一个实例。

类是类图的主要部件，由类名、属性及操作组成。每个类都必须具有一个有别于其他类的名称。

（1）属性。属性是已被命名的类的特性，它描述了该特性的实例可以取值的范围。类可以有零到多个属性。属性描述了正被建模的事物的一些特征，这些特征是类的所有对象所共有的。例如，员工类可以有职工编号、职工姓名、工作部门、职称、性别等属性，这些属性是所有员工所共有的属性。一个具体的员工将在这些属性上具有具体的特定值。

（2）操作。操作是一个服务的实现，该服务可由类的任何对象请求以影响其行为。换句话说，操作就是该类对象可以提供的服务。一个类可以有零个或任意多个操作。

通过对类的属性和操作的描述，实际上也就是声明了该类的责任，也就是该类所代表的事物的职责。

一般而言，属性、操作和职责是创建抽象所需要的最常见的特征，当然，类还具有很多其他操作特征（如多态性），这些在 UML 规范中都有详细描述，本书不再作过多介绍。

2. 关系

关系是事物之间的联系。在面向对象建模中，最重要的三种关系：泛化、依赖和关联。

- 泛化关系。在 UML 中，泛化是一般类别事物（称为父类或超类）和该类别事物的较为特殊的种类（称为子类或儿子）之间的关系。一般特殊类别间接地具备了一般类别的各种特征。在编程语言中，通过从一般类（称为父类）到特殊类（称为子类）的继承来实现泛化。有时也称泛化为 "is a" 的关系，例如，轿车是一种汽车。

在 UML 中，泛化关系是用来表示类与类之间的继承关系。关系中的实线空心封闭箭头由子类指向父类，如图 2.12 所示。

- 依赖关系。依赖关系是一种使用关系，它表示一个模型元素需要另一个模型元素来达到某种目的，表现为函数中的参数（use a），供应方的修改会影响客户方的执行结果。

在 UML 中，依赖关系用一个从使用者指向提供者的虚箭头表示，用一个构造类型区分它的种类，如图 2.13 所示。

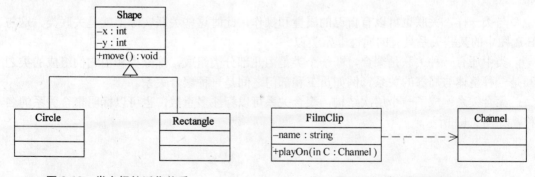

图 2.12　类之间的泛化关系　　　　　图 2.13　类之间的依赖关系

- 关联关系。关联关系是一种结构关系，它指明一个事物的对象与另一个事物的对象之间的联系，表现为变量（has a）。关联关系反映了对象之间相互依赖、相互作用的关系。给定一个连接两个类的关联，可以从一个类的对象导航到另一个类的对象，反之亦然。例如员工和部门之间的关联如图 2.14 所示。

在 UML 中，依赖关系用一条线连接两个类，并可以用一个名称描述该关系的性质。为了消除名称含有的方向歧义性，可以给关联加上一个指向性的三角形。

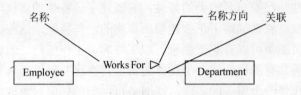

图 2.14　员工和部门之间的关联关系

当一个类和另一个类发生关联关系时，每个类通常在这一关系中扮演着某种角色，角色是关联中靠近它的一端类对另外一端类呈现的职责，员工和部门之间的角色如图 2.15 所示。

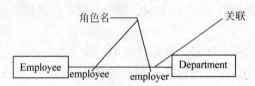

图 2.15　员工与部门之间在关联关系中的角色

关联表示了对象间的结构关系，在很多建模中，需要说明一个关联的实例中有多少个连接的对象，这种"多少"被称为关联角色的多重性。类似于在 E-R 图中，实体之间存在一对多、一对一、多对多的关系，如图 2.16 所示。

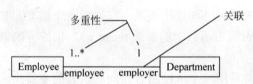

图 2.16　员工与部门之间在关联关系中的角色多重性

与类一样，关联也可以有自己的属性和操作，此时这些关联实际上就是关联类，这与 E-R 图中的某些关系具有的属性非常类似。

类中还有一种关联是聚合，即一个类是由几部分类组成，部分类和由它们组成的类之间是一种整体与局部的关系。例如员工和部门之间是一种聚合关系。

聚合关系构成了一个层次结构，聚合关系可以标注多重数，也可以标明聚合关系的名称，如图 2.17 所示。

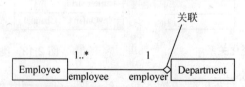

图 2.17　员工与部门之间的聚合关系

2.3.2　类图

　　类图是面向对象系统的建模中最常见的图，是显示一组类、接口、协作以及它们之间关系的图。以图 2.10 所示的例子为对象，转化用 UML 进行描述的类图，如图 2.18 所示。

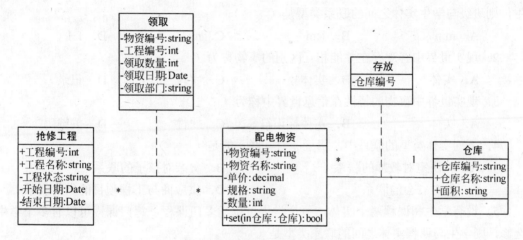

图 2.18　配电物资与仓库的类图

　　从某种意义上说，UML 中的类图是 E-R 图的超集，E-R 图只针对存储的数据，而类图则在此基础上，增加了行为建模的能力。

小　结

　　本章对数据库系统作了概要的介绍。首先简述了数据模型的几个基本概念，之后详细介绍了 E-R 模型设计的相关概念和具体的设计方法；与之相对应，同时介绍面向对象模型设计的基本方法，同时介绍了 UML 的设计方法。

- **数据模型（Data Model）**：数据模型是人们对现实世界的数据特征的抽象，是数据库系统的核心和基础；数据模型应满足三个要求：真实性、易理解、易实现；组成数据模型的三个要素：数据结构、数据操作和完整性约束；常用的数据模型：层次模型、网状模型、关系模型和面向对象模型。
- **实体-联系方法（E-R 图）**：E-R 图是数据库设计的重要工具，用于信息世界建模；该方法简单、清晰，应用十分广泛。
- **面向对象模型**：采用 UML 语言进行数据模型的设计，与传统的设计方法（E-R 图）相比，主要采用了面向对象的设计概念，更加易于理解，也方便向系统设计模型转换，如今已成为数据模型设计的主要方法。

习　题

选择题

1. 设有班级和学生两个实体，每个学生只能属于一个班级，一个班级可以有多个学生，则班级与学生实体之间的联系类型是（　　）。

　　A．m:n　　　　　　B．1:m　　　　　　C．m:1　　　　　　D．1:1

2. 现实世界中客观存在并能相互区别的事物称为（　　）。

　　A．实体　　　　　　B．实体集　　　　　　C．字段　　　　　　D．记录

3. 现实世界中事物的特性在信息世界中称为（　　）。

　　A．实体　　　　　　B．实体标识符　　　　C．属性　　　　　　D．关键码

4. 下列实体类型的联系中，属于一对一联系的是（　　）。

　　A．教研室对教师的联系　　　　　　　　B．父亲对孩子的联系

　　C．省对省会的联系　　　　　　　　　　D．供应商与工程项目的供货联系

5. 设有学生和课程两个实体，每个学生可以学多门课程，每门课程可以有多个学生选修，则学生与课程实体之间的联系类型是（　　）。

　　A．m:n　　　　　　B．1:m　　　　　　C．m:1　　　　　　D．1:1

6. 在关系数据库系统中，一个关系相当于（　　）。

　　A．一张二维表　　　　　　　　　　　　B．一条记录

　　C．一个关系数据库　　　　　　　　　　D．一个关系代数运算

7. 有关系模式：学生（学号，姓名），课程（课程号，课程名），选课（课程号，学号，成绩），则课程号和学号分别为"选课"关系的（　　）。

　　A．外关键字　　　　B．主辅关键字　　　　C．主关键字　　　　D．什么都不是

8. 根据关系模型的完整性规则，一个关系中的主键（　　）。

　　A．不能有两个　　　　　　　　　　　　B．不可作为其他关系的外键

　　C．可以取空值　　　　　　　　　　　　D．不可以是组合属性

9. 在学生与课程之间存在选课关系，如果用 UML 语言描述这种关系，则属于下列哪种关系（　　）。

　　A．泛化关系　　　　B．依赖关系　　　　C．关联关系　　　　D．聚合关系

10. 轿车和车轮之间的关系可用 UML 语言描述为（　　）。

　　A．泛化关系　　　　B．依赖关系　　　　C．关联关系　　　　D．聚合关系

简答题

1. 什么是 E-R 图？构成 E-R 图的基本元素是什么？

2. 简述 E-R 图的设计步骤。

3. 解释类的含义，并简述类的组成元素。

4. 简述类之间的各种关系。

5. 用 E-R 图和 UML 语言分别描述学生、课程、教师之间的关系：

学生　属性：学号、姓名、性别、专业　方法：选课

课程　属性：课号、课名

教师　属性：工号、姓名、性别、部门　方法：授课

综合题

1. 试给出三个实际部门的 E-R 图，要求实体型之间具有一对一、一对多、多对多各种不同的联系。

2. 某工厂生产若干产品，每种产品由不同的零件组成，有的零件可用在不同的产品上。这些零件由不同的原材料制成，不同零件所用的材料可以相同。这些零件按所属的不同产品分别放在仓库中。试用 E-R 图画出此工厂产品、零件、材料、仓库的概念模型。

3. 某百货公司有若干连锁商店，每家商店经营若干商品，每家商店有若干职工，但每个职工只能服务于一家商店。试描述该百货公司的 E-R 图模型，并给出每个实体联系的属性。

第3章

关系数据库

关系数据库系统使用关系数据模型组织数据，这种思想源于数学。1970 年 IBM 公司的 E.F.Codd 在美国计算机学会会刊 Communication of the ACM 上发表了题为 "A Relational Model of Data for Shared Data Banks" 的论文，系统、严格地提出了关系模型，开创了数据库系统的新纪元。以后，他连续发表了多篇论文，奠定了关系数据库的理论基础。

由于受到当时计算机硬件环境、软件环境及其技术的制约，一直到 20 世纪 70 年代末，关系方法的理论研究和软件系统的研制才取得了重大突破，其中最具代表性的是 IBM 公司的 San Jose 实验室成功地在 IBM 370 系列计算机上研制出了关系数据库实验系统 System R，并于 1981 年宣布具有 System R 全部特征的数据库管理系统 SQL/DS 问世。

30 年来，关系数据库系统的研究取得了辉煌的成就。目前，关系数据库系统早已从实验室走向了社会，出现了很多性能良好、功能卓越的数据库管理系统，在国内使用比较普遍的数据库管理系统有 IBM DB2、Sybase、Oracle 和 MS SQL Server 等，还有在 PC 上广泛使用的 FoxPro、Access 等。

早期的数据库管理系统建立在网状模型或层次模型的基础之上，而在商用数据库管理系统中，关系模型现在已经成为主要的数据模型。同关系模型相比，前两种较早的模型与底层实现的结合更加紧密，而关系模型则具有坚实的理论基础，在实践中得到了广泛的应用。

本章是关系数据库的基础，我们从关系数据库的基本概念开始，逐步深入到关系代数。

3.1 关系数据模型

3.1.1 关系数据模型概述

关系数据库系统是支持关系模型的数据库系统。关系数据模型由关系数据结构、关系操作集合和关系完整性约束三部分组成。

1. 关系数据结构

关系模型的数据结构非常简单。在关系数据模型中，现实世界的实体以及实体间的各种联系均用关系来表示。在用户看来，关系模型中数据的逻辑结构是一张二维表。

关系模型是建立在集合代数的基础上的，这里从集合论角度给出关系数据结构的形式化定义。

（1）域。域是一组具有相同数据类型的值的集合。

例如，大于 0 且小于 100 的整数、{'男'、'女'}、长度为 8 的数字组成的字符串集合等都可以是域。

（2）笛卡儿乘积。笛卡儿乘积（Cartesian Product）是域上的一种集合运算。

定义 3.1 给定一组域 D_1，D_2，…，D_n，这些域可以相同。D_1，D_2，…，D_n 的笛卡儿乘积为：

$$D_1 \times D_2 \times \cdots \times D_n = \{(d_1, d_2, \cdots, d_n) | d_i \in D_i, i=1,2, \cdots, n\}$$

其中每一个元素（$d_1, d_2, \cdots, d_n$）叫做一个 n 元组或简称元组（Tuple）。

元组中的每一个值 d_i 叫做一个分量（Component）。

若 $D_i(i=1,2, \cdots, n)$ 为有限集，其基数(Cardinal number)为 m_i（$i=1,2, \cdots, n$），则 $D_1 \times D_2 \times \cdots \times D_n$ 的基数为：

$$M = \prod m_i \quad (i=1,2, \cdots, n)$$

笛卡儿乘积可表示为一个二维表。表中每行对应一个元组，表中每一列的值来自一个域。例如：

$$D_1 = 班级集合, class = \{计算机 01 班, 计算机 02 班\}$$
$$D_2 = 学生集合 \quad student = \{王力, 张茜, 李莉\}$$

则 D_1、D_2 的笛卡儿乘积为：

$D_1 \times D_2 = \{$（计算机 01 班，王力），（计算机 01 班，张茜），（计算机 01 班，李莉），（计算机 02 班，王力），（计算机 02 班，张茜），（计算机 02 班，李莉）$\}$

该笛卡儿乘积的基数为 2×3=6，即共有 6 个元组，用二维表形式表示，如表 3.1 所示。

表 3.1　D_1、D_2 的笛卡儿乘积

班　　级	学　　生	班　　级	学　　生
计算机 01 班	王力	计算机 02 班	王力
计算机 01 班	张茜	计算机 02 班	张茜
计算机 01 班	李莉	计算机 02 班	李莉

（3）关系。

定义 3.2 $D_1 \times D_2 \times \cdots \times D_n$ 的子集叫做在域 D_1，D_2，…，D_n 上的关系，表示为

$$R(D_1, D_2, \cdots, D_n)$$

这里 R 表示关系的名字，n 是关系的度或目（Degree）。

关系是笛卡儿乘积的有限子集，所以关系也是一个二维表，表的每行对应一个元组，表的每列对应一个域。由于域可以相同，为了加以区分，必须对每列取一个名字，称为属性（Attribute）。

2．关系操作集合

关系模型给出了关系操作的能力，但不对 RDBMS 语言给出具体的语法要求，也就是说，不同的 RDBMS 可以定义和开发不同的语言来实现这些操作。

关系模型中常用的关系操作包括选择（Select）、投影（Project）、连接（Join）、除（Divide）、并（Union）、交（Intersection）、差（Difference）等运算，以及相关的查询（Query）、增加（Insert）、删除（Delete）、修改（Update）等数据操作两大部分。查询的表达能力是其中最主要的部分。

关系操作的特点是集合操作方式，即操作的对象和结果都是集合。这种操作方式也称为一次一集合（set-at-a-time）的方式。相应地，非关系数据模型的数据操作方式则为一次一记录（record-at-a-time）的方式。

早期的关系操作能力通常用代数方式或逻辑方式来表示，分别称为关系代数和关系演算。关系代数是用对关系的运算来表达查询要求的方式。关系演算是用谓词来表达查询要求的方式。关系演算又可按谓词变元的基本对象是元组变量还是域变量分为元组关系演算和域关系演算。关系代数、元组关系演算和域关系演算三种语言在表达能力上是完全等价的。

关系代数、元组关系演算和域关系演算均是抽象的查询语言，这些抽象的语言与具体的 DBMS 中实现的实际语言并不完全一样。但它们能用作评估实际系统中查询语言能力的标准或基础。实际的查询语言除了提供关系代数或关系演算的功能外，还提供了许多附加功能，例如集合函数、关系赋值、算术运算等。

关系语言是一种高度非过程化的语言，用户不必请求 DBA 为其建立特殊的存取路径，存取路径的选择由 DBMS 的优化机制来完成，此外，用户不必求助于循环结构就可以完成数据操作。

另外还有一种介于关系代数和关系演算之间的语言——SQL（Structured Query Language）。SQL 不仅具有丰富的查询功能，而且具有数据定义和数据控制功能，是集查询、DDL、DML 和 DCL 于一体的关系数据语言。它充分体现了关系数据语言的特点和优点，是关系数据库的标准语言。

3. 关系完整性约束

关系模型允许定义三类完整性约束：实体完整性、参照完整性和用户定义的完整性。其中实体完整性和参照完整性是关系模型必须满足的完整性约束条件，应该由关系系统自动支持；用户定义的完整性是应用领域需要遵循的约束条件，体现了具体领域中的语义约束。

3.1.2　基本术语

用二维表格表示实体集，用主键进行数据导航的数据模型称为关系模型（Relational Model）。这里数据导航（Data Navigation）是指从已知数据中查找未知数据的过程和方法。

例如有一张职工登记表，如表 3.2 所示，它是二维表格。

表 3.2　职工登记表

职　工　号	姓　　　名	年　　龄	性　　别	工　　资	补　　贴
4001	张焕之	50	M	2000	500
4002	刘　晋	40	F	1500	300
4124	黎　明	35	M	2000	450

- 关系（Relation）：通俗地讲关系就是二维表（稍后给出关系的严格形式化定义），二维表名就是关系名，表 3.2 中的关系名是职工。
- 属性（Attribute）：二维表中的列称为属性（字段）；每个属性有一个名称，称为属性名；二维表中对应某一列的值称为属性值；二维表中列的个数称为关系的元数；一个二维表如果有 n 列，则称为 n 元关系。表 3.2 所示职工关系有职工号、姓名、年龄、性别和工资以及补贴六个属性，它是一个六元关系。
- 值域（Domain）：二维表中属性的取值范围称为值域，每一个属性都有一个取值范围，每一个属性对应一个值域，不同的属性可对应于同一值域。表 3.2 中年龄属性的取值规定为大于 0 并小于 100 的整数；工资属性和补贴属性的值域相同，都是大于零的整数。
- 元组（Tuple）：二维表中的行称为元组（记录值）。
- 分量（Component）：元组中的每一个属性值称为元组的一个分量，n 元关系的每个元组有 n 个分量。如在元组（4001，张焕之，50，M，2000，500）中对应于工资属性的分量是 2000，对应于姓名属性的分量是张焕之。
- 关系模式（Relation Schema）：二维表的结构称为关系模式，或者说关系模式就是二维表的表框架或结构，它相当于文件结构或记录结构。设关系名为 REL，其属性为 $A_1, A_2, \cdots, A_n$，则关系模式可以表示为

$$REL(A_1, A_2, \cdots, A_n)$$

对每个 A_i（$i=1, 2, \cdots, n$）还包括该属性到值域的映像，即属性的取值范围。表 3.2 的关系模式可以表示为

职工(职工号、姓名、年龄、性别，工资，补贴)

如果将关系模式理解为数据类型，则关系就是一个具体的值。

- 关系模型（Relation Model）：关系模型是所有的关系模式、属性名和主键的汇集，是模式描述的对象。
- 关系数据库（Relation Database）：对应于一个关系模型的所有关系的集合称为关系数据库。

当谈论数据库时，必须区分数据库模式和数据库实例。数据库模式是数据库的逻辑设计，而数据库实例是给定时刻数据库中数据的一个快照。关系模型是"型"，而关系数据库是"值"。数据模型是相对稳定的，而数据库则在随时间不断变化（因为数据库中的记录在不断被更新）。

- 超码（Super Key）：在关系中能够唯一标识元组的属性集称为关系模式的超码。
- 候选码（Candidate Key）：如果一个属性集的值能唯一标识一个关系的元组而又不含有多余的属性，则称该属性集为候选码。在一个关系上可以有多个候选码。
- 主键（Primary Key，主码）：有时一个关系中有多个候选码，这时可以选择其中一个作为主键。每一个关系都有一个并且只有一个主键。
- 主属性（Primary Attribute）：包含在任一候选码中的属性称为主属性。
- 非主属性（Nonprimary Attribute）：不包含在任一候选码中的属性称为非主属性。

- 外键（Foreign Key，外码）：如果关系模式 R 中属性 K 是其他关系模式的主键，那么 K 在关系模式 R 中称为外键。

【例 3.1】 电力抢修工程数据库中有三个关系：

抢修工程计划表 Salvaging(prj_num,prj_name,start_date,end_date,Prj_status)

各属性列含义分别是工程项目编号、工程项目名称、工程开始日期、工程结束日期、是否按期完成。

表中记录如表 3.3 所示。

表 3.3　关系 Salvaging

prj_num	prj_name	start_date	end_date	prj_status
20100015	220kV 清经线接地箱及接地线被盗抢修	2010-10-12	2010-10-13	1
20100016	沙河站 2#公变出线电缆老化烧毁抢修	2010-11-05	2010-11-05	1
20110001	西丽站电缆短路烧毁抢修工程	2011-01-03	2011-01-03	1
20110002	西丽站电缆接地抢修	2011-01-03	2011-01-05	1
20110003	观澜站光缆抢修	2011-02-10	2011-02-11	1
20110004	小径墩低压线被盗抢修	2011-02-15	2011-02-15	1
20110005	明珠立交电缆沟盖板破损抢修	2011-03-02	2011-03-05	0
20110010	朝阳围公变低压线被盗抢修	2011-03-08	2011-03-10	0

配电物资库存记录表 Stock(mat_num, mat_name,speci,warehouse,amount,unit,total)，各属性列含义分别是物资编号、物资名称、规格、仓库名称、库存数量、单价、总金额。

表中记录如表 3.4 所示。

表 3.4　关系 Stock

mat_num	mat_name	speci	warehouse	amount	unit	total
m001	护套绝缘电线	BVV-120	供电局 1#仓库	220	89.80	19756.00
m002	架空绝缘导线	10KV-150	供电局 1#仓库	30	17.00	510.00
m003	护套绝缘电线	BVV-35	供电局 2#仓库	80	22.80	1824.00
m004	护套绝缘电线	BVV-50	供电局 2#仓库	283	32.00	9056.00
m005	护套绝缘电线	BVV-70	供电局 2#仓库	130	40.00	5200.00
m006	护套绝缘电线	BVV-150	供电局 3#仓库	46	NULL	NULL
m007	架空绝缘导线	10KV-120	供电局 3#仓库	85	14.08	1196.80
m009	护套绝缘电线	BVV-16	供电局 3#仓库	90	NULL	NULL
m011	护套绝缘电线	BVV-95	供电局 3#仓库	164	NULL	NULL
m012	交联聚乙烯绝缘电缆	YJV22—15KV	供电局 4#仓库	45	719.80	32391.00
m013	户外真空断路器	ZW12-12	供电局 4#仓库	1	13600.00	13600.00

配电抢修物资领料出库表 Out_stock(prj_num,mat_num,amount,get_date,department)，各属性列含义分别为工程项目编号、物资编号、领取数量、领料日期、领料部门。

表中记录如表 3.5 所示。

表 3.5 关系 Out_stock

prj_num	mat_num	amount	get_date	department
20100015	m001	2	2010-10-12	工程 1 部
20100015	m002	1	2010-10-12	工程 1 部
20100016	m001	3	2010-11-05	工程 1 部
20100016	m003	10	2010-11-05	工程 1 部
20110001	m001	2	2011-01-03	工程 2 部
20110002	m001	1	2011-01-03	工程 2 部
20110002	m013	1	2011-01-03	工程 2 部
20110003	m001	5	2011-02-11	工程 3 部
20110003	m012	1	2011-02-11	工程 3 部
20110004	m001	3	2011-02-15	工程 3 部
20110004	m004	20	2011-02-15	工程 3 部
20110005	m001	2	2011-03-02	工程 2 部
20110005	m003	10	2011-03-02	工程 2 部
20110005	m006	3	2011-03-02	工程 2 部
20110010	m001	5	2011-03-09	工程 1 部

在这个数据库中，三个关系模式是：

Salvaging(prj_num,prj_name,start_date,end_date,Prj_status)

Stock(mat_num,mat_name,speci,warehouse,amount,unit,total)

Out_stock(prj_num,mat_num,amount,get_date,department)

这三个关系模式组成了电力抢修工程数据库的数据库模式，三个关系模式对应的关系实例分别如表 3.3、表 3.4、表 3.5 所示，这三个关系组成了电力抢修工程关系数据库；关系 Salvaging 的主键是 prj_num（工程项目编号），关系 Stock 的主键是 mat_num（物资编号），关系 Out_stock 的主键是（prj_num，mat_num）两个属性的联合；关系 Salvaging 和关系 Out_stock 有一个共同属性 prj_num，在表 Out_stock 中，prj_num 是外键；关系 Stock 和关系 Out_stock 有一个共同属性 mat_num，在表 Out_stock 中，mat_num 是外键，正是这些外键将三个独立的关系联系起来。

3.1.3 关系的性质

如果一个关系的元组数目是无限的，则称为无限关系，否则称为有限关系。由于计算机存储系统的限制，无限关系是无意义的，所以只限于研究有限关系。

尽管关系与二维表格和传统的数据文件有类似之处，但它们又有区别。严格地讲，关系是一种规范化了的二维表格。在关系模型中，对关系作了下列规范的限制：

（1）关系中的每一个属性值都是不可分解的。

例如将表 3.2 扩展，如表 3.6 所示。

表 3.6　扩展的职工登记表

职工号	姓名	年龄	性别	工资	补贴	联系方式	
						手机	固话
4001	张焕之	50	M	2000	500	13312345678	54020000
4002	刘　晋	40	F	1500	300	15000003456	65683456
4124	黎　明	35	M	2000	450	18977658090	68909876

小表

该表在日常生活中经常出现，但属性"联系方式"出现了两个分量，或者说"表中还有小表"，这在关系数据库中是不允许的，因此表 3.6 不是一个关系。

（2）关系中不允许出现重复元组（即不允许出现相同的元组）。

（3）由于关系是一个集合，因此不考虑元组间的顺序，即没有行序。

（4）列的顺序无所谓，即列的次序可以任意交换。

虽然元组中的属性在理论上是无序的，但使用时按习惯考虑列的顺序。

3.2　关系的完整性

为了维护数据库中数据与现实世界的一致性，关系数据库的数据与更新操作必须遵循下列三类完整性规则。

1. 实体完整性规则

实体完整性规则（Entity Integrity Rule）要求关系中元组在组成主键的属性上不能取空值。所谓空值（NULL），就是"不知道"或"不确定"，它既不是数值 0，也不是空字符串，它是一个未知的量。例如：例 3.1 所示电力抢修工程数据库中，表 Salvaging 中的主键 prj_num 不能为空，因为它是每个工程项目的唯一性标识；表 Out_stock 中主属性 prj_num 和 mat_num 均不能为空。如果出现空值，那么主键值就起不了唯一标识元组的作用。

一个关系对应现实世界中的一个实体集，现实世界的实体是可区分的，它们具有某种标识特征；相应地，关系中的元组也是可区分的，主关键字是唯一标识，如果主关键字取空值，则意味着某个元组是不可标识的，即存在不可区分的实体，这与实体的定义是相矛盾的。

实体完整性是关系模型必须满足的完整性约束条件，也称为关系的不变性。

2. 参照完整性规则

定义 3.3　参照完整性规则（Reference Integrity Rule）的形式定义如下：

如果属性集 K 是关系模式 R1 的外键，同时 K 也是关系模式 R2 的属性，但不是 R2 的主键，那么称 K 为 R2 的外键。在 R2 的关系中，K 的取值只允许两种可能：空值，或者等于 R1 关系中某个主键值。

这条规则的实质是不允许引用不存在的实体。在具体使用时，有三点变通：

● 外键和相应的主键可以不同名，只要定义在相同值域上即可；

● R1 和 R2 也可以是同一个关系模式，此时表示同一个关系中不同属性之间的联系；

● 外键值是否允许空，应视具体问题而定。

在上述形式定义中，关系模式 R1 的关系称为"被参照关系"，关系模式 R2 的关系称为"参照关系"。

【例 3.2】　下面各种情况说明了参照完整性规则在关系中是如何实现的。

① 例 3.1 所示电力抢修工程数据库中，按照参照完整性规则，关系 Out_stock 中属性 prj_num 的值应该在关系 Salvaging 中出现，即不允许关系 Out_stock 中引用一个不存在的工程项目；同理，属性 mat_num 的值应该在表 Stock 中出现。

另外，在关系 Out_stock 中 属性 prj_num 和 mat_num 不仅是外键，还是主键的一部分，因此 prj_num 和 mat_num 不允许为空。

② 设公司数据库中有两个关系模式：

```
DEPT(Dept_no, Dept_name)
EMP(Emp_no, Emp_name, salary,Dept_no,Manager_no)
```

部门模式 DEPT 的属性为部门编号、部门名称，职工模式 EMP 的属性为员工编号、姓名、工资、所在部门的编号、部门主管编号（假设每个员工只能有一名部门主管）。每个模式的主键已用下划线标出。在 EMP 中，Dept_no 是参照关系 DEPT 的外键，由于 Dept_no 不在主键中，因此 Dept_no 值允许为空；Manager_no 也是外键，这里参照完整性在一个关系模式中实现，即每个员工的部门主管必须也是一名员工，他的记录必须在关系 EMP 中出现，由于 Manager_no 不是主属性，因此也允许为空。

3．用户定义的完整性规则

在建立关系模式时，对属性定义了数据类型，即使这样可能还满足不了用户的需求。此时，用户可以针对具体的数据约束，设置完整性规则，由系统来检验实施，以使用统一的方法处理它们，不再由应用程序承担这项工作。

例如，电力抢修工程数据库中，关系 Stock 中的 amount、unit、total 的取值必须大于 0；关系 Salvaging 中的 prj_status 属性只能取值 0 或 1。

4．完整性约束的作用

数据完整性的作用就是要保证数据库中的数据是正确的，这种保证是相对的，例如在完整性中规定了某属性的取值范围在 15～30 之间，如果将 20 误写为 28，这种错误靠数据模型或关系系统是无法拒绝的。

但是通过数据完整性规则还是大大提高了数据库的正确度，通过在数据模型中定义实体完整性规则、参照完整性规则和用户定义完整性规则，数据库管理系统将检查和维护数据库中数据的完整性。

（1）执行插入操作时检查完整性。执行插入操作时需要分别检查实体完整性规则、参照完整性规则和用户定义完整性规则。

首先检查实体完整性规则，如果插入元组的主键的属性不为空值，并且相应的属性值在关系中不存在（即保持唯一性），则可以执行插入操作，否则不可以执行插入操作。

接着再检查参照完整性规则，如果是向被参照关系插入元组，则无须检查参照完整性；如果是向参照关系插入元组，则要检查外键属性上的值是否在被参照关系中存在对应的主键的值，如果存在则可以执行插入操作，否则不允许执行插入操作。另外，如果插入元组的外键允许为空值，则当外键是空值时也允许执行插入操作。

最后检查用户定义完整性规则，如果插入的元组在相应的属性值上遵守了用户定义完整性规则，则可以执行插入操作，否则不可以执行插入操作。

综上所述，在插入一个元组时只有满足了所有的数据完整性规则，插入操作才能成功，否则插入操作不成功。

（2）执行删除操作时检查完整性。执行删除操作时一般只需要检查参照完整性规则。

如果删除的是参照关系的元组，则不需要进行参照完整性检查，可以执行删除操作。

如果删除的是被参照关系的元组，则检查被删除元组的主键属性的值是否被参照关系中某个元组的外键引用，如果未被引用则可以执行删除操作，否则可能有三种情况：

- 不可以执行删除操作，即拒绝删除；
- 可以删除，但需同时将参照关系中引用了该元组的对应元组一起删除，即执行级联删除；
- 可以删除，但需同时将参照关系中引用了该元组的对应元组的外键置为空值，即空值删除。

采用以上哪种方法进行删除，用户是可以定义的。例如，在电力抢修工程数据库中，关系 Out_stock 和关系 Stock 之间存在外键关系，其中 Stock 是被参照关系。若要从 Stock 表中删除 mat_num 为 mool 的物资记录，因为参照关系 Out_stock 中存在 mat_num 为 mool 的记录，因此用户可以选择：①拒绝删除②级联删除：将 Out_stock 表中的 mat_num 为 mool 的记录一并删除③删除 stock 表中记录，同时将 Out_stock 表中对应记录的 mat_num 置为空值。

（3）执行更新操作时检查完整性。执行更新操作可以看做是先删除旧的元组，然后再插入新的元组。所以执行更新操作时的完整性检查综合了上述两种情况。

3.3　关系代数

关系代数是以关系为运算对象的一组高级运算的集合。关系定义为属性个数相同的元组的集合，因此集合代数的操作就可以引入到关系代数中。关系代数中的操作可以分为两类：

- 传统的集合操作：并、差、交、笛卡儿积。
- 专门的关系运算：投影（对关系进行垂直分割）、选择（水平分割）、连接（关系的结合）、除法（笛卡儿积的逆运算）等。

关系代数中的运算符可以分为四类：传统的集合运算符、专门的关系运算符、比较运算符和逻辑运算符，表 3.7 列出了这些运算符，其中比较运算符和逻辑运算符是用于配合专门的关系运算来构造表达式的。

表 3.7　关系代数用到的运算符

运　算　符		含　义
传统的集合运算符	∪	并
	∩	交
	×	笛卡儿乘积
	−	差
专门的关系运算符	σ	选择
	π	投影
	⋈	连接
	÷	除

续表

运　算　符		含　义
比较运算符	>	大于
	<	小于
	=	等于
	≠	不等于
	≥	大于等于
	≤	小于等于
逻辑运算符	¬	非
	∧	与
	∨	或

3.3.1　传统的集合运算

传统的集合运算是二目运算，包括并、差、交、笛卡儿积四种运算。

- **并（Union）**：设关系 R 和 S 具有相同的关系模式，R 和 S 的并是由属于 R 或属于 S 的元组构成的集合，记为 R∪S。形式定义如下：

R∪S= {t | t∈R∨t∈S}，t 是元组变量，R 和 S 的元数相同。

- **差（Difference）**：关系 R 和 S 具有相同的关系模式，R 和 S 的差是由属于 R 但不属于 S 的元组构成的集合，记为 R–S。形式定义如下：

R–S={t|t∈R∧t∉S}，R 和 S 的元组相同。

- **交（Intersection）**：关系 R 和 S 的交是由属于 R 又属于 S 的元组构成的集合，记为 R∩S，这里要求 R 和 S 定义在相同的关系模式上。形式定义如下：

R∩S={t|t∈R∧t∈S}，R 和 S 的元数相同。

由于 R∩S=R–(R–S)，或 R∩S=S–(S–R)，因此交操作不是一个独立的操作。

- **笛卡儿积（Cartesian Product）**：设关系 R 和 S 的元数分别为 r 和 s，定义 R 和 S 的笛卡儿积是一个（r+s）元的元组集合，每个元组的前 r 个分量（属性值）来自 R 的一个元组，后 s 个分量来自 S 的一个元组，记为 R×S。形式定义如下：

$$R×S=\{t|t=<t^r, t^s>∧t^r∈R∧t^s∈S\}$$

此处 t^r、t^s 中，r、s 为上标。若 R 有 m 个元组，S 有 n 个元组，则 R×S 有 m×n 个元组。

【例 3.3】 设有关系 R 和 S，如图 3.1（a）和（b）所示。图 3.1（c）、（d）、（e）分别是关系 R 和 S 进行并、差、交的运算结果，图 3.1（f）表示关系 R 和 S 进行笛卡儿积运算，此处 R 和 S 的属性名相同，就应在属性名前注上相应的关系名，例如 R.A、S.A 等。

A	B	C
a	b	c
d	a	f
c	b	d

（a）关系 R

A	B	C
b	g	a
d	a	f

（b）关系 S

图 3.1　关系代数操作的基本运算结果示例

A	B	C
a	b	c
d	a	f
c	b	d
b	g	a

(c) R∪S

A	B	C
a	b	c
c	b	d

(d) R–S

A	B	C
d	a	f

(e) R∩S

R.A	R.B	R.C	S.A	S.B	S.C
a	b	c	b	g	a
a	b	c	d	a	f
d	a	f	b	g	a
d	a	f	d	a	f
c	b	d	b	g	a
c	b	d	d	a	f

(f) R×S

图 3.1（续）

3.3.2 专门的关系运算

专门的关系运算包括选择、投影、连接、除运算。

1. 选择（Selection）

选择操作是根据某些条件对关系做水平切割，即选取符合条件的元组。条件可用命题公式（即计算机语言中的条件表达式）F 表示。F 中有两种成分：

运算对象：常数（用引号括起来），元组分量（属性名或列的序号）。

运算符：算术比较运算符（$<$, $\leqslant$, $>$, $\geqslant$, $=$, $\neq$，也称为 θ 符），逻辑运算符（$\land$, $\lor$, $\neg$）。

关系 R 关于公式 F 的选择操作用 $\sigma_F(R)$ 表示，形式定义如下：

$$\sigma_F(R)=\{t|t\in R \land F(t)=true\}$$

σ 为选择运算符，$\sigma_F(R)$ 表示从 R 中挑选满足公式 F 为真的元组所构成的关系。

例如 $\sigma_{2>'3'}(R)$ 表示从 R 中挑选第二个分量大于 3 的元组所构成的关系。书写时，为了与属性序列号区别，常量用引号括起来，而属性序号或属性名则不用引号括起来。

2. 投影（Projection）

投影操作是对一个关系进行垂直分割，消去某些列，并重新安排列的顺序。

设关系 R 是 k 元关系，R 在其分量 $A_{i_1},\cdots,A_{i_m}$ ($m\leqslant k$, $i_1,\cdots,i_m$ 为 1 到 k 间的整数)上的投影用 $\pi_{i_1,\cdots,i_m}(R)$ 表示，它是一个 m 元元组集合。形式定义如下：

$$\pi_{i_1,\cdots,i_m}(R)=\{t|\ t=<t_{i_1},\cdots,i_m>\land<i_1,\cdots,t_k>\in R\}$$

例如，$\pi_{3,1}(R)$ 表示关系 R 中第一列、第三列组成新的关系，新关系中第一列为 R 的第三列，新关系的第二列为 R 的第一列。如果 R 的每列标上属性名，那么操作符的下标处也可以用属性名表示。例如关系 R(A，B，C)，那么 $\pi_{C,A}(R)$ 与 $\pi_{3,1}(R)$ 是等价的。

3．连接（Join）

连接也称为 θ 连接。θ 连接是从关系 R 和 S 的笛卡儿积中选取属性值满足一定条件的元组，记为 $R\underset{i\theta j}{\bowtie}S$，这里 i 和 j 分别是关系 R 和 S 中的第 i 个、第 j 个属性的序号。形式定义如下：

$$R\underset{i\theta j}{\bowtie}S\equiv\{t|t<t^r,t^s>\wedge t^r\in R\wedge t^s\in S\wedge t_i^r\theta t_j^s\}$$

此处，t_i^r、t_j^s 分别表示元组 t^r 的第 i 个分量、元组 t^s 的第 j 个分量，$t_i^r\theta t_j^s$ 表示这两个分量值满足 θ 操作。

显然，θ 连接是由笛卡儿积和选择操作组合而成。设关系 R 的元数为 r，那么 θ 连接操作的定义等价于下式：

$$R\underset{i\theta j}{\bowtie}S=\sigma_{i\theta(r+j)}(R\times S)$$

该式表示 θ 是在关系 R 和 S 的笛卡儿积中挑选第 i 个分量和第（r+j）个分量满足 θ 操作的元组。如果 θ 是等号"="，该连接操作称为等值连接。

自然连接（Natural Join）是一种特殊的等值连接，两个关系 R 和 S 的自然连接操作用 $R\bowtie S$ 表示，设 R 和 S 的公共属性是 A_1，A_2，…，A_k，具体计算过程如下：

① 计算 $R\times S$；

② 挑选 R 和 S 中满足 $R.A_1=S.A_1$，…，$R.A_k=S.A_k$ 的那些元组；

③ 去掉 $S.A_1$，…，$S.A_k$ 这些列。

因此 $R\bowtie S$ 的形式化可用下式定义：

$$R\bowtie S=\pi_{i_1,\cdots,i_m}(\sigma_{R.A1=S.A1\wedge\cdots\wedge R.Ak=S.Ak}(R\times S))$$

其中 $i_1,\cdots,i_m$ 为 R 和 S 的全部属性，但公共属性只出现一次。

【**例 3.4**】 图 3.2（a）、（b）是关系 R 和 S，图 3.2（c）、（d）表示投影和选择运算；图 3.2（e）是 $R\underset{2<1}{\bowtie}S$ 的值，其中 $R\underset{2<1}{\bowtie}S$ 也可以写成 $R\underset{B<D}{\bowtie}S$，但是要注意 $R\underset{2<1}{\bowtie}S=\sigma_{2<1}(R\times S)$；图 3.2（f）是等值连接 $R\underset{3=1}{\bowtie}S$ 的值，或者写成 $R\underset{C=D}{\bowtie}S$。

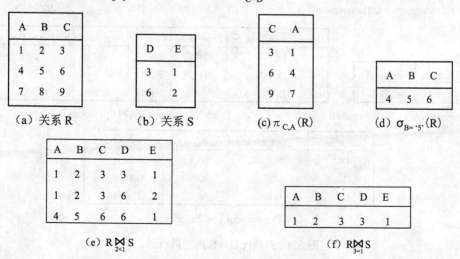

图 3.2　专门的关系运算示例

【**例 3.5**】　设有关系如图 3.3（a）所示，关系的投影、差、选择、并、笛卡儿积和结果如图 3.3（b）、（c）、（d）、（e）、（f）、（g）所示，等值连接运算的结果如图 3.3（h）所示，自然连接的结果如图 3.3（i）所示，请比较图中等值连接和自然连接结果的区别。

Dept_no	Dept_name
D01	销售部
D02	市场部
D03	行政部

Department A

Dept_no	Dept_name
D01	销售部
D05	财务部
D06	人力资源部

Department B

Emp_no	Emp_name	Dept_no
E0001	张林	D01
E0002	钱红	D01
E0003	王小利	D02

Employee

（a）

Emp_no	Emp_name
E0001	张林
E0002	钱红
E0003	王小利

（b）π_{Emp_no,Emp_name}(Employee)

Dept_no	Dept_name
D02	市场部
D03	行政部

（c）DepartmentA-DepartmentB

Emp_no	Emp_name	Dept_no
E0001	张林	D01
E0002	钱红	D01

（d）$\sigma_{Dept\_no='D01'}$(Employee)

Dept_no	Dept_name
D01	销售部
D02	市场部
D03	行政部
D05	财务部
D06	人力资源部

（e）DepartmentA ∪ DepartmentB

Dept_no	Dept_name	Emp_no	Emp_name
D01	销售部	E0001	张林
D01	销售部	E0002	钱红
D01	销售部	E0003	王小利
D02	市场部	E0001	张林
D02	市场部	E0002	钱红
D02	市场部	E0003	王小利
D03	行政部	E0001	张林
D03	行政部	E0002	钱红
D03	行政部	E0003	王小利

（f）DepartmentA × (π_{Emp_no,Emp_name}(Employee))

Dept_no	Dept_name
D01	销售部

（g）DepartmentA ∩ DepartmentB

DepartmentA.Dept_no	Dept_name	Emp_no	Emp_name	Employee.Dept_no
D01	销售部	E0001	张林	D01
D01	销售部	E0002	钱红	D01
D02	市场部	E0003	王小利	D02

（h）DepartmentA $\underset{1=3}{\bowtie}$ Employee

Dept_no	Dept_name	Emp_no	Emp_name
D01	销售部	E0001	张林
D01	销售部	E0002	钱红
D02	市场部	E0003	王小利

（i）DepartmentA ⋈ Employee

图 3.3　关系代数操作的结果示例 2

4. 除（Division）

设关系 R 和 S 分别为 r 元和 s 元关系（设 r＞s＞0），那么 R÷S 是一个（r-s）元的元组的集合。R÷S 是满足下列条件的最大关系：其中每个元组 t 与 S 中的每个元组 u 组成的新元组<t,u>必在关系 R 中。为方便起见，我们假设 S 的属性为 R 中后 s 个属性。

R÷S 的具体计算过程如下：

① $T=\pi_{1,2,\cdots,r-s}(R)$

② $W=(T\times S)-R$ （计算 T×S 中不在 R 的元组）

③ $V=\pi_{1,\cdots,r-s}(W)$

④ $R\div S=T-V$

即 $R\div S=\pi_{1,2,\cdots,r-s}(R)-\pi_{1,2,\cdots,r-s}((\pi_{1,2,\cdots,r-s}(R)\times S)-R)$。

【例 3.6】 图 3.4 是关系做除的例子。关系 R 是学生选修课程的情况，关系 S1、S2、S3 分别表示课程情况，而操作 R÷S1、R÷S2、R÷S3 分别表示至少选修了 S1、S2、S3 中列出课程的学生名单。

CNO	CNAME
C2	OS

（a）关系 S1

CNO	CNAME
C2	OS
C4	MIS

（b）关系 S2

CNO	CNAME
C1	DB
C2	OS
C4	MIS

（c）关系 S3

SNO	SNAME	CNO	CNAME
S1	BAO	C1	DB
S1	BAO	C2	OS
S1	BAO	C3	DS
S1	B AO	C4	MIS
S2	GU	C1	DB
S2	GU	C2	OS
S3	AN	C2	OS
S4	LI	C2	OS
S4	LI	C4	MIS

（d）关系 R

SNO	SNAME
S1	BAO
S2	GU
S3	AN
S4	LI

（e）R÷S1

SNO	SNAME
S1	BAO
S4	LI

（f）R÷S2

SNO	SNAME
S1	BAO

（g）R÷S3

图 3.4 除操作的例子

3.3.3 关系代数运算的应用实例

在关系代数运算中，把由五个基本操作经过有限次复合的式子称为关系代数表达式。这种表达式的运算结果仍是一个关系。我们可以用关系代数表达式表示各种数据查询操作。

【例 3.7】 对于例 3.1 中给出的电力抢修工程数据库，用关系代数表达式表示以下每个查询语句。

（1）检索所有规格的护套绝缘电线的物资编号、库存数量及库存地点，查询结果如图 3.5 所示。

$$\pi_{\text{mat\_num,warehouse,amount}}(\sigma_{\text{mat\_name= '护套绝缘电线'}}(\text{Stock}))$$

mat_num	warehouse	amount
m001	供电局 1#仓库	220
m003	供电局 2#仓库	80
m004	供电局 2#仓库	283
m005	供电局 2#仓库	130
m006	供电局 3#仓库	46
m009	供电局 3#仓库	90
m011	供电局 3#仓库	164

图 3.5　查询结果（1）

（2）检索规格为 BVV-120 的护套绝缘电线的物资编号、库存数量及库存地点，查询结果如图 3.6 所示。

$$\pi_{\text{mat\_num,warehouse,amount}}(\sigma_{\text{mat\_name='护套绝缘电线' } \wedge \text{ speci='BVV-120'}}(\text{Stock}))$$

（3）检索项目号为"20100015"的抢修项目所使用的物资名称，查询结果如图 3.7 所示。

$$\pi_{\text{mat\_name}}(\sigma_{\text{prj\_num='20100015'}}(\text{Stock} \bowtie \text{Out\_stock}))$$

或

$$\pi_{\text{mat\_name}}(\text{Stock} \bowtie \sigma_{\text{prj\_num='20100015'}}(\text{Out\_stock}))$$

mat_num	warehouse	amount
m001	供电局 1#仓库	220

图 3.6　查询结果（2）

mat_name
护套绝缘电线
架空绝缘导线

图 3.7　查询结果（3）

（4）检索使用了护套绝缘电线的所有抢修项目编号、名称、所用物资编号及规格，查询结果如图 3.8 所示。

$$\pi_{\text{prj\_num,prj\_name}}(\sigma_{\text{mat\_name= '护套绝缘电线'}}(\text{Stock} \bowtie \text{Out\_stock} \bowtie \text{Salvaging}))$$

或

$$\pi_{\text{prj\_num,prj\_name}}(\sigma_{\text{mat\_name='护套绝缘电线'}}(\text{Stock}) \bowtie \text{Out\_stock} \bowtie \text{Salvaging})$$

prj_num	prj_name	mat_num	speci
20100015	220kV 清经线接地箱及接地线被盗抢修	m001	BVV-120
20100016	沙河站 2#公变出线电缆老化烧毁抢修	m001	BVV-120
20100016	沙河站 2#公变出线电缆老化烧毁抢修	m003	BVV-35
20110001	西丽站电缆短路烧毁抢修工程	m001	BVV-120
20110002	西丽站电缆接地抢修	m001	BVV-120
20110003	观澜站光缆抢修	m001	BVV-120
20110004	小径墩低压线被盗抢修	m001	BVV-120
20110004	小径墩低压线被盗抢修	m004	BVV-50
20110005	明珠立交电缆沟盖板破损抢修	m001	BVV-120
20110005	明珠立交电缆沟盖板破损抢修	m003	BVV-35
20110005	明珠立交电缆沟盖板破损抢修	m006	BVV-150
20110010	朝阳围公变低压线被盗抢修	m001	BVV-120

图 3.8　查询结果（4）

（5）检索不用护套绝缘电线的所有抢修项目编号

$$\pi_{prj\_num}(Salvaging)-\pi_{prj\_num}(\sigma_{mat\_name='护套绝缘电线'}(Stock \bowtie Out\_stock))$$

查询结果为空集，因为所有的抢修工程都使用了护套绝缘电线。

（6）检索使用了物资编号为 m001 或 m002 的抢修工程的工程号，查询结果如图 3.9 所示。

$$\pi_{prj\_num}(\sigma_{mat\_num='m001'\lor mat\_num='m002'}(Out\_stock))$$

prj_num
20100015
20100016
20110001
20110002
20110003
20110004
20110005
20110010

图 3.9　查询结果（5）

（7）检索同时使用了物资编号为 m001 和 m002 的抢修工程的工程号，查询结果如图 3.10 所示。

$$\pi_{S\#}(\sigma_{1=6\land 2='m001'\land 7='m002'}(Out\_stock \times Out\_stock))$$

这里（Out_stock×Out_stock）表示关系 Out_stock 自身相乘的笛卡儿积操作。

prj_num
20100015

图 3.10　查询结果（6）

（8）检索被所有的抢修工程都使用了的物资编号及物资名称、规格。编写这个查询语句的关系代数表达式的过程如下：

① 抢修工程使用的物资编号情况可用操作 $\pi_{prj\_num,mat\_num}(Out\_stock)$ 表示；

② 全部抢修工程项目编号可用操作 $\pi_{prj\_num}(salaving)$ 表示；

③ 被所有的抢修工程都使用了的物资编号可用除法操作表示，操作结果是物资编号 prj_num 集：

$$\pi_{prj\_num,mat\_num}(Out\_stock)\div\pi_{prj\_num}(salaving)$$

④ 从 prj_num 求物资名称、规格，可以用自然连接和投影操作组合而成：

$$\pi_{mat\_num,mat\_name,spci}(Stock \bowtie (\pi_{prj\_num,mat\_num}(Out\_stock))\div\pi_{prj\_num}(salaving))$$

查询结果如图 3.11 所示。

mat-num	mat_name	speci
m001	护套绝缘电线	BVV-120

图 3.11　查询结果（7）

（9）检索所用物资包含抢修工程 20100016 所用全部物资的抢修工程号。

① 抢修工程使用的物资编号情况可用操作 $\pi_{prj\_num,mat\_num}(Out\_stock)$ 表示；

② 抢修工程 20100016 所用物资编号可用操作 $\pi_{mat\_num}(\sigma_{prj\_num='20100016'}(Out\_stock))$ 表示；

③ 所用物资包含抢修工程 20100016 所用物资的抢修工程号可用除法操作求得：

$$\pi_{prj\_num,mat\_num}(Out\_stock) \div \pi_{mat\_num}(\sigma_{prj\_num='20100016'}(Out\_stock))$$

查询结果如图 3.12 所示。

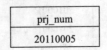

prj_num
20110005

图 3.12　查询结果（8）

查询语句的关系代数表达式一般形式是：

$$\pi\cdots(\sigma\cdots(R\times S)) \text{ 或者 } \pi\cdots(\sigma\cdots(R\bowtie S))$$

首先把查询涉及的关系取来，执行笛卡儿积或自然连接操作得到一张大的表格，然后对大表格执行水平分割（选择操作）和垂直分割（投影操作）。

3.3.4　关系代数的扩充操作

为了使关系代数运算能真实地模拟用户的查询，对关系代数操作就要进行扩充，其中一个重要扩充就是增加了外连接，它使得关系代数表达式可以对表示缺失信息的空值进行处理。

1. 自然连接

在关系 R 和 S 做自然连接时，我们选择两个关系在公共属性上值相等的元组构成新关系的元组。此时，关系 R 中某些元组有可能在 S 中不存在公共属性上值相等的元组，从而造成 R 中这些元组的值在操作时被舍弃。由于同样的原因，S 中某些元组也有可能被舍弃。

例如，图 3.13（a）和（b）中的关系 R 和 S 做连接操作，得到结果如图 3.13（c）所示，关系 R 中的元组（b,d,f）由于在 S 中没有匹配的元组，在连接结果中缺失；同理，S 中的元组（e,f,g）也在连接结果中缺失。

2. 外连接（Outer Join）

为了在操作时能保存这些将被舍弃的元组，提出"外连接"操作。外连接运算有三种形式：左外连接，用 $⋈$ 表示；右外连接，用 $⋈$ 表示；全外连接，用 $⋈$ 表示。

左外连接取出左侧关系中所有与右侧关系的任一元组都不匹配的元组，用空值填充所有来自右侧关系的属性，再把产生的元组加到自然连接的结果上。图 3.13（d）中，元组（b,d,f,null）就是这样的元组，所有来自左侧关系的信息在左外连接中都得到保留。

右外连接与左外连接相对称：用空值填充来自右侧关系的所有与左侧关系的任意元组都不匹配的元组，将产生的元组加到自然连接的结果上。图 3.13（e）中的（null,e,f,g）即是这样的元组。同时，所有来自右侧关系的信息在右外连接中都得到保留。

全外连接完成左外连接和右外连接的操作，既填充左侧关系中所有与右侧关系中任一元组都不匹配的元组，又填充右侧关系中与左侧关系任一元组都不匹配的元组，并把产生的结果都加到自然连接的结果上。图 3.13（f）就是全外连接的例子。

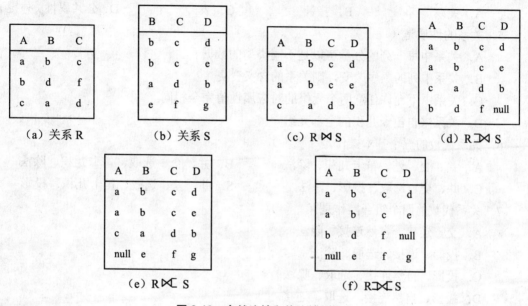

图 3.13　自然连接和外连接的例子

小　结

关系运算理论是关系数据库查询语言的理论基础。只有掌握了关系运算理论，才能深刻理解查询语言的本质和熟练使用查询语言。

关系定义为元组的集合，但关系又有特殊的性质。关系模型必须遵循实体完整性规则、参照完整性规则和用户定义完整性规则。

关系查询语言属非过程化语言，但关系代数语言的非过程性较弱。

习　题

选择题

1. 当关系有多个候选码时，则选定一个作为主键，若主键为全码时应包含（　　）。
　　A. 单个属性　　　　B. 两个属性　　　C. 多个属性　　　D. 全部属性
2. 在基本的关系中，下列说法正确的是（　　）。
　　A. 与行列顺序有关　　　　　　　　B. 属性名允许重名
　　C. 任意两个元组不允许重复　　　　D. 列是非同质的

3．根据关系的完整性规则，一个关系中的主键（　　　）。

    A．不能有两个　　　　　　　　　　B．不可作为其他关系的外部键

    C．可以取空值　　　　　　　　　　D．不可以是属性组合

4．关系数据库用（　　　）实现数据之间的联系。

    A．关系　　　　　　　B．指针　　　　　　C．表　　　　　　D．公共属性（外键）

5．关系的性质是（　　　）。

    A．关系中每一列的分量可以是不同类型的数据

    B．关系中列的顺序改变，则关系的含义变更

    C．关系中不允许任意两个元组的对应属性值完全相同

    D．关系来自笛卡儿积的全部元组

6．关系代数的五个基本操作是（　　　）。

    A．并、交、差、笛卡儿积、除法　　　　B．并、交、选取、笛卡儿积、除法

    C．并、交、选取、投影、除法　　　　　S．并、差、选取、笛卡儿积、投影

7．关系代数的四个组合操作是（　　　）。

    A．交、连接、自然连接、除法

    B．投影、连接、选取、除法

    C．投影、自然连接、选取、除法

    D．投影、自然连接、选取、连接

8．4 元关系 R 为：R(A，B，C，D)，则（　　　）。

    A．$\pi_{A,C}(R)$ 为取属性值为 A，C 的两列组成

    B．$\pi_{1,3}(R)$ 为取属性值为 1，3 的两列组成

    C．$\pi_{1,3}(R)$ 与 $\pi_{A,C}(R)$ 是等价的

    D．$\pi_{1,3}(R)$ 与 $\pi_{A,C}(R)$ 是不等价的

9．R 为 4 元关系 R(A，B，C，D)，S 为 3 元关系 S(B，C，D)，R×S 构成的结果集为（　　　）元关系。

    A．4　　　　　　　　B．3　　　　　　　C．7　　　　　　　D．6

10．两个关系没有公共属性时，其自然连接操作结果表现为（　　　）。

    A．结果为空关系　　　　　　　　　B．笛卡儿积

    C．等值连接操作　　　　　　　　　D．无意义的操作

综合题

1．假设关系 U 和 V 分别有 m 个元组和 n 个元组，给出下列表达式中可能的最小和最大元组数量：

    ① U∩V；　　　　　　　　　　　　② U∪V；

    ③ U⋈V；　　　　　　　　　　　　④ $\sigma_F(U) \times V$（F 为某个条件）；

    ⑤ $\pi_L(R) - S$（其中 L 为某个属性组）。

2．给定关系 R 和 S：

R

A	B	C	D
A1	B1	C1	D1
A1	B1	C2	D2
A1	B1	C3	D3
A2	B2	C1	D1
A2	B2	C2	D2
A3	B3	C1	D1

S

A	B	E
C1	D1	E1
C2	D2	E2

试计算下列结果：

① $\pi_{3,4}(R) \cup \pi_{1,2}(S)$;

② $\pi_{3,4}(R) - \pi_{1,2}(S)$;

③ $\sigma_{A='A2'}(R)$;

④ $R \underset{c}{\bowtie} S$，其中 c 为 $(R.C=S.A) \wedge (R.D=S.B)$;

⑤ $R \div S$;

⑥ $(\pi_{1,2}(R) \times \pi_{1,2}(S)) - R$。

3. 设有三个关系：

```
S(S#,SNAME,SEX,AGE)
SC(S#,C#,GRADE)
C (C#,CNAME,TEACHER)
```

试用关系代数表达式表示下列查询语句：

① 检索 LIU 老师所授课程的课程号和课程名；

② 检索年龄大于 23 岁的男同学的学号和姓名；

③ 检索学号为 S3 的学生所学课程的课程名与任课教师名；

④ 检索至少选修 LIU 老师所授课程中一门课程的女学生姓名；

⑤ 检索 WANG 同学不学课程的课程号；

⑥ 检索至少选修两门课的学生学号；

⑦ 检索全部学生都选修的课程的课程号与课程名；

⑧ 检索选修课程包含 LIU 老师所授全部课程的学生学号。

4. 假设数据库中有四张表：客户表 Customers、代理人表 Agents、产品表 Products 和订单表 Orders。其中客户表 Customers 中各属性的含义如下：

Cid：客户编号；

Cname：客户名；

City：客户所在城市。

代理人表 Agents 中各属性的含义如下：

Aid：代理人编号；

Aname：代理人姓名；

City：代理人所在城市。

产品表 Products 中各属性的含义如下：

Pid：产品编号；

Pname：产品名称；

Quantity：产品销售数量；

Price：产品单价。

订单表 Orders 中各属性的含义如下：

Ord_no：订单号；

Month：订货月份；

Cid：客户编号；

Aid：代理人编号；

Pid：产品编号；

Qty：订货数量；

Amount：订货总金额。

各表中数据如下：

产品表 Products

Pid	Pname	Quantity	Price
P01	笔袋	111400	5.50
P02	尺子	203000	0.50
P03	橡皮	150600	0.50
P04	水笔	125300	1.00
P05	铅笔	221400	1.00
P06	涂改液	123100	2.00
P07	水彩笔	100500	1.00

代理人表 Agents

Aid	Aname	City
A01	赵 龙	北京
A02	张建国	深圳
A03	李 林	广州
A04	陈 娟	北京
A05	林 子	杭州
A06	吴文俊	上海

客户表 Customers

Cid	Cname	City
C001	詹 三	杭州
C002	王 勇	上海
C003	李晓红	上海
C004	赵子凡	杭州
C006	钱 立	南京

订单表 Orders

Ord_no	Month	Cid	Aid	Pid	Qty	Amount
1011	1	C001	A01	P01	1000	5500.00
1012	2	C001	A01	P01	1000	5500.00
1019	2	C001	A02	P02	400	200.00
1017	2	C001	A06	P03	600	300.00
1018	2	C001	A03	P04	600	600.00
1023	3	C001	A04	P05	500	500.00
1022	3	C001	A05	P06	400	800.00
1025	4	C001	A05	P07	800	800.00
1013	1	C002	A03	P03	1000	500.00
1026	5	C002	A05	P03	800	400.00
1015	1	C003	A03	P05	1200	1200.00
1014	3	C003	A03	P05	1200	1200.00
1021	2	C004	A06	P01	1000	5500.00
1016	1	C006	A01	P01	1000	5500.00
1020	2	C006	A03	P07	600	600.00
1024	3	C006	A06	P01	800	4400.00

试用关系代数表达式表示下列查询语句，并写出查询结果：

① 查询客户 C006 所定产品的清单；

② 查询所有订购产品 P01 的客户名；

③ 查询订购了产品价格为 0.50 元且订货数量在 500 以上的客户名；

④ 查询没有订购 P01 产品的客户名；

⑤ 查询客户和其代理人在同一个城市的客户编号、客户名、代理人编号、代理人姓名以及所在城市；

⑥ 查询南京的客户通过北京的代理订购的所有产品号；

⑦ 查询订购了所有单价为 1.00 元的产品的客户编号。

第4章

结构化查询语言 SQL

4.1 SQL 概述

结构化查询语言（Structured Query Language，SQL）是关系数据库的标准语言，是一种数据库查询和程序设计语言，用于存取数据以及查询、更新和管理关系数据库系统。

4.1.1 SQL 语言的发展

SQL 是 1974 年由 Boyce 和 Chamberlin 提出的，并在 IBM 公司的关系数据库系统 SYSTEM R 上实现。由于它功能丰富、简单易学、使用方便，所以深受用户和计算机工业界的欢迎，被数据库厂商所采用。

1986 年 10 月美国国家标准局（American National Standard Institute，ANSI）的数据库委员会 X3H2 批准了 SQL 作为关系数据库语言的美国标准，同年公布了 SQL 标准（简称 SQL-86）。1987 年国际标准化组织（International Organization for Standardization，ISO）也通过了这一标准。随着数据库技术的发展，ANSI 也不断修改和完善 SQL 标准，并于 1989 年公布了 SQL-89 标准，1992 年公布了 SQL-92 标准，1999 年公布了 SQL-99（SQL3）标准，之后又有 SQL/2003 标准以及 SQL/2006 标准，而且 SQL 标准的内容也越来越多。

自 SQL 成为国际标准语言以来，各个数据库厂家纷纷推出各自的 SQL 软件或与 SQL 的接口软件。这就使大多数数据库均用 SQL 作为共同的数据存放语言和标准接口，使不同数据库系统之间的互相操作有了共同的基础。此外，SQL 成为国际标准，对数据库以外的领域也产生了很大影响，有不少软件产品将 SQL 语言的数据查询功能与图形功能、软件工程工具、软件开发工具、人工智能程序结合起来。SQL 已成为数据库领域中一个主流语言，被广泛应用在商用系统中，现已成为数据开发的标准语言。

4.1.2 SQL 语言的特点

SQL 是一种通用的、功能强大同时又简单易学的关系数据库语言，集数据查询（Data Query）、数据操纵（Data Manipulation）、数据定义（Data Definition）和数据控制（Data Control）四大功能于一体，其主要特点包括：

1．综合统一

数据库系统的主要功能是通过数据库支持的数据语言来实现的。

非关系模型的数据语言一般都分为模式数据定义语言（Schema Data Definition Language，模式 DDL）、外模式数据定义语言（Subschema Data Definition Language，外模式 DDL 或子模式 DDL）、与数据存储有关的描述语言（Data Storage Description Language，DSDL）及数据操纵语言（Data Manipulation Language，DML），分别用于定义模式、外模式、内模式和进行数据的存取与处置。其缺点是：当用户数据库投入运行后，如果需要修改模式，必须停止现有数据库的运行，转储数据，修改模式，编译后再重新装载数据库，非常麻烦。

SQL 语言集数据定义语言 DDL、数据操纵语言 DML、数据控制语言 DCL 的功能于一体，语言风格统一，可以独立完成数据库生命周期中的全部活动。包括定义关系模式、录入数据以及建立数据库、查询、更新、维护、数据库重构、数据库安全性控制等一系列操作要求，这就为数据库应用系统开发提供了良好的环境，例如用户在数据库投入运行后，还可根据需要修改模式，且并不影响数据库的运行，从而使系统具有良好的可扩充性。

2．高度非过程化

非关系数据模型的数据操纵语言是面向过程的语言，若要完成某项请求时，必须指定正确的存储路径。而 SQL 语言是高度非过程化语言，当进行数据操作时，只要指出"做什么"，无需指出"怎么做"，存储路径对用户来说是透明的。因此无需了解存取路径，存储路径的选择以及 SQL 语句的操作过程由系统自动完成，减轻了用户负担，有利于提高数据独立性。

3．面向集合的操作方式

非关系数据模型采用的是面向记录的操作方式，操作对象是一条记录。例如查询所有库存量小于 10 的配电物资，用户必须一条一条地把满足条件的记录找出来（通常要说明具体处理过程，即按照哪条路径，如何循环等），而 SQL 语言采用集合操作方式，不仅操作对象、查找结果可以是元组的集合，而且一次插入、删除、更新操作的对象也可以是元组的集合。

4．用同一种语法结构提供两种使用方式

SQL 语言有两种使用方式。一种是作为独立的自含式语言，它能够独立地用于联机交互，用户可以在终端键盘上直接输入 SQL 命令对数据库进行操作。另一种作为嵌入式语言，SQL 语句能够嵌入到高级语言（例如 C、C++、Java）程序中，供程序员设计程序时使用。而在两种不同的使用方式下，SQL 语言的语法结构基本上是一致的。这种以统一的语法结构提供两种不同的使用方式的做法为用户提供了极大的灵活性与方便性。

5．语言简洁，易学易用

SQL 语言功能极强，语言十分简洁，其核心功能只用了九个动词（如表 4.1 所示），接近英语口语，因此易学易用。

表 4.1 SQL 语言的动词

SQL 功能	实现动词
数据查询	SELECT
数据定义	CREATE、DROP、ALTER
数据操纵	INSERT、UPDATE、DELETE
数据控制	GRANT、REVOKE

4.1.3 SQL 语言的基本概念

SQL 语言支持关系数据库三级模式结构，如图 4.1 所示。其中外模式对应于视图（View）和部分基本表（Base Table），模式对应于基本表，内模式对应于存储文件（Stored File）。

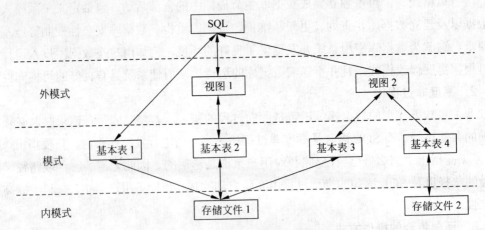

图 4.1 SQL 对关系数据库模式的支持

从图 4.1 可以看出：

（1）可以用 SQL 语句对视图和基本表进行查询等操作。在用户看来，视图和基本表是一样的，都是关系（即表）。

（2）基本表是本身独立存在的表，是实际存储在数据库中的表。在 SQL 中，一个关系就对应一个表。

（3）视图是从基本表或其他视图中导出来的表，它本身不独立存储在数据库中，也就是说数据库中只存放视图的定义而不存放视图的数据，这些数据仍存放在导出视图的基本表中，因此视图是一个虚表。

（4）存储文件的逻辑结构组成了关系数据库的内模式，存储文件的物理结构是任意的，对用户是透明的。

4.2 数据定义语句

关系数据库系统支持三级模式结构，其模式、外模式和内模式中的基本对象有表、视图和索引。因此 SQL 的数据定义功能包括定义表、定义视图和定义索引，如表 4.2 所示。

表 4.2　SQL 的数据定义语句

操作对象	操作方式		
	创　建	删　除	修　改
表	CREATE　TABLE	DROP TABLE	ALTER TABLE
视图	CREATE　VIEW	DROP VIEW	
索引	CREATE　INDEX	DROP INDEX	

从表 4.2 可以看出，SQL 通常不提供修改视图定义和修改索引定义的操作，这是因为视图是基于基本表的虚表，索引是依附于基本表的。用户如果想修改视图定义或索引定义，只能先将它们删除掉，然后再重建。本节只介绍如何定义基本表，视图的概念及其定义方法将在 4.5 节详细阐述，索引的概念及其定义方法将在第 7 章详细阐述。

4.2.1　基本表的定义

建立数据库最基本最重要的一步就是定义一些基本表。SQL 语言使用 CREATE TABLE 语句定义基本表，其一般格式如下：

```
CREATE  TABLE <表名> (<列名><数据类型>[列级完整性约束条件]
                    [,<列名><数据类型>[列级完整性约束条件]]…
                    [,<表级完整性约束条件>]);
```

其中，<表名>是所要定义的基本表的名字，它可以由一个或多个属性（列）组成。括号中就是该表的各个属性列，此时需要说明各属性列的数据类型。创建表的同时通常还可以定义与该表有关的完整性约束条件，这些完整性约束条件被存入系统的数据字典中，当用户操作表中数据时由 DBMS 自动检查该操作是否违背这些完整性约束条件。如果完整性约束条件涉及该表的多个属性列，则必须定义在表级上，否则既可以定义在列级也可以定义在表级。

本章所有例子均根据电力抢修工程数据库进行举例讲解，该数据库的结构见第 3 章的例 3.1。

【例 4.1】　建立一个"抢修工程计划表"表 Salvaging，它由工程项目编号 prj_num、工程项目名称 prj_name、工程开始日期 start_date、工程结束日期 end_date、是否按期完成 prj_status 五个属性组成。

```
CREATE TABLE salvaging
(   prj_num char(8)  PRIMARY KEY,      /* 列级完整性约束,prj_num 是主键 */
    prj_name varchar(50),
    start_date datetime,
    end_date datetime,
    prj_status bit,
);
```

系统执行上面的 CREATE TABLE 语句后，就在数据库中建立一个新的空"抢修工程计划表"表 Salvaging，并将有关"抢修工程计划表"的定义及有关约束条件存放在数据字典中。

【例 4.2】 建立一个"配电物资库存记录表"表 Stock。

```
CREATE TABLE stock
(   mat_num char(8)  PRIMARY KEY,        /* 列级完整性约束,mat_num 是主键 */
    mat_name varchar(50)  NOT NULL,       /* mat_name 不允许取空值 */
    speci varchar(20)  NOT NULL,          /* speci 不允许取空值 */
    warehouse varchar(50),
    amount int,
    unit decimal(18, 2),
    total  AS ([amount] * [unit]),        /* as 为自动计算字段,不能输入值,
                                             表示：总金额=数量×单价*/

);
```

【例 4.3】 建立一个"配电物资领料出库表"表 Out_stock。

```
CREATE TABLE out_stock
(   prj_num char(8),
    mat_num char(8),
    amount int,
    get_date datetime,
    department varchar(100),
    PRIMARY KEY(prj_num,mat_num),
                            /* 主键由两个属性构成,必须作为表级完整性约束 */
    FOREIGN KEY(prj_num) REFERENCES salvaging(prj_num),
                /*表级完整性约束条件,prj_num 是外键,被参照表是 Salvaging */
    FOREIGN KEY(mat_num) REFERENCES stock(mat_num),
                /*表级完整性约束条件,mat_num 是外键,被参照表是 Stock */
);
```

定义表的各个属性时需要指明其数据类型及长度。要注意，不同的 RDBMS 支持的数据类型不完全相同。表 4.3 是 SQL Server 提供的一些常用的系统数据类型。

表 4.3 SQL Server 常用的系统数据类型

	类 型 表 示	类 型 说 明
数值型	int 或 integer	长整数（$-2\,147\,483\,648 \sim 2\,147\,483\,647$）
	smallint	短整数（$-32\,768 \sim 32\,767$）
	real	浮点数
	float(n)	浮点数，精度至少为 n 位数字
	decimal(p,s)	定点数，由 p 位数字（不包括符号、小数点）组成，小数点后面有 d 位数字
字符串型	char(n)	长度为 n 的定长字符串(1～8000)
	varchar(n)	具有最大长度为 n 的变长字符串（1～8000）
	text	专用于存储数量庞大的变长字符串

续表

	类 型 表 示	类 型 说 明
位数据类型	bit	常作为逻辑变量，表示真假（0 或 1）
日期时间型	datatime	格式为 YYYY-MM-DD HH:MM:SS， 日期从 1689 年 1 月 1 日到 9999 年 12 月 31 日
	Smalldatetime	格式为 YYYY-MM-DD HH:MM:SS 日期从 1900 年 1 月 1 日到 2079 年 12 月 31 日

4.2.2　基本表的修改与删除

在基本表建立后，可以根据实际需要对基本表的结构进行修改。SQL 语言用 ALTER TABLE 语句修改基本表，其一般格式为：

```
ALTER TABLE <表名>
[ADD <新列名><数据类型> | [完整性约束]]
[DROP COLUMN <列名> | <完整性约束名>]
[ALTER COLUMN <列名><数据类型>];
```

其中，<表名>是要修改的基本表，ADD 子句用于增加新列和新的完整性约束条件，DROP 子句用于删除指定列和指定的完整性约束条件，ALTER 子句用于修改原先的列定义，包括修改列名和数据类名。

【例 4.4】　向抢修工程计划表 Salvaging 中增加"工程项目负责人"列，数据类型为字符型。

```
ALTER TABLE salvaging ADD prj_director VARCHAR(10);
```

注意：不论基本表中原来是否已有数据，新增加的列一律为空值。

【例 4.5】　删除抢修工程计划表 Salvaging 中"工程项目负责人"的属性列。

```
ALTER TABLE salvaging DROP COLUMN prj_director;
```

【例 4.6】　将配电物资领料出库表 Out_stock 中领取数量的数据类型由字符型（假设原来的数据类型是字符型）改为正数。

```
ALTER TABLE out_stock ALTER COLUMN amount int;
```

注意：修改原有的列定义有可能会破坏已有数据。

4.2.3　基本表的删除

当某个基本表不再需要时，可以使用 DROP　TABLE 语句删除。其一般格式为：

```
DROP TABLE <表名>
```

【例 4.7】 删除配电物资领料出库表 Out_stock。

```
DROP TABLE out_stock
```

注意：基本表的删除是有限制条件的，欲删除的基本表不能被其他表的约束（CHECK、FOREIGN KEY 等约束）所引用。如果存在这些依赖该表的对象，则此表不能被删除。

比如若执行：**DROP TABLE stock**，系统将会弹出如图 4.2 所示的提示。

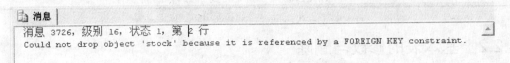

图 4.2　执行删除 stock 表的提示信息

基本表一旦删除，不仅表中的数据和此表的定义将被删除，而且该表上建立的索引、视图、触发器等有关对象也将被删除。因此执行删除基本表的操作一定要格外小心。

4.3　查询

数据库查询是数据库的核心操作。SQL 语言提供了 SELECT 语句进行数据库的查询，该语句具有灵活的使用方式和丰富的功能。其一般格式为：

```
SELECT [ALL|DISTINCT]<目标列表达式>[,<目标列表达式>]…  -----需要哪些列
FROM <表名或视图名>[,<表名或视图名>]…                  -----来自哪些表
[WHERE <条件表达式>]                                    -----根据什么条件
[GROUP BY <列名 1>[HAVING <条件表达式>]]
[ORDER BY <列名 2>[ASC|DESC]];
```

整个 SELECT 语句的含义是：根据 WHERE 子句给出的条件表达式，从 FROM 子句指定的基本表或视图中找出满足条件的元组，再按 SELECT 子句中的目标列表达式，选出元组中的属性值形成结果表。如果有 GROUP BY 子句，则将结果按<列名 1>的值进行分组，该属性列值相等的元组为一个组。如果 GROUP BY 子句带 HAVING 短语，则只有满足指定条件的组才给予输出。如果有 ORDER BY 子句，则结果表还要按<列名 2>的值的升序或降序排序。

SELECT 语句既可以完成简单的单表查询，也可以完成复杂的连接查询和嵌套查询，下面我们以电力抢修工程数据库（如图 4.3 所示）为例说明 SELECT 语句的各种用法。

4.3.1　单表查询

单表查询是指仅涉及一张表的查询。

1. 选择表中的若干列

选择表中的全部列或部分列，这就是关系代数的投影运算。

mat_num	mat_name	speci	warehouse	amount	unit	total
m001	护套绝缘电线	BVV-120	供电局1#仓库	220	89.80	19756.00
m002	架空绝缘导线	10KV-150	供电局1#仓库	30	17.00	510.00
m003	护套绝缘电线	BVV-35	供电局2#仓库	80	22.80	1824.00
m004	护套绝缘电线	BVV-50	供电局2#仓库	283	32.00	9056.00
m005	护套绝缘电线	BVV-70	供电局2#仓库	130	40.00	5200.00
m006	护套绝缘电线	BVV-150	供电局3#仓库	46	85.00	3910.00
m007	架空绝缘导线	10KV-120	供电局3#仓库	85	14.08	1196.80
m008	护套绝缘电线	BVV-95	供电局3#仓库	164	88.00	14432.00
m009	交联聚乙烯绝缘电缆	YJV22—15KV	供电局4#仓库	45	719.80	32391.00
m010	户外真空断路器	ZW12-12	供电局4#仓库	1	13600.00	13600.00

（a）Stock 表

prj_num	prj_name	start_date	end_date	prj_status
20100015	220KV清经线接…	2010-10-12 0:0…	2010-10-13 0:0…	True
20100016	沙河站2#公变…	2010-11-5 0:00:00	2010-11-6 0:00:00	True
20110001	西丽站电缆短…	2011-1-3 0:00:00	2011-1-4 0:00:00	True
20110002	西丽站电缆接…	2011-1-3 0:00:00	2011-1-5 0:00:00	True
20110003	观澜站光缆抢修	2011-2-10 0:00:00	2011-2-11 0:00:00	True
20110004	小径墩低压线…	2011-2-15 0:00:00	2011-2-17 0:00:00	True
20110005	明珠立交电缆…	2011-3-2 0:00:00	2011-3-5 0:00:00	False
20110006	朝阳围公变低…	2011-3-8 0:00:00	2011-3-10 0:00:00	False

（b）Salvaging 表

prj_num	mat_num	amount	get_date	department
20100015	m001	2	2010-10-12 0:0…	工程1部
20100015	m002	1	2010-10-12 0:0…	工程1部
20100016	m001	3	2010-11-5 0:00:00	工程1部
20100016	m003	10	2010-11-5 0:00:00	工程1部
20110001	m001	2	2011-1-3 0:00:00	工程2部
20110002	m001	1	2011-1-3 0:00:00	工程2部
20110002	m009	1	2011-1-3 0:00:00	工程2部
20110003	m001	5	2011-2-11 0:00:00	工程3部
20110003	m010	1	2011-2-11 0:00:00	工程3部
20110004	m001	3	2011-2-15 0:00:00	工程3部
20110004	m004	20	2011-2-15 0:00:00	工程3部
20110005	m001	2	2011-3-2 0:00:00	工程2部
20110005	m003	10	2011-3-2 0:00:00	工程2部
20110005	m006	3	2011-3-2 0:00:00	工程2部

（c）Out_stock 表

图 4.3 电力抢修工程数据库的数据库示例

1）查询指定的列

在很多情况下，用户只对表中的一部分属性列感兴趣，这时可以通过在 SELECT 子句的<目标列表达式>中指定要查询的属性列。

【例 4.8】 查询所有配电物资的物资编号、物资名称、规格。

```
SELECT mat_num, mat_name, speci
FROM stock;
```

查询结果如图 4.4 所示。

【例 4.9】　查询所有配电物资的物资名称、物资编号、规格和所在仓库名称。

```
SELECT mat_name, mat_num, speci, warehouse
FROM stock;
```

查询结果如图 4.5 所示。

	mat_num	mat_name	speci
1	m001	护套绝缘电线	BV-120
2	m002	架空绝缘导线	10KV-150
3	m003	护套绝缘电线	BV-35
4	m004	护套绝缘电线	BV-50
5	m005	护套绝缘电线	BV-70
6	m006	护套绝缘电线	BV-150
7	m007	架空绝缘导线	10KV-120
8	m008	护套绝缘电线	BV-95
9	m009	交联聚乙烯绝缘电缆	YJV22-15KV
10	m010	户外真空断路器	ZW12-12

图 4.4　例 4.8 查询结果

	mat_name	mat_num	speci	warehouse
1	护套绝缘电线	m001	BV-120	供电局1#仓库
2	架空绝缘导线	m002	10KV-150	供电局1#仓库
3	护套绝缘电线	m003	BV-35	供电局2#仓库
4	护套绝缘电线	m004	BV-50	供电局2#仓库
5	护套绝缘电线	m005	BV-70	供电局2#仓库
6	护套绝缘电线	m006	BV-150	供电局3#仓库
7	架空绝缘导线	m007	10KV-120	供电局3#仓库
8	护套绝缘电线	m008	BV-95	供电局3#仓库
9	交联聚乙烯绝缘电缆	m009	YJV22-15KV	供电局4#仓库
10	户外真空断路器	m010	ZW12-12	供电局4#仓库

图 4.5　例 4.9 查询结果

<目标列表达式>中各个列的先后顺序可以与表中的顺序不一致，用户可以根据应用的需要改变列的显示顺序。

2）查询全部列

如果要查询表中的所有属性列，可以有两种方法：一种是在目标列表达式中列出所有的列名；另一种是如果列的显示顺序与其在表中定义的顺序相同，则可以简单地在目标列表达式中写星号"*"。

【例 4.10】　查询所有配电物资的记录。

```
SELECT *
FROM stock
```

等价于：

```
SELECT mat_num, mat_name, speci, warehouse, amount, unit, total
FROM stock
```

3）查询经过计算的值

SELECT 子句中的<目标列表达式>可以是表中存在的属性列，也可以是表达式、字符串常量或者函数。

【例 4.11】　查询所有抢修工程的抢修天数。

在 Salvaging 表中只记录了抢修工程的开始日期和结束日期，而没有记录抢修天数，但可以经过计算得到，即调用 datediff() 日期函数返回结束日期与开始日期的时间间隔，得到抢修天数。因此实现此功能的查询语句为：

```
SELECT prj_name, start_date, end_date, datediff(day, start_date,end_date)
FROM salvaging;
```

查询结果如图 4.6 所示。

图 4.6　例 4.11 查询结果

SQL Server 2005 提供时间函数，可以对日期和时间输入值执行操作，并返回一个字符串、数字或日期和时间值，如表 4.4 所示。

表 4.4　SQL Server 常用的时间和日期函数

函　　数	功　　能
getdate()	返回系统当前的日期和时间
year(date)	返回一个整数，表示指定日期中的年份
month(date)	返回一个整数，表示指定日期中的月份
day(date)	返回一个整数，表示指定日期中的天数
datediff(datepart,date1,date2)	返回 date1 和 date2 的时间间隔，其单位由 datepart 参数指定

【例 4.12】　查询所有抢修工程的抢修天数，并在实际抢修天数列前加入一个列，此列的每行数据均为'抢修天数'常量值。

```
SELECT prj_name,'抢修天数',datediff(day,start_date,end_date)
FROM salvaging;
```

查询结果如图 4.7 所示。

图 4.7　例 4.12 查询结果

我们看到经过计算的列、函数的列和常量列的显示结果都没有列标题，用户可以通过指定别名来改变查询结果的列标题，这对于含算术表达式、常量、函数名的目标列尤为有用。

改变列标题的语法格式为：

列名|表达式 [AS] 列标题

或

列标题=列名|表达式

例如，对于例 4.12，可以定义如下列别名：

```
SELECT prj_name 项目名称, start_date 开始日期, end_date 结束日期,
datediff(day,start_date,end_date) 抢修天数
FROM salvaging;
```

查询结果如图 4.8 所示。

	项目名称	开始日期	结束日期	抢修天数
1	220KV清经线接地箱及接地线被盗抢修	2010-10-12 00:00:00.000	2010-10-13 00:00:00.000	1
2	沙河站2#公变出线电缆老化烧毁抢修	2010-11-05 00:00:00.000	2010-11-06 00:00:00.000	1
3	西丽站电缆短路烧毁抢修工程	2011-01-03 00:00:00.000	2011-01-04 00:00:00.000	1
4	西丽站电缆接地抢修	2011-01-03 00:00:00.000	2011-01-05 00:00:00.000	2
5	观澜站光缆抢修	2011-02-10 00:00:00.000	2011-02-11 00:00:00.000	1
6	小径墩低压线被盗抢修	2011-02-15 00:00:00.000	2011-02-17 00:00:00.000	2
7	明珠立交电缆沟盖板破损抢修	2011-03-02 00:00:00.000	2011-03-05 00:00:00.000	3
8	朝阳围公变低压线被盗抢修	2011-03-08 00:00:00.000	2011-03-10 00:00:00.000	2

图 4.8　例 4.12 赋别名后查询结果

2．选择表中的若干元组

前边我们介绍的例子都是选择表中的全部记录，而没有对表中的记录行进行任何有条件的筛选。实际上，在查询过程中，除了可以选择列之外，还可以对行进行选择，使查询的结果更加满足用户的要求。

1）消除取值相同的行

本来在数据库表中不存在取值全部相同的元组，但进行了对列的选择后，查询结果中就有可能出现取值完全相同的行了，而取值相同的行在结果中是没有意义的，因此应消除掉。

【例 4.13】　在配电物资库存记录表中查询出所有的仓库名称。

```
SELECT warehouse
FROM stock
```

查询结果如图 4.9 所示。

在这个结果中有许多重复的行（实际上一个仓库存放了多少种物资，其仓库名称就在结果中重复几次）。如果想去掉结果表中的重复行，必须指定 DISTINCT 短语：

	warehouse
1	供电局1#仓库
2	供电局1#仓库
3	供电局2#仓库
4	供电局2#仓库
5	供电局2#仓库
6	供电局3#仓库
7	供电局3#仓库
8	供电局3#仓库
9	供电局4#仓库
10	供电局4#仓库

图 4.9　例 4.13 查询结果

```
SELECT DISTINCT warehouse
FROM stock;
```

查询结果如图 4.10 所示。

DISTINCT 关键字在 SELECT 的后边，在目标
列名序列的前边。如果没有指定 DISTINCT 短语，
则默认为 ALL，即保留结果表中取值重复的行。

图 4.10　例 4.13 取消重复行后查询结果

```
SELECT warehouse
FROM stock;
```

等价于

```
SELECT ALL warehouse
FROM stock;
```

2）查询满足条件的元组

查询满足条件的元组是通过 WHERE 子句实现的。WHERE 子句常用的查询条件表如表 4.5 所示。

表 4.5　常用的查询条件表

查 询 条 件	谓　　词
比较（比较运算符）	=、>、<、>=、<=、!=、<>、!>、!<；NOT+上述比较运算符
确定范围	BETWEEN AND、NOT BETWEEN AND
确定集合	IN、NOT IN
字符匹配	LIKE、NOT LIKE
空值	IS NULL、IS NOT NULL
多重条件（逻辑谓词）	AND、OR

（1）比较大小的查询。

【例 4.14】　查询供电局 1#仓库存放的所有物资编号、物资名称、规格以及数量。

```
SELECT mat_num,mat_name,speci,amount
FROM stock
WHERE warehouse ='供电局1#仓库'
```

查询结果如图 4.11 所示。

图 4.11　例 4.14 查询结果

RDBMS 执行该查询的一种可能过程是：对 Stock 表进行全表扫描，取出一个元组，检查该元组在 warehouse 列上的值是否等于'供电局1#仓库'。如果相等，则取出 mat_num，mat_name，speci，amount 列的值形成一个新的元组输出，否则跳过该元组，取下一个元组。

如果 stock 表中有数万种配电物资，供电局 1#仓库存放的物资种类是所有物资的 10%左右，可以在 warehouse 列上建立索引，系统会利用该索引找出 warehouse ='供电局1#仓库'的元组，从中取出 mat_num，mat_name，speci，amount 列值形成结果关系。这就避免

了对 stock 表的全表扫描，可以加快查询速度。但需要注意的是，如果物资种类较少，索引查找则不一定能提高查询效率，系统仍会使用全表扫描。这由查询优化器按照某些规则或估计执行代价来做出选择。

【例4.15】 查询所有单价小于80的物资名称、数量及其单价。

```
SELECT mat_name,amount,unit
FROM stock
WHERE unit<80;
```

或

```
SELECT mat_name,amount,unit
FROM stock
WHERE NOT unit>=80;
```

查询结果如图4.12所示。

（2）确定范围的查询。BETWEEN…AND 和 NOT BETWEEN…AND 是一个逻辑运算符，可以用来查找属性值在或不在指定范围内的元组，其中 BETWEEN 后边指定范围的下限（即低值），AND 后边指定范围的上限（即高值）。

【例4.16】 查询单价在50~100之间的物资名称、数量及其单价。

```
SELECT mat_name, amount, unit
FROM stock
WHERE unit BETWEEN 50 AND 100;
```

此句等价于

```
SELECT mat_name, amount, unit
FROM stock
WHERE unit>=50 AND unit<=100;
```

查询结果如图4.13所示。

	mat_name	amount	unit
1	架空绝缘导线	30	17.00
2	护套绝缘电线	80	22.80
3	护套绝缘电线	283	32.00
4	护套绝缘电线	130	40.00
5	架空绝缘导线	85	14.08

图4.12 例4.15查询结果

	mat_name	amount	unit
1	护套绝缘电线	220	89.80
2	护套绝缘电线	46	85.00
3	护套绝缘电线	164	88.00

图4.13 例4.16查询结果

【例4.17】 查询单价不在50~100之间的物资名称、数量及其单价。

```
SELECT mat_name, amount, unit
FROM stock
WHERE unit NOT BETWEEN 50 AND 100;
```

此句等价于

```
SELECT mat_name, amount, unit
FROM stock
WHERE unit<50 OR unit>100;
```

（3）确定集合的查询。IN 是一个逻辑运算符，可以用来查找属性值属于指定集合的元组。

【例 4.18】　查询存放在供电局 1#仓库和供电局 2#仓库的物资名称、规格及其数量。

```
SELECT mat_name, speci, amount
FROM stock
WHERE warehouse IN ('供电局1#仓库','供电局2#仓库')
```

此句等价于

```
SELECT mat_name, speci, amount
FROM stock
WHERE warehouse ='供电局1#仓库'OR warehouse ='供电局2#仓库'
```

【例 4.19】　查询既没有存放在供电局 1#仓库，也没有存放在供电局 2#仓库的物资名称、规格及其数量。

```
SELECT mat_name, speci, amount
FROM stock
WHERE warehouse NOT IN ('供电局1#仓库','供电局2#仓库')
```

此句等价于

```
SELECT mat_name, speci, amount
FROM stock
WHERE warehouse !='供电局1#仓库' AND warehouse !='供电局2#仓库'
```

（4）字符匹配的查询。LIKE 用于查找指定列名与匹配串常量匹配的元组。匹配串是一种特殊的字符串，其特殊之处在于它不仅可以包含普通字符，而且还可以包含通配符。通配符用于表示任意的字符或字符串。在实际应用中，如果需要从数据库中检索一批记录，但又不能给出精确的字符查询条件，这时就可以使用 LIKE 运算符和通配符来实现模糊查询。在 LIKE 运算符前边也可以使用 NOT 运算符，表示对结果取反。其一般格式如下：

```
[NOT] LIKE '<匹配符>' [ESCAPE '<换码字符>']
```

其含义是查找指定的属性列值与<匹配串>相匹配的元组。<匹配串>可以是一个完整的空符串，也可以含有通配符"%"和"_"。其中：

- %（百分号）代表任意长度（长度可以为 0）的字符串。例如 a%b 表示以 a 开头，以 b 结尾的任意长度的字符串。如 acb、addgb、ab 等都满足该匹配串。
- _（下横线）代表任意单个字符，例如 a_b 表示以 a 开头，以 b 结尾的长度为 3 的任意字符串。如 acb，afb 等都满足该匹配串。

【例 4.20】　查询存放在供电局 1#仓库的物资的详细情况。

```
SELECT *
FROM stock
WHERE warehouse LIKE '供电局1#仓库'
```

等价于

```
SELECT *
FROM stock
WHERE warehouse ='供电局1#仓库';
```

如果 LIKE 后面的匹配串中不含通配符，则可以用"="（等于）运算符取代 LIKE 谓词，用"!="或"<>"（不等于）运算符取代 NOT LIKE 谓词。

【例 4.21】 查询所有绝缘电线的物资编号、名称和规格。

```
SELECT mat_num, mat_name, speci
FROM stock
WHERE mat_name LIKE '%绝缘电线'
```

【例 4.22】 查询物资名称中第三、四个字为"绝缘"的物资编号、名称和规格。

```
SELECT mat_num, mat_name, speci
FROM stock
WHERE mat_name LIKE '__绝缘%'
```

查询结果如图 4.14 所示。

【例 4.23】 查询所有不带"绝缘"两个字的物资编号、名称和规格。

	mat_num	mat_name	speci
1	m001	护套绝缘电线	BVV-120
2	m002	架空绝缘导线	10KV-150
3	m003	护套绝缘电线	BVV-35
4	m004	护套绝缘电线	BVV-50
5	m005	护套绝缘电线	BVV-70
6	m006	护套绝缘电线	BVV-150
7	m007	架空绝缘导线	10KV-120
8	m008	护套绝缘电线	BVV-95

图 4.14　例 4.22 查询结果

```
SELECT mat_num, mat_name, speci
FROM stock
WHERE mat_name NOT LIKE '%绝缘%'
```

如果用户要查询的字符串本身就含有"%"或"_"，这时就要使用 ESCAPE'<换码字符>'短语对通配符进行转义了。

【例 4.24】 查询物资名称为"断路器_户外真空"的物资信息。

```
SELECT *
FROM stock
WHERE mat_name LIKE '断路器\_户外真空' ESCAPE '\';
```

ESCAPE'\'短语表示"\"为换码字符，这样匹配串中紧跟在"\"后面的字符"_"不再具有通配符的含义，转义为普通的"_"字符。

（5）涉及空值的查询。空值（NULL）在数据库中有特殊的含义，它表示不确定的值。例如，某些物资现没有单价，因此单价和总价为空值。判断某个值是否为 NULL 值，不能使用普通的比较运算符（=、!=等），而只能使用专门的判断 NULL 值的子句来完成。

判断取值为空的语句格式为：列名 IS NULL

判断取值不为空的语句格式为：列名 IS NOT NULL

【例 4.25】 查询无库存单价的物资编号及其名称。

```
SELECT mat_num, mat_name
FROM stock
WHERE unit IS NULL
```

注意： 这里的"IS"不能用等号（＝）代替。

（6）多重条件查询。在 WHERE 子句中可以使用逻辑运算符 AND 和 OR 来组成多条件查询。用 AND 连接的条件表示必须全部满足所有的条件的结果才为 TRUE，用 OR 连接的条件表示只要满足其中一个条件，结果即为 TRUE。AND 的优先级高于 OR，但用户可以用括号改变优先级。

【例 4.26】 查询规格为 BVV-120 的护套绝缘电线的物资编号、库存数量及库存地点。

```
SELECT mat_num,warehouse,amount
FROM stock
WHERE mat_name='护套绝缘电线' AND speci='BVV-120'
```

3. 对查询结果进行排序

有时希望查询结果能按一定的顺序显示出来，比如按单价从高到低排列库存物资。SQL 语句支持将查询的结果按用户指定的列进行排序的功能，而且查询结果可以按一个列排序，也可以按多个列排序，排序可以是从小到大（升序），也可以是从大到小（降序）。排序子句的格式为：

```
ORDER BY <列名> [ASC|DESC][,…n]
```

其中<列名>为排序的依据列，可以是列名或列的别名。ASC 表示对列进行升序排列，DESC 表示对列进行降序排列。如果没有指定排序方式，则默认的排序方式为升序排序。

如果在 ORDER BY 子句中使用多个列进行排序，则这些列在该子句中出现的顺序决定了对结果集进行排序的方式。当指定多个排序依据列时，首先安排在最前面的列进行排序，如果排序后存在两个或两个以上列值相同的记录，则对这些值相同的记录再依据排在第二位的列进行排序，依次类推。

【例 4.27】 查询"护套绝缘电线"的物资编号及其单价，查询结果按单价降序排列。

```
SELECT mat_name,unit
FROM stock
WHERE mat_name='护套绝缘电线' ORDER BY unit DESC
```

【例 4.28】 查询所有物资的信息，查询结果按所在仓库名降序排列，同一仓库的物资按库存量升序排列。

```
SELECT *
FROM stock
ORDER BY warehouse DESC, amount
```

查询结果如图 4.15 所示。

	mat_num	mat_name	speci	warehouse	amount	unit	total
1	m010	户外真空断路器	ZW12-12	供电局4#仓库	1	13600.00	13600.00
2	m009	交联聚乙烯绝缘电缆	YJV22-15KV	供电局4#仓库	45	719.80	32391.00
3	m006	护套绝缘电线	BVV-150	供电局3#仓库	46	85.00	3910.00
4	m007	架空绝缘导线	10KV-120	供电局3#仓库	85	14.08	1196.80
5	m008	护套绝缘电线	BVV-95	供电局3#仓库	164	88.00	14432.00
6	m003	护套绝缘电线	BVV-35	供电局2#仓库	80	22.80	1824.00
7	m005	护套绝缘电线	BVV-70	供电局2#仓库	130	40.00	5200.00
8	m004	护套绝缘电线	BVV-50	供电局2#仓库	283	32.00	9056.00
9	m002	架空绝缘导线	10KV-150	供电局1#仓库	30	17.00	510.00
10	m001	护套绝缘电线	BVV-120	供电局1#仓库	220	89.80	19756.00

图 4.15　例 4.28 查询结果

空值被认为是最小的,因此,若按升序排,含空值的元组将最先显示;若按降序排,含空值的元组将最后显示。

4. TOP 子句的用法

TOP n 子句:在查询结果中输出前面的 n 条记录。

TOP n PERCENT 子句:在查询结果中输出前面占结果记录总数的 n%条记录。

【例 4.29】 显示 Stock 表中库存量最大的两条记录。

```
SELECT TOP 2 *
FROM stock
ORDER BY amount DESC
```

查询结果如图 4.16 所示。

	mat_num	mat_name	speci	warehouse	amount	unit	total
1	m004	护套绝缘电线	BVV-50	供电局2#仓库	283	35.20	9961.60
2	m001	护套绝缘电线	BVV-120	供电局1#仓库	220	98.78	21731.60

图 4.16　例 4.29 查询结果

【例 4.30】 显示 Stock 表中占总数 20%的记录。

```
SELECT TOP 20 PERCENT *
FROM stock
```

注意:TOP 子句不能和 Distinct 关键字同时使用。

5. 聚集函数

为了进一步方便用户,增强检索功能,SQL 提供了许多聚集函数(Aggregate Functions),如表 4.6 所示,其作用是对一组值进行计算并返回一个单值。

表 4.6　聚集函数

聚 集 函 数	功　能
COUNT([DISTINCT|ALL]*)	统计表中元组的个数
COUNT([DISTINCT|ALL]<列名>)	统计一列中值的个数
SUM([DISTINCT|ALL]<列名>)	计算一列值的总和（此列必须是数值型）
AVG([DISTINCT|ALL]<列名>)	计算一列值的平均值（此列必须是数值型）
MAX([DISTINCT|ALL]<列名>)	求一列值中的最大值
MIN([DISTINCT|ALL]<列名>)	求一列值中的最小值

如果指定 DISTINCT 短语，则表示在计算时要取消指定列中的重复值。如果不指定 DISTINCT 短语或指定 ALL 短语（ALL 为默认值），则表示不取消重复值。

【例 4.31】　统计领取了物资的抢修工程项目数。

```
SELECT COUNT (DISTINCT prj_num)
FROM out_stock;
```

抢修工程每领取一种物资，在 Out_stock 中都有一条相应的记录。一个抢修工程要领取多种物资，为避免重复计算抢修工程项目数，必须在 COUNT 函数中使用 DISTINCT 短语。

【例 4.32】　查询使用 m001 号物资的抢修工程的最高领取数量、最低领取数量以及平均领取数量。

```
SELECT MAX(amount), MIN(amount), AVG(amount)
FROM out_stock
WHERE mat_num='m001';
```

查询结果如图 4.17 所示。

注意：聚集函数中除 COUNT 外，其他函数在计算过程中均忽略 NULL 值；WHERE 子句中是不能使用聚集函数作为条件表达式的。

图 4.17　例 4.32 查询结果

6. 对查询结果进行分组

有时并不是对全表进行计算，而是根据需要对数据进行分组，然后再对每个组进行计算，比如：统计每个抢修工程使用的物资种类等。这时就需要用到分组子句 GROUP BY。GROUP BY 子句将查询结果按某一列或多列的值分组，值相等的为一组。分组的目的是为了细化聚集函数的作用对象。需要注意的是：如果使用了分组子句，则查询列表中的每个列必须是分组依据列（在 GROUP BY 后边的列），或者是聚集函数。

使用 GROUP BY 时，如果在 SELECT 的查询列表中包含计算函数，则是针对每个组计算出一个汇总值，从而实现对查询结果的分组统计。

分组语句跟在 WHERE 子句的后边，它的一般形式为：

```
GROUP BY<分组依据列>[,…n]
[HAVING <组提取条件>]
```

HAVING 子句用于对分组后的结果再进行过滤，它的功能有点像 WHERE 子句，但它用于组而不是对单个记录。在 HAVING 子句中可以使用聚集函数，但在 WHERE 子句中则不能。HAVING 通常与 GROUP BY 子句一起使用。

【例 4.33】 查询每个抢修工程项目号及使用的物资种类。

```
SELECT prj_num 项目号, COUNT(*) 物资种类
FROM out_stock
GROUP BY prj_num;
```

查询结果如图 4.18 所示。

该语句是首先对查询结果按 prj_num 的值分组，所有具有相同 prj_num 值的元组归为一组，然后再对每一组使用 COUNT 函数进行计算。

【例 4.34】 查询使用了两种以上物资的抢修工程项目号。

```
SELECT prj_num 项目号
FROM out_stock
GROUP BY prj_num
HAVING COUNT(*)>2;
```

查询结果如图 4.19 所示。

	项目号	物资种类
1	20100015	2
2	20100016	2
3	20110001	1
4	20110002	2
5	20110003	2
6	20110004	2
7	20110005	3

图 4.18　例 4.33 查询结果

	项目号
1	20110005

图 4.19　例 4.34 查询结果

此句的处理过程为：先用 GROUP BY 对 prj_num 进行分组，然后再用统计函数 COUNT 分别对每一组进行统计，最后挑选出统计结果满足大于 2 的元组的 prj_num。

WHERE 子句与 HAVING 短语的区别在于作用对象不同。WHERE 子句作用于基本表或视图，从中选择满足条件的元组。HAVING 短语作用于组，从中选择满足条件的组。

7. COMPUTER BY 子句

T-SQL 提供 COMPUTER BY 子句，允许在结果集内生成控制中断和小计，得到更详细的或总的记录。它把数据分成较小的组，然后在每组建立详细记录结果数据集，也可为每组产生总的记录。

语法格式如下：

```
[ COMPUTE
{ AVG | COUNT | MAX | MIN | SUM }
    (表达式) } [ ,…n ]
    [ BY 表达式 [ ,…n ] ]
]
```

其中，AVG｜COUNT｜MAX｜MIN｜SUM 表示可以使用的聚集函数。表达式表示计算的列名，必须出现在选择列表中。BY 表达式表示在结果集中生成控制中断和小计。

【例 4.35】 统计存放于供电局 2#仓库的所有物资的总价值。

```
SELECT mat_name,speci,amount,unit,total
FROM stock
WHERE warehouse='供电局2#仓库'
COMPUTE  SUM(total)
```

查询结果如图 4.20 所示。

通过上面的查询，可以看到最后一行显示了供电局 2#仓库存放的所有配电物资的总价值统计为16080.00。

【例 4.36】 统计存放于各个仓库的物资总价值，并查询物资名称、规格、单价、数量等，按仓库分组显示查询结果。

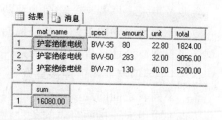

图 4.20　例 4.35 查询结果

```
SELECT mat_name,speci,amount,unit,total,warehouse
FROM stock
ORDER BY warehouse    --须先按分类的字段排序
COMPUTE  SUM(total) BY warehouse
```

查询结果如图 4.21 所示。

图 4.21　例 4.36 查询结果

注意：在 COMPUTE 中使用 BY 子句时，要求必须包含 ORDER BY 子句，即先按分类的字段排序，并且排序的字段与分组汇总的字段必须相同。

4.3.2 连接查询

前面介绍的查询都是针对一个表进行的，但有时需要从多个表中获取信息，因此，就会涉及多张表。若一个查询涉及两个或两个以上的表，则称为连接查询。连接查询是关系数据库中最主要的查询，主要包括等值连接查询、自然连接查询、非等值连接查询、自身连接查询、外连接查询和复合条件连接查询。

1. 等值与非等值连接查询

不同表之间的连接查询，主要是 WHERE 子句中的连接条件及两个表的属性列名。连接查询中用来连接两个表的条件称为连接条件或连接谓词，其连接条件格式通常为：

[<表名 1>.]<列名 1> <比较运算符> [<表名 2>.]<列名 2>

其中比较运算符主要有=、>、<、>=、<=、!=（或<>）。

此外，连接条件还可以使用下面的形式：

[<表名 1>.]<列名 1> BETWEEN [<表名 2>.] <列名 2> AND [<表名 2>.]<列名 3>

当连接的比较运算符为"="时，称为等值连接，其他为非等值连接。连接条件中列名对应属性的类型必须是可比的，但不必是相同的。

从概念上讲，DBMS 执行连接操作的过程是：首先在表 1 中找到第一个元组，然后从头开始扫描表 2，逐一查找满足连接条件的元组，找到后就将表 1 中的第一个元组与该元组拼接起来，形成结果表中一个元组。表 2 全部查找完后，再找表 1 中的第二个元组，然后再从头开始扫描表 2，逐一查找满足连接条件的元组，找到后就将表 1 中的第二个元组与该元组拼接起来，形成结果表中一个元组。重复上述操作，直到表 1 中的全部元组都处理完毕为止。

【例 4.37】 查询每个抢修工程及其领料出库的情况。

抢修工程情况存放在 Salvaging 表中，领料出库情况存放在 Out_stock 表中，所以查询实际上涉及 Salvaging 与 Out_stock 两个表，这两个表之间的联系是通过公共属性 prj_num 实现的。

```
SELECT salvaging.*, out_stock.*
FROM salvaging, out_stock
WHERE salvaging.prj_num=out_stock.prj_num
```

查询结果如图 4.22 所示。

本例中，SELECT 子句与 WHERE 子句中的属性名前都加上了表名前缀，这是为了避免混淆。如果属性名在参加连接的各表中是唯一的，则可以省略表名前缀。

连接运算中有两种特殊情况，一种为自然连接，另一种为广义笛卡儿积（连接）。

广义笛卡儿积是不带连接谓词的连接。两个表的广义笛卡儿积即是两表中元组的交叉乘积，其连接的结果会产生一些没有意义的元组，所以这种运算实际上很少使用。

若在等值连接中把目标列中重复的属性列去掉则为自然连接。

	prj_num	prj_name	start_date	end_date	prj_status	prj_num	mat_num	amount	get_date	department
1	20100015	220KV清经线接地箱及接地线被盗抢修	2010-10-12 00:00:00.000	2010-10-13 00:00:00.000	1	20100015	m001	2	2010-10-12 00:00:00	工程1部
2	20100015	220KV清经线接地箱及接地线被盗抢修	2010-10-12 00:00:00.000	2010-10-13 00:00:00.000	1	20100015	m002	1	2010-10-12 00:00:00	工程1部
3	20100016	沙河站2#公变出线电缆老化烧毁抢修	2010-11-05 00:00:00.000	2010-11-06 00:00:00.000	1	20100016	m001	3	2010-11-05 00:00:00	工程1部
4	20100016	沙河站2#公变出线电缆老化烧毁抢修	2010-11-05 00:00:00.000	2010-11-06 00:00:00.000	1	20100016	m003	10	2010-11-05 00:00:00	工程1部
5	20110001	西丽站电缆短路烧毁抢修工程	2011-01-03 00:00:00.000	2011-01-04 00:00:00.000	1	20110001	m001	2	2011-01-03 00:00:00	工程2部
6	20110002	西丽站电缆接地抢修	2011-01-03 00:00:00.000	2011-01-05 00:00:00.000	1	20110002	m001	1	2011-01-03 00:00:00	工程2部
7	20110002	西丽站电缆接地抢修	2011-01-03 00:00:00.000	2011-01-05 00:00:00.000	1	20110002	m009	1	2011-01-03 00:00:00	工程2部
8	20110003	观澜站光缆抢修	2011-02-10 00:00:00.000	2011-02-11 00:00:00.000	1	20110003	m001	5	2011-02-11 00:00:00	工程3部
9	20110003	观澜站光缆抢修	2011-02-10 00:00:00.000	2011-02-11 00:00:00.000	1	20110003	m010	1	2011-02-11 00:00:00	工程3部
10	20110004	小径墩低压线被盗抢修	2011-02-15 00:00:00.000	2011-02-17 00:00:00.000	1	20110004	m001	3	2011-02-15 00:00:00	工程3部
11	20110004	小径墩低压线被盗抢修	2011-02-15 00:00:00.000	2011-02-17 00:00:00.000	1	20110004	m004	20	2011-02-15 00:00:00	工程3部
12	20110005	明珠立交电缆沟盖板破损抢修	2011-03-02 00:00:00.000	2011-03-05 00:00:00.000	0	20110005	m001	2	2011-03-02 00:00:00	工程2部
13	20110005	明珠立交电缆沟盖板破损抢修	2011-03-02 00:00:00.000	2011-03-05 00:00:00.000	0	20110005	m003	10	2011-03-02 00:00:00	工程2部
14	20110005	明珠立交电缆沟盖板破损抢修	2011-03-02 00:00:00.000	2011-03-05 00:00:00.000	0	20110005	m006	3	2011-03-02 00:00:00	工程2部

图 4.22　例 4.37 查询结果

【例 4.38】 对例 4.37 用自然连接完成。

```
SELECT salvaging.prj_num,prj_name,start_date,end_date,prj_status, mat_num,
amount,get_date,department
FROM salvaging, out_stock
WHERE salvaging.prj_num=out_stock.prj_num
```

本例中，由于 prj_name，start_date，end_date，prj_status，mat_num，amount，get_date 和 department 属性列在 Salvaging 表与 Out_stock 表中是唯一的，因此引用时可以去掉表名前缀；而 prj_num 在两个表中都出现了，因此引用时必须加上表名前缀。

2. 外连接查询

在通常的连接操作中，只有满足连接条件的元组才能作为结果输出，如例 4.37 的结果表中没有编号为 20110010 的工程项目信息，原因在于该工程项目没有领料，在 Out_stock 表中没有相应的元组。若我们想以 Salvaging 表为主体列出每个工程的基本情况及其领料情况，没有领料的工程也希望输出其基本信息，这时就需要使用外连接（Outer Join）。外连接分为左外连接、右外连接和全外连接三种类型。

（1）左外连接：LEFT OUTER JOIN，其结果是列出左边关系中所有的元组，而不仅仅是连接属性所匹配的元组。

（2）右外连接：RIGHT OUTER JOIN，其结果是列出右边关系中所有的元组。

（3）全外连接：FULL OUTER JOIN，其结果是列出左边关系和右边关系中的所有元组。

【例 4.39】 把例 4.38 中的等值连接改为左外连接。

```
SELECT salvaging.prj_num,prj_name,start_date,end_date,prj_status, mat_
num,amount,get_date,department
FROM salvaging LEFT OUTER JOIN out_stock ON (salvaging. prj_num = out_stock
.prj_num)
```

查询结果如图 4.23 所示。请注意区分图 4.22 和图 4.23 的不同之处。

	prj_num	prj_name	start_date	end_date	Prj_status	mat_num	amount	get_date	department
1	20100015	220KV清经线接地箱及接地线被盗抢修	2010-10-12 00:00:00.000	2010-10-13 00:00:00.000	1	m001	2	2010-10-12 00:00:00	工程1部
2	20100015	220KV清经线接地箱及接地线被盗抢修	2010-10-12 00:00:00.000	2010-10-13 00:00:00.000	1	m002	1	2010-10-12 00:00:00	工程1部
3	20100016	沙河站2#公变出线电缆老化烧毁抢修	2010-11-05 00:00:00.000	2010-11-06 00:00:00.000	1	m001	3	2010-11-05 00:00:00	工程1部
4	20100016	沙河站2#公变出线电缆老化烧毁抢修	2010-11-05 00:00:00.000	2010-11-06 00:00:00.000	1	m003	10	2010-11-05 00:00:00	工程1部
5	20110001	西丽站电缆短路烧毁抢修工程	2011-01-03 00:00:00.000	2011-01-04 00:00:00.000	1	m001	2	2011-01-03 00:00:00	工程2部
6	20110002	西丽站电缆接地抢修	2011-01-03 00:00:00.000	2011-01-05 00:00:00.000	1	m001	1	2011-01-03 00:00:00	工程2部
7	20110002	西丽站电缆接地抢修	2011-01-03 00:00:00.000	2011-01-05 00:00:00.000	1	m009	1	2011-01-03 00:00:00	工程2部
8	20110003	观澜站光缆抢修	2011-02-10 00:00:00.000	2011-02-11 00:00:00.000	1	m001	5	2011-02-11 00:00:00	工程3部
9	20110003	观澜站光缆抢修	2011-02-10 00:00:00.000	2011-02-11 00:00:00.000	1	m010	1	2011-02-11 00:00:00	工程3部
10	20110004	小径墩低压线被盗抢修	2011-02-15 00:00:00.000	2011-02-17 00:00:00.000	1	m001	3	2011-02-15 00:00:00	工程3部
11	20110004	小径墩低压线被盗抢修	2011-02-15 00:00:00.000	2011-02-17 00:00:00.000	1	m004	20	2011-02-15 00:00:00	工程3部
12	20110005	明珠立交电缆沟盖板破损抢修	2011-03-02 00:00:00.000	2011-03-05 00:00:00.000	0	m001	2	2011-03-02 00:00:00	工程2部
13	20110005	明珠立交电缆沟盖板破损抢修	2011-03-02 00:00:00.000	2011-03-05 00:00:00.000	0	m003	10	2011-03-02 00:00:00	工程2部
14	20110005	明珠立交电缆沟盖板破损抢修	2011-03-02 00:00:00.000	2011-03-05 00:00:00.000	0	m006	3	2011-03-02 00:00:00	工程2部
15	20110006	朝阳围公变低压线被盗抢修	2011-03-08 00:00:00.000	2011-03-10 00:00:00.000	0	NULL	NULL	NULL	NULL

图 4.23　例 4.39 查询结果

外连接就好像是为符号*所在边的表（本例是 Out_stock 表）增加一个"万能"的行，这个行全部由空值组成。它可以和另一边的表（本例是 Salvaging 表）中属于不满足连接条件的元组进行连接。由于这个"万能"行的各列全部是空值，因此在本例的连接结果中，有一行来自 Out_stock 表的属性值全部是空值。

3. 复合条件连接查询

　　上面各个连接查询中，WHERE 子句中只有一个条件，即连接谓词。WHERE 子句中可以有多个连接条件，称为复合条件连接。

　　【例 4.40】　查询项目号为"20100015"的抢修项目所使用的物资编号、物资名称、规格和使用数量。

```
SELECT out_stock.mat_num,mat_name,speci,out_stock.amount
FROM  stock,out_stock
WHERE stock.mat_num=out_stock.mat_num  AND          /*连接谓词*/
      prj_num='20100015'                            /*其他限定条件*/
```

查询结果如图 4.24 所示。

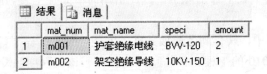

	mat_num	mat_name	speci	amount
1	m001	护套绝缘电线	BVV-120	2
2	m002	架空绝缘导线	10KV-150	1

图 4.24　例 4.40 查询结果

　　连接操作除了可以是两个表连接，一个表与其自身连接外，还可以是两个以上的表进行连接，后者通常称为多表连接。

　　【例 4.41】　查询使用了护套绝缘电线的所有抢修项目编号及名称。

　　本查询涉及三个表，完成该查询的 SQL 语句如下：

```
SELECT out_stock.prj_num,prj_name
FROM  stock,out_stock,salvaging
WHERE stock.mat_num=out_stock.mat_num  AND
      salvaging.prj_num=out_stock.prj_num  AND
      mat_name='护套绝缘电线'
```

4. 自身连接查询

　　连接操作不仅可以在两个表之间进行，同一个表也可以与自己进行连接，这种连接称为表的自身连接。

　　【例 4.42】　查询同时使用了物资编号为 m001 和 m002 的抢修工程的工程号与工程名称。

　　在 Out_stock 表的每一行记录中，只有某一抢修工程使用的一种物资信息，而要得到一个抢修工程同时使用的两种物资信息，这就需要将 Out_stock 表与其自身连接。为方便连接运算，这里为 Out_stock 表取两个别名分别为 A、B，通过 A 表的抢修工程项目号与 B 表的抢修工程项目号连接，这样自身连接之后得到的一张大表中的每一行记录就可以表示同一抢修工程使用的两种物资信息，然后再对物资编号进行条件查询即可。

完成该查询的 SQL 语句为：

```
SELECT A.prj_num
FROM out_stock A, out_stock B
WHERE A. prj_num =B. prj_num AND A. mat_num='m001' AND B. mat_num='m002';
```

查询结果如图 4.25 所示。

4.3.3　嵌套查询

在 SQL 语言中，一个 SELECT-FROM-WHERE 语句称为一个查询块。将一个查询块嵌套在另一个查询块的 WHERE 子句或 HAVING 短语的条件中的查询称为嵌套查询。

图 4.25　例 4.42 查询结果

	prj_num
1	20100015

```
SELECT prj_name                     /*外层查询或父查询*/
FROM salvaging
WHERE prj_num IN
        (SELECT prj_num             /*内层查询或子查询*/
         FROM out_stock
         WHERE mat_num='m003');
```

本例中，下层查询块 SELECT prj_num FROM out_stock WHERE mat_num='m003'是嵌套在上层查询块 SELECT prj_name FROM salvaging WHERE prj_num IN 的 WHERE 条件中的。上层的查询块称为外层查询或父查询，下层查询块称为内层查询或子查询。

SQL 语言允许多层嵌套查询，即一个子查询中还可以嵌套其他子查询。需要特别指出的是，子查询的 SELECT 语句不能使用 ORDER BY 子句，ORDER BY 子句只能对最终查询结果排序。

嵌套查询使我们可以用多个简单查询构成复杂的查询，从而增强 SQL 的查询能力。以层层嵌套的方式来构造程序是 SQL（Structured Query Language）中"结构化"的含义所在。

1. 带谓词 IN 的嵌套查询

在嵌套查询中，子查询的结果往往是一个集合，所以谓词 IN 是嵌套查询中最经常使用的谓词。

【例 4.43】　查询与规格为"BVV-120"的"护套绝缘电线"在同一个仓库存放的物资名称、规格和数量。

先分步来完成此查询，然后再构造嵌套查询。

① 确定规格为"BVV-120"的"护套绝缘电线"的物资所存放仓库的名称：

```
SELECT warehouse
FROM stock
WHERE speci='BVV-120' AND mat_name='护套绝缘电线';
```

查询结果如图 4.26 所示。

② 查找所有存放在供电局 1#仓库的物资：

```
SELECT mat_name, speci, amount
FROM stock
WHERE warehouse ='供电局1#仓库';
```

查询结果如图 4.27 所示。

	warehouse
1	供电局1#仓库

	mat_name	speci	amount
1	护套绝缘电线	BVV-120	220
2	架空绝缘导线	10KV-150	30

图 4.26 例 4.43 第①步查询结果　　　　图 4.27 例 4.43 查询结果

将第①步查询嵌入到第②步查询的条件中，构造嵌套查询，SQL 语句如下：

```
SELECT mat_name, speci, amount
FROM stock
WHERE warehouse IN
        ( SELECT warehouse
          FROM stock
          WHERE speci='BVV-120' AND mat_name='护套绝缘电线');
```

本例中，子查询的查询条件不依赖于父查询，称为不相关子查询。不相关子查询是最简单的一类子查询，其一种求解方法是由里向外处理，即先执行子查询，子查询的结果用于建立其父查询的查找条件。

本例中的查询也可以用自身连接来完成：

```
SELECT s1.mat_name, s1.speci, s1.amount
FROM stock s1,stock s2
WHERE s1.warehouse=s2.warehouse and s2.speci='BVV-120' AND s2.mat_name=
'护套绝缘电线';
```

可见，实现同一个查询可以有多种方法，当然不同的方法其执行效率可能会有差别，甚至会相差很大。

【例 4.44】 查询工程项目为"观澜站光缆抢修"所使用的物资编号和物资名称。

本查询涉及物资编号、物资名称和工程项目名称三个属性。物资编号和物资名称存放在 Stock 表中，工程项目名称存放在 Salvaging 表中，但 Stock 与 Salvaging 两个表之间没有直接联系，必须通过 Out_stock 表建立它们三者之间的联系，所以本查询实际上涉及三个关系。

```
SELECT mat_num, mat_name                  ③最后在 stock 关系中
FROM stock                                  取出 mat_num 和 mat_name
WHERE mat_num IN
        (SELECT mat_num                    ②然后在 out_stock 关系中找出
         FROM out_stock                    20110003 号工程使用的物资编号
         WHERE prj_num IN
                (SELECT prj_num             ①首先在 salvaging 关系中找出
                 FROM salvaging            "观澜站光缆抢修"的项目编号，
                 WHERE prj_name='观澜站光缆抢修'));   结果为 20110003
```

查询结果如图 4.28 所示。

本例同样可以用连接查询实现：

```
SELECT stock.mat_num,mat_name
FROM stock,out_stock,salvaging
WHERE stock.mat_num=out_stock.mat_num  AND
      out_stock.prj_num=salvaging.prj_num  AND
      prj_name='观澜站光缆抢修';
```

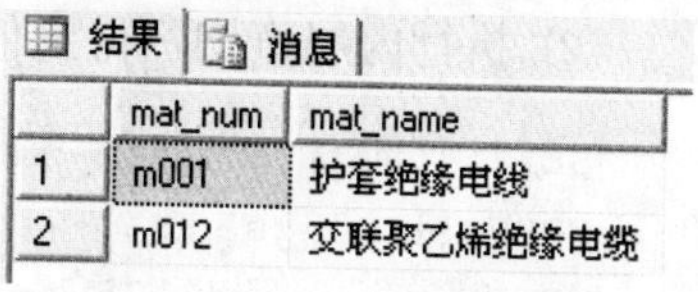

	mat_num	mat_name
1	m001	护套绝缘电线
2	m012	交联聚乙烯绝缘电缆

图 4.28　例 4.44 查询结果

还可以看到，查询涉及多个关系时，用嵌套查询逐步求解，层次清楚，易于构造，具有结构化程序设计的优点。有些嵌套查询可以用连接运算代替，有些是不能代替的。对于可以用连接运算代替嵌套查询的，到底采用哪种方法用户可以根据自己的习惯确定。

2．带有比较运算符的子查询

带有比较运算符的子查询是指父查询与子查询之间用比较运算符进行连接。当用户能确切知道内层查询返回的是单值时，可以用>、<、=、>=、<=、!=或<>等比较运算符。

例如在例 4.43 中，由于同一规格的“护套绝缘电线”只可能在一个仓库存放，也就是说内查询的结果是一个值，因此可以用“=”代替 IN，其 SQL 语句如下：

```
SELECT mat_name, speci, amount
FROM stock
WHERE warehouse=
        ( SELECT warehouse
          FROM stock
          WHERE speci='BVV-120' AND mat_name='护套绝缘电线');
```

【例 4.45】 查询出库存量超过该仓库物资平均库存量的物资编号、名称、规格及数量。

```
SELECT mat_num, mat_name,speci,amount
FROM stock  s1
WHERE amount >
        ( SELECT avg(amount)
          FROM stock  s2
          WHERE s2.warehouse=s1.warehouse);
```

s1 是表 Stock 的别名，又称为元组变量，可以用来表示 Stock 的一个元组。内层查询是求一个仓库所有物资的平均库存量，至于是哪一个仓库的平均库存量则要看参数 s1.warehouse 的值，而该值是与父查询相关的，因此这类查询称为相关子查询（Correlated Subquery），整个查询语句称为相关嵌套查询（Correlated Nested Query）语句。

这个语句的一种可能的执行过程是：

① 从外层查询中取出 Stock 表的一个元组 s1，将元组 s1 的 warehouse 值（供电局 1#仓库）传送给内层查询。

```
SELECT avg(amount)
FROM stock  s2
WHERE s2.warehouse='供电局 1#仓库'
```

② 执行内层查询，得到值 125，用该值代替内层查询，得到外层查询：

```
SELECT mat_num,mat_name,speci,amount
FROM stock s1
WHERE amount > 125 and s1.warehouse='供电局1#仓库'
```

③ 执行这个查询，得到：

(m001，护套绝缘电线,BVV-120, 220)

然后，外层查询取出下一个元组重复上述步骤，直到外层的 Stock 表中元组全部处理完毕，查询结果如图 4.29 所示。

	mat_num	mat_name	speci	amount
1	m001	护套绝缘电线	BVV-120	220
2	m004	护套绝缘电线	BVV-50	283
3	m008	护套绝缘电线	BVV-95	164
4	m009	交联聚乙烯绝缘电缆	YJV22-15KV	45

图 4.29　例 4.45 查询结果

求解相关子查询不能像求解不相关子查询那样，一次将子查询求解出来，然后求解父查询。相关子查询中内层查询由于与外层查询有关，因此必须反复求值。

3. 带有 ANY 或 ALL 谓词的子查询

子查询返回单值时可以用比较运算符，而使用 ANY 或 ALL 谓词时则必须同时使用比较运算符，其语义如表 4.7 所示。

表 4.7　比较运算符的语义

聚 集 函 数	功　　能
>ANY	大于子查询结果中的某个值
>ALL	大于子查询结果中的所有值
<ANY	小于子查询结果中的某个值
<ALL	小于子查询结果中的所有值
>=ANY	大于等于子查询结果中的某个值
>=ALL	大于等于子查询结果中的所有值
<=ANY	小于等于子查询结果中的某个值
<=ALL	小于等于子查询结果中的所有值
=ANY	等于子查询结果中的某个值
=ALL	等于子查询结果中的所有值
!= ANY 或<> ANY	不等于子查询结果中的某个值
!= ALL 或<>ALL	不等于子查询结果中的任何一个值

【例 4.46】 查询其他仓库中比供电局 1#仓库的某一物资库存量少的物资名称、规格和数量。

```
SELECT mat_name, speci, amount
```

```
FROM stock
WHERE warehouse <> '供电局 1#仓库'
        AND amount < ANY
                    (SELECT amount
                    FROM stock
                    WHERE warehouse='供电局 1#仓库');
```

查询结果如图 4.30 所示。

	mat_name	speci	amount
1	护套绝缘电线	BVV-35	80
2	护套绝缘电线	BVV-70	130
3	护套绝缘电线	BVV-150	46
4	架空绝缘导线	10KV-120	85
5	护套绝缘电线	BVV-95	164
6	交联聚乙烯绝缘电缆	YJV22-15KV	45
7	户外真空断路器	ZW12-12	1

图 4.30 例 4.46 查询结果

RDBMS 执行此查询时，首先处理子查询，找出供电局 1#仓库中所有物资的库存量，构成一个集合{30，220}。然后处理父查询，找出所有不在供电局 1#仓库存放且数量不超过 30 或 220 的物资。

本查询也可以用聚集函数来实现，其 SQL 语句如下：

```
SELECT mat_name, speci, amount
FROM stock
WHERE warehouse <> '供电局 1#仓库'
        AND amount < (SELECT MAX (amount)
                    FROM stock
                    WHERE warehouse='供电局 1#仓库');
```

【例 4.47】 查询其他仓库中比供电局 1#仓库的所有物资库存量少的物资名称、规格和数量。

```
SELECT mat_name, speci, amount
FROM stock
WHERE warehouse <> '供电局 1#仓库'
        AND amount < ALL
                    (SELECT amount
                    FROM stock
                    WHERE warehouse='供电局 1#仓库');
```

RDBMS 执行此查询时，首先处理子查询，找出供电局 1#仓库中所有物资的库存量，构成一个集合{30，220}。然后处理父查询，找出所有不在供电局 1#仓库存放且数量不超过 30，也不超过 220 的物资。

查询结果如图 4.31 所示。

本查询也可以用聚集函数来实现,其 SQL 语句如下:

```
SELECT mat_name, speci, amount
FROM stock
WHERE warehouse <> '供电局 1#仓库'
        AND amount < (SELECT MIN (amount)
                        FROM stock
                        WHERE warehouse='供电局 1#仓库');
```

结果	消息		
	mat_name	speci	amount
1	户外真空断路器	ZW12-12	1

图 4.31　例 4.47 查询结果

一般来说,用聚集函数实现子查询通常比直接用 ANY 或 ALL 查询效率要高。ANY 与 ALL 与聚集函数的对应关系如表 4.8 所示。

表 4.8　ANY、ALL 谓词与集函数及 IN 谓词的等价转换关系

	=	<>或!=	<	<=	>	>=
ANY	IN	--	<MAX	<=MAX	>MIN	>=MIN
ALL	--	NOT IN	<MIN	<=MIN	>MAX	>=MAX

4. 带有 EXISTS 谓词的子查询

EXISTS 代表存在量词∃。带有 EXISTS 谓词的子查询不返回任何数据,只产生逻辑真值 "TRUE" 或逻辑假值 "FALSE"。

【例 4.48】　查询所有使用了 m001 号物资的工程项目名称。

本查询涉及 salvaging 和 out_stock 关系。我们可以在 salvaging 中依次取每个元组的 prj_num 值,用此值去检查 out_stock 关系。若 out_stock 中存在这样的元组,其 prj_num 值等于此 salvaging. prj_num 值,并且其 mat_num ='m001',则取此 salvaging. prj_name 送入结果关系。将此想法写成 SQL 语句是:

```
SELECT prj_name
FROM salvaging
WHERE EXISTS
    (SELECT *
    FROM out_stock
    WHERE prj_num=salvaging. prj_num AND mat_num='m001');
```

由 EXISTS 引出的子查询,其目标属性列表达式一般用*表示,因为带 EXISTS 的子查询只返回真值或假值,给出列名无实际意义。若内层子查询结果非空,则外层的 WHERE 子句条件为真(TRUE),否则为假(FALSE)。

本例中子查询的查询条件依赖于外层父查询的某个属性值(本例中是 salvaging 的 prj_num 值),因此也是相关子查询(Correlated Subquery)。这个查询语句的处理过程是: 首先取外层查询(salvaging)表中的第 1 个元组,根据它与内层子查询相关的属性值(prj_num 值)处理内层子查询,若 WHERE 子句返回值为真(TRUE),则取此元组放入结果表;然后再取(salvaging)表的下一个元组;重复这一过程,直至外层(salvaging)表全部检查为止。

与 EXISTS 谓词相对应的是 NOT EXISTS 谓词。使用存在量词 NOT EXISTS 后,若内

层子查询结果为空, 则外层的 WHERE 子句返回真值, 否则返回假值。

【例 4.49】 查询所有没有使用 m001 号物资的工程项目编号及名称。

```sql
SELECT prj_num,prj_name
FROM salvaging
WHERE NOT EXISTS
    (SELECT *
    FROM out_stock
    WHERE prj_num=salvaging.prj_num AND mat_num='m001');
```

查询结果如图 4.32 所示。

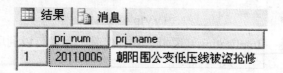

图 4.32 例 4.49 查询结果

一些带 EXISTS 或 NOT EXISTS 谓词的子查询不能被其他形式的子查询等价替换。但所有带 IN 谓词、比较运算符、ANY 和 ALL 谓词的子查询都能用带 EXISTS 谓词的子查询等价替换。

【例 4.50】 将例 4.43 改为带谓词 EXISTS 的查询, 其 SQL 语句如下:

```sql
SELECT mat_name, speci, amount
FROM stock s1
WHERE EXISTS
    (SELECT *
    FROM stock s2
    WHERE S2. warehouse=S1. warehouse AND
        speci='BVV-120' AND mat_name='护套绝缘电线');
```

由于带 EXISTS 量词的相关子查询只关心内层查询是否有返回值, 并不需要查具体值, 因此其效率并不一定低于不相关子查询, 有时是高效的方法。

【例 4.51】 查询被所有的抢修工程项目都使用了的物资编号及物资名称、规格。

SQL 中没有全称量词 (For All), 但是, 我们可以把带有全称量词的谓词转换为等价的带有存在量词的谓词:

$$(\forall x)P = \neg(\exists x(\neg P))$$

这样, 可将题目的意思转换为等价的用存在量词的形式: 查询这样的物资, 没有一个抢修工程没有使用过它。

```sql
SELECT mat_name, speci
FROM stock
WHERE NOT EXISTS
(SELECT *
    FROM salvaging
    WHERE NOT EXISTS
```

```
    ( SELECT *
      FROM out_stock
      WHERE mat_num=stock. mat_num
        AND prj_num=salvaging. prj_num));
```

【例 4.52】 查询所用物资包含抢修工程 20100016 所用物资的抢修工程号。

本查询可用逻辑蕴含表达：查询抢修工程号为 x 的工程，对所有的物资 y，只要 20100016 号工程项目使用了物资 y，则 x 也使用了 y。形式化表示如下：

用 p 表示谓词：抢修工程 20100016 使用了物资 y

用 q 表示谓词：抢修工程 x 使用了物资 y

则上述查询可表示为：

$$(\forall y)p \to q$$

SQL 中没有蕴含（Implication）逻辑运算，但是，我们可以利用谓词演算将一个逻辑蕴含的谓词等价转换为：$p \to q = \neg p \lor q$

该查询可转换为如下的等价形式：

$$(\forall y)p \to q \equiv \neg(\exists y(\neg(p \to q))) \equiv \neg(\exists y(\neg(\neg p \lor q))) \equiv \neg(\exists y(p \land \neg q))$$

这样，可将题目的意思转换为等价的用存在量词的形式：不存在这样的物资 y，抢修工程 20100016 使用了物资 y，而抢修工程 x 没有使用物资 y。

```
SELECT DISTINCT prj_num
FROM out_stock sx
WHERE NOT EXISTS
      ( SELECT *
        FROM out_stock sy
        WHERE sy. prj_num='20100016' AND
              NOT EXISTS
              ( SELECT *
                FROM out_stock sz
                WHERE sz .mat_num=sy. mat_num
                AND  sz .prj_num=sx. prj_num));
```

查询结果如图 4.33 所示。

4.3.4 集合查询

SELECT 语句的查询结果是元组的集合，所以多个 SELECT 语句的结果可进行集合操作。集合操作主要包括并操作（UNION）、交操作（INTERSECT）和差操作（EXCEPT）。注意，参加集合操作的各结果表的列数必须相同，对应项的数据类型也必须相同。

图 4.33 例 4.52 查询结果

【例 4.53】 查询存放在供电局 1#仓库的物资及单价不大于 50 的物资。

```
SELECT *
FROM stock
WHERE warehouse='供电局1#仓库'
UNION
```

```
SELECT *
FROM stock
WHERE unit <=50;
```

本查询实际上是求存放在供电局 1#仓库的物资与单价不大于 50 的物资的并集。使用 UNION 将多个查询结果合并起来时，系统会自动去掉重复元组。

【例 4.54】　查询使用了物资编号为 m001 或 m002 的抢修工程的工程号。

即查询使用了物资编号为 m001 的工程集合与使用了物资编号为 m002 的工程集合的并集。

```
SELECT prj_num
FROM out_stock
WHERE mat_num='m001'
UNION
SELECT prj_num
FROM out_stock
WHERE mat_num='m002';
```

【例 4.55】　查询存放在供电局 1#仓库且单价不大于 50 的物资。

```
SELECT *
FROM stock
WHERE warehouse='供电局1#仓库'
INTERSECT
SELECT *
FROM stock
WHERE unit<=50;
```

本查询是求存放在供电局 1#仓库的物资与单价不大于 50 的物资的交集，这实际上就是查询供电局 1#仓库中单价不大于 50 的物资。

```
SELECT *
FROM stock
WHERE warehouse='供电局1#仓库' AND unit<=50;
```

【例 4.56】　查询同时使用了物资编号为 m001 和 m002 的抢修工程的工程号。

```
SELECT prj_num
FROM out_stock
WHERE mat_num='m001'
INTERSECT
SELECT prj_num
FROM out_stock
WHERE mat_num='m002';
```

本查询也可表示为：

```
SELECT distinct prj_num
FROM out_stock
```

```
WHERE mat_num='m001' AND prj_num in
(  SELECT distinct prj_num
   FROM out_stock
   WHERE mat_num='m002'  )
```

【例 4.57】 查询存放在供电局 1#仓库的物资与单价不大于 50 的物资的差集。

```
SELECT *
FROM stock
WHERE warehouse='供电局1#仓库'
EXCEPT
SELECT *
FROM stock
WHERE unit<=50;
```

也就是查询存放在供电局 1#仓库且单价大于 50 的物资。

```
SELECT *
FROM stock
WHERE warehouse='供电局1#仓库' AND unit>50;
```

4.4 数据操纵

数据操作是对数据进行各种更新操作,包括插入数据(INSERT)、修改数据(UPDATE)和删除数据(DELETE)三类。

4.4.1 插入数据

SQL 的数据插入语句 INSERT 通常有两种形式。一种是插入一个元组,另一种是插入子查询结果。后者可以依次插入多个元组。

1. 插入单个元组

插入单个元组的 INSERT 语句的格式为:

```
INSERT
INTO <表名> [<属性列1>[,<属性列2>…]]
VALUES (<常量1>[,<常量2>]…);
```

其功能是将新元组插入指定的表中。其新元组的属性列 1 的值为常量 1,属性列 2 的值为常量 2……INTO 子句中没有出现的属性列,新记录在这些列上将取空值。但必须注意的是,在表定义时说明了 NOT NULL 的属性列不能取空值,否则会出错。

如果 INTO 子句没有指明任何列名,则新插入的记录必须在每个属性列上均有值。

【例 4.58】 将新的配电物资(物资编号:m020;物资名称:架空绝缘导线;规格:10KV-100;仓库名称:供电局 1#仓库;单价:12.8;库存数量:50)插入配电物资库存记录表 stock 中。

```
INSERT
INTO stock(mat_num,mat_name,speci,warehouse, unit,amount)
VALUES ('m020','架空绝缘导线','10KV-100','供电局1#仓库',50,12.8);
```

本例中指出了新增加元组在哪些属性列上要赋值，属性列的顺序可以与 CREATE TABLE 中的顺序不一样。VALUES 子句对新元组的各属性列赋值，字符串要用单引号（英文符号）括起来。

【例 4.59】　将新的抢修工程（20110011，观澜站电缆接地抢修，2011-2-3 0:00:00，2011-2-5 12:00:00，1）插入到抢修工程计划表 salvaging 中。

```
INSERT
INTO salvaging
VALUES ('20110011','观澜站电缆接地抢修','2011-2-3 0:00:00','2011-2-5
12:00:00',1);
```

本例中 INTO 子句只指出了表名，没有指出属性名，这就表示新元组要在表的所有属性列上都指定值，而且属性列的次序与 CREATE TABLE 中的顺序相同。VALUES 子句对新元组的各属性列赋值，一定要注意值与属性列的顺序要一一对应。

2．插入子查询结果

子查询不仅可以嵌套在 SELECT 语句中，用以构造父查询的条件，也可以嵌套在 INSERT 语句中，用以生成要批量插入的数据。

插入子查询结果的 INSERT 语句的格式为：

```
INSERT
INTO <表名>[(<属性列1>[,<属性列2>…])
子查询;
```

【例 4.60】　对每一抢修工程项目，求其所用物资的总费用，并把结果存入数据库。

首先在数据库中建立一个新表，其中一列存放抢修工程项目号，另一列存放相应的物资总费用。

```
CREATE TABLE prj_cost
(   prj_num char(8)  PRIMARY KEY,
    cost decimal(18, 2),
);
```

然后，对 out_stock 和 stock 表自然连接后按工程项目号 prj_num 分组，利用聚集函数求出其总费用，并将其插入新表中。

```
INSERT
INTO prj_cost
    SELECT prj_num, SUM (out_stock.amount*unit)
    FROM out_stock,stock
    WHERE out_stock.mat_num=stock.mat_num
    GROUP BY prj_num
```

prj_num	cost
20100015	196.60
20100016	497.40
20110001	179.60
20110002	809.60
20110003	14049.00
20110004	909.40
20110005	662.60

插入之后，表 prj_cost 的结果如图 4.34 所示。

图 4.34　例 4.60 执行结果

4.4.2　修改数据

修改（UPDATE）操作语句的一般格式为：

```
UPDATE <表名>
SET <列名 1>=<表达式 1> [,<列名 2>=<表达式 2>…]
[WHERE <条件>];
```

其功能是修改指定表中满足 WHERE 子句条件的元组。其中，SET 子句给出<表达式 i>的值取代<列名 i>相应的属性列的值。如果省略 WHERE 子句，则表示要修改表中所有元组。

1．修改单个元组的值

【例 4.61】　将编号为"m020"的物资单价改为 44.5。

```
UPDATE stock
SET unit=44.5
WHERE mat_num='m020';
```

2．修改多个元组的值

【例 4.62】　将所有物资的单价增加 1。

```
UPDATE stock
SET unit=unit+1;
```

3．带子查询的修改

子查询也可以嵌套在 UPDATE 语句中，用以构造修改的条件。

【例 4.63】　将供电局 1#仓库的所有物资的领取数量置零。

由于物资所在仓库的信息在 stock 表中，而物资的领取数量在 out_stock 表中，因此，可以将 SELECT 子查询作为 WHERE 子句的条件表达式。

```
UPDATE out_stock
SET amount=0
WHERE  '供电局1#仓库'=
    ( SELECT warehouse
      FROM stock
      WHERE stock.mat_num=out_stock.mat_num);
```

4.4.3　删除数据

删除数据的一般格式为：

```
DELETE
FROM <表名>
[WHERE <条件>];
```

DELETE 语句的功能是从指定表中删除满足 WHERE 子句条件的所有元组。如果省略

WHERE 子句，表示删除表中全部元组，但表的定义仍在数据字典中。也就是说，DELETE 语句删除的是表中的数据，而不是关于表的定义。

1．删除单个元组的值

【例 4.64】　删除项目号为"20110001"的抢修工程领取的编号为"m001"的物资出库记录。

```
DELETE
FROM out_stock
WHERE prj_num='20110001' AND mat_num='m001';
```

2．删除多个元组的值

【例 4.65】　删除所有抢修工程的领料出库记录。

```
DELETE
FROM out_stock;
```

这条 DELETE 语句将删除 out_stock 的所有元组，使 out_stock 成为空表。

3．带子查询的删除

子查询同样也可以嵌套在 DELETE 语句中，用以构造执行删除操作的条件。

【例 4.66】　删除"观澜站光缆抢修"工程项目的所有领料出库记录。

```
DELETE
FROM out_stock
WHERE '观澜站光缆抢修'=
        (SELECT prj_name
         FROM salvaging
         WHERE salvaging.prj_num=out_stock.prj_num);
```

值得注意的是，由于增、删、改操作每次只能对一个表操作，如果不注意关系之间的参照完整性和操作顺序，就会导致操作失败甚至发生数据库的不一致问题。在后续章节中将会详细介绍参照完整性的检查和控制。

4.5　视图

视图是关系数据库系统提供给用户以多种角度观察数据库中数据的重要机制。

视图是从一个或几个基本表（或视图）导出的表，它与基本表不同，是一个虚表。数据库中只存放视图的定义，而不存放视图对应的数据，这些数据仍存放在原来的基本表中，所以基本表中的数据发生变化，从视图中查询出的数据也就随之改变了。从这个意义上讲，视图就像一个窗口，透过它可以看到数据库中自己感兴趣的数据及其变化。

视图一经定义，就可以和基本表一样被查询、删除，也可以在一个视图之上再定义新的视图，但对视图的更新（增加、删除、修改）操作则有一定的限制。

4.5.1 视图的定义与删除

1. 定义视图

SQL 语言用 CREATE VIEW 命令建立视图，其一般格式为：

```
CREATE VIEW <视图名> [(<列名>[,<列名>]…)
AS <子查询>
[WITH CHECK OPTION];
```

其中，<子查询>可以是任意的 SELECT 语句，但通常不允许含有 ORDER BY 子句和 DISTINCT 短语。WITH CHECK OPTION 表示用视图进行 UPDATE、INSERT 和 DELETE 操作时要保证更新、插入或删除的元组满足视图定义中的谓词条件（即子查询中的条件表达式）。

组成视图的属性列名要么全部省略，要么全部指定。如果视图定义中省略了属性列名，则隐含该视图由子查询中 SELECT 子句的目标列组成。但在下列三种情况下必须明确指定组成视图的所有列名：

- 某个目标列不是单纯的属性名，而是聚集函数或列表达式；
- 多表连接导出的视图中有几个同名列作为该视图的属性名；
- 需要在视图中为某个列启用新的更合适的名字。

【例 4.67】 建立供电局 1#仓库所存放物资的视图。

```
CREATE VIEW s1_stock
AS
 SELECT mat_num,mat_name,speci,amount,unit
 FROM stock
 WHERE warehouse='供电局1#仓库';
```

本例中省略了视图 s1_stock 的列名，则视图 s1_stock 中就隐含了子查询中 SELECT 子句的五个目标列。

注意：RDBMS 执行 CREATE VIEW 语句的结果只是把视图的定义存入数据字典，并不执行其中的 SELECT 语句。只是在对视图进行查询时，才按视图的定义从基本表中将数据查出。

```
SELECT * FROM s1_stock
```

执行上述对视图的查询后可得到如图 4.35 的查询结果。

	mat_num	mat_name	speci	amount	unit
1	m001	护套绝缘电线	BVV-120	220	89.80
2	m002	架空绝缘导线	10KV-150	30	17.00

图 4.35 例 4.67 视图的查询结果

【例 4.68】 建立供电局 1#仓库所存放物资的视图，并要求进行修改和插入操作时仍需保证该视图只有供电局 1#仓库所存放的物资。

```
CREATE VIEW s2_stock
AS
 SELECT mat_num,mat_name,speci,amount,unit
 FROM stock
 WHERE warehouse='供电局1#仓库'
 WITH CHECK OPTION;
```

由于在定义 s1_stock 视图时加上了 WITH CHECK OPTION 子句，以后对该视图进行插入、修改和删除操作时，DBMS 会自动检查或加上 warehouse ='供电局1#仓库'的条件。

若一个视图是从单个基本表导出的，并且只是去掉了基本表的某些行和某些列，但保留了主键，这类视图称为行列子集视图。上面的两个例子建立的两个视图就是行列子集视图。

【例4.69】　建立抢修工程项目名称（prj_name）、出库物资名称（mat_name）、规格（speci）及领取数量（Grade）的视图。

本视图由三个基本表的连接操作导出，其 SQL 语句如下：

```
CREATE VIEW s1_outstock
     AS
     SELECT prj_name,mat_name,speci,out_stock.amount
     FROM stock,salvaging,out_stock
     WHERE stock.mat_num=out_stock.mat_num AND
          salvaging.prj_num=out_stock.prj_num;
```

视图不仅可以建立在一个或多个基本表上，也可以建立在一个或多个已定义好的视图上，或建立在基本表与视图上。

【例 4.70】　建立供电局 1#仓库所存放物资库存数量不少于 50 的视图。

```
CREATE VIEW s3_stock
AS
 SELECT mat_num,mat_name,speci,amount
 FROM s1_stock
 WHERE amount>=50;
```

本例中的视图 s3_stock 就是建立在视图 s1_stock 之上的。

视图在建立时也可根据应用的需要，设置一些由基本数据经过各种计算派生出的属性列，由于这些派生属性在基本表中并不实际存在，因此也称为虚拟列。带虚拟列的视图也称为带表达式的视图。

【例 4.71】　建立一个体现抢修工程项目实际抢修天数的视图。

```
CREATE VIEW s1_salvaging(prj_name,start_date,end_date,days)
AS
 SELECT prj_name, start_date, end_date, datediff(day, start_date,end_date )
 FROM salvaging;
```

注意：本例中由于 SELECT 子句的目标列中含有表达式，因此必须在 CREATE VIEW

的视图名后面明确说明视图的各个属性列名。

创建视图时还可以用带有聚集函数和 GROUP BY 子句的查询来定义视图，称为分组视图。

【例 4.72】 将仓库名称与其仓库内所存放物资的种类数定义为一个视图。

```
CREATE VIEW s4_stock(warehouse,counts)
AS
 SELECT warehouse,COUNT(mat_num)
 FROM stock
 GROUP BY warehouse;
```

由于本例中 AS 子句中 SELECT 语句的目标列物资种类是通过作用聚集函数得到的，所以 CREATE VIEW 中必须明确定义组成 s4_stock 视图的各个属性列名，s4_stock 是一个分组视图。

【例 4.73】 将所有已按期完成的抢修工程定义为一个视图。

```
CREATE VIEW s2_salvaging(prj_num,prj_name,start_date,end_date,
prj_status)
AS
 SELECT *
 FROM salvaging
 WHERE prj_status=1;
```

本例中视图 s2_salvaging 是由子查询 "SELECT *" 建立的，则说明视图 s2_salvaging 与基本表 salvaging 的属性列一一对应。如果以后修改了基本表 salvaging 的机构，则 salvaging 表与 s2_salvaging 视图的映像关系就被破坏了，该视图就无法正确使用。为避免出现这种问题，最好在修改基本表之后删除由该基本表导出的视图，然后重建这个视图。

2. 删除视图

删除视图（DROP VIEW）的语句格式为：

```
DROP VIEW <视图名>;
```

视图删除后其定义将从数据字典中删除。但是由该视图导出的其他视图的定义仍在数据字典中，不过均已无法使用，需要使用 DROP VIEW 语句将其一一删除。

【例 4.74】 删除视图 sl_stock。

```
DROP VIEW s1_stock;
```

由于 s1_stock 视图上还导出了 s3_stock 视图，虽然 s3_stock 视图的定义仍在数据字典中，但已无法使用，所以需要使用 DROP VIEW s3_stock 将其删除。

4.5.2　查询视图

视图定义后，用户就可以像查询基本表一样使用视图了。

【例 4.75】 在供电局 1#仓库的物资视图 s1_stock 中找出单价小于 20 的物资名称、规格和单价。

```
SELECT mat_name,speci,unit
FROM s1_stock
WHERE unit<20;
```

DBMS 执行对视图的查询时，首先进行有效性检查，即检查所涉及的表、视图等是否存在。如果存在，则从数据字典中取出视图的定义，把定义中的子查询和用户的查询语句结合起来，转换成等价的对基本表的查询，然后再执行这个修正了的查询。这一转换过程称为视图消解（View Resolution）。

本例转换后的查询语句为：

```
SELECT mat_name,speci,unit
FROM  stock
WHERE warehouse ='供电局1#仓库' AND unit<20;
```

由此可见，对视图的查询实质上就是对基本表的查询，因此基本表的变化可以反映到视图上，视图就像是基本表的窗口一样，通过视图可以看到基本表动态的变化情况。

【例 4.76】　查询使用了供电局 1#仓库物资的抢修工程项目号。

本查询涉及视图 s1_stock 和基本表 out_stock，通过这两个表的连接完成用户请求。其 SQL 语句如下：

```
SELECT distinct prj_num
FROM s1_stock, out_stock
WHERE s1_stock.mat_num=out_stock.mat_num;
```

通常情况下，对视图的查询是直截了当的，但有时这种转换不能直接进行，因而查询会产生问题。

【例 4.77】　查询所存物资种类大于 2 的仓库名称。

```
SELECT warehouse
FROM s4_stock
WHERE counts>2;
```

将此查询与视图 s4_stock 的定义结合后，转换得到下面的查询语句：

```
SELECT warehouse
FROM stock
WHERE COUNT(mat_num)>2
GROUP BY warehouse;
```

而这条查询语句是不正确的，因为在 WHERE 子句中不允许使用聚集函数作为条件表达式。正确的查询语句应转换为：

```
SELECT warehouse
FROM stock
GROUP BY warehouse
HAVING COUNT(mat_num)>2;
```

目前多数关系数据库系统对于行列子集视图的查询均能正确转换，但对非行列子集视图的查询就不一定能正确转换了。所以，对视图进行查询时，应尽量避免这类查询，最好直接对基本表进行。

4.5.3 更新视图

更新视图是指通过视图来插入（INSERT）、删除（DELETE）和修改（UPDATE）数据。由于视图实际上是不存储数据的虚表，因此对视图的更新，最终要转换为对基本表的更新。同查询视图一样，对视图的更新也是通过视图消解，转换为对基本表的更新。

为防止用户在通过视图对数据进行增、删、改时，有意或无意地对不属于视图范围内的基本表数据进行操作，可在创建视图时加上 WITH CHECK OPTION 子句。这样在视图上作更新操作时，RDBMS 会自动检查视图定义中的条件，若不满足，则拒绝执行该操作。

【例 4.78】 将供电局 1#仓库的物资视图 s1_stock 中编号为 m001 的物资库存量改为 100。

```
UPDATE s1_stock
SET amount=100
WHERE mat_num='m001';
```

DBMS 自动转换为对基本表的更新语句如下：

```
UPDATE stock
SET amount=100
WHERE warehouse='供电局 1#仓库' AND mat_num='m001';
```

【例 4.79】 向供电局 1#仓库的物资视图 s1_stock 中插入一个新的物资记录，其中物资编号为"m021"，物资名称为"护套绝缘电线"，规格为"BVV-150"，数量为 100，单价为14.5。

```
INSERT
INTO s1_stock
VALUES('m022', '护套绝缘电线', 'BVV-150', 100,14.5);
```

执行该语句后，发现 SQL Server 2005 中，该条记录被成功插入基本表 stock 中，只是warehouse 属性列为 NULL 值，用 SELECT * FROM s1_stock 命令是看不到刚插入的元组的。如果将这条记录插入供电局 1#仓库的物资视图 s2_stock 中，将无法执行。这主要是由于在定义 s2_stock 时应用了"WITH CHECK OPTION"短语，其作用是限制 warehouse 的值必须是"供电局 1#仓库"才允许由视图 s2_stock 插入，否则，DBMS 拒绝执行该插入操作。

【例 4.80】 删除供电局 1#仓库的物资视图 s1_stock 中编号为 m001 的物资的记录。

```
DELETE
FROM s1_stock
WHERE mat_num='m001';
```

DBMS 自动转换为对基本表的删除语句如下：

```
DELETE
```

```
FROM stock
WHERE warehouse='供电局 1#仓库' AND mat_num='m001';
```

在关系数据库中，并不是所有视图都可用于更新操作，因为有些视图的更新操作不能唯一有意义地转换成为相对应基本表的更新操作。目前各个关系数据库系统一般都只允许对行列子集视图进行更新，而且各个系统对视图的更新还有更进一步的规定，由于各系统实现方法上的差异，这些规定也不尽相同。

例如 SQL SERVER 中规定以下视图无法更新：

- 若视图的字段来自聚集函数，则此视图不允许更新；
- 若视图定义中含有 GROUP BY 子句，则此视图不允许更新；
- 若视图定义中含有 DISTINCT 短语，则此视图不允许更新；
- 一个不允许更新的视图上定义的视图也不允许更新。

应该指出的是，不可更新的视图与不允许更新的视图是两个不同的概念。前者指理论上已证明是不可更新的视图；后者指实际系统中不支持其更新，但它本身有可能是可更新的视图。

4.5.4　视图的作用

视图最终是定义在基本表之上的，对视图的一切操作最终也要转换为对基本表的操作。而且对于非行列子集视图进行查询或更新时还有可能出现问题。既然如此，为什么还要定义视图呢？这是因为合理使用视图能够带来许多好处。

1. 视图能够简化用户的操作

视图机制可以让用户关注自己感兴趣的数据，如果这些数据不是直接来自基本表，则可以通过定义视图，使数据库看起来结构简单、清晰，并且可以简化用户的数据查询操作。例如，那些被经常使用的查询被定义为视图，从而使得用户不必在每次对该数据执行操作时都指定所有查询条件。再者，如果用户视图是由多个基本表导出的，则视图机制也把表与表之间的连接操作对用户隐蔽了。也就是说，用户所做的是对一个虚表的简单查询，而这个虚表是怎样得来的，用户无需了解。

2. 视图使用户能以多种角度看待同一数据

视图机制能使不同的用户以不同的方式看待同一数据，当许多要求不同的用户共享同一数据库时，这种灵活性是非常重要的。

3. 视图对重构数据库提供了一定程度的逻辑独立性

数据的独立性分为两种：物理独立性与逻辑独立性。数据的物理独立性是指用户和用户程序不依赖于数据库的物理结构；数据的逻辑独立性是指当数据库重新构造时，如增加新的关系或对原有关系增加新的字段等，用户和用户程序不会受影响。层次数据库和网状数据库一般能较好地支持数据的物理独立性，而对于逻辑独立性则不能完全地支持。在数据库中，数据库的重构往往是不可避免的。重构数据库最常见的是将一个基本表"垂直"地分成多个基本表。例如，将配电物资库存记录表 stock(mat_num,mat_name,speci,warehouse,amount,unit,total)分为 s1(mat_num,mat_name,speci,warehouse)和 s2(mat_num,amount,unit,total)

两个关系。这时 stock 为 s1 表和 s2 表自然连接的结果。如果建立一个视图 stock：

```
CREATE VIEW stock(mat_num,mat_name,speci,warehouse,amount,unit,total)
 AS
SELECT s1.mat_num, s1.mat_name, s1.speci, s1.warehouse, s2.amount,
s2.unit, s2.total
FROM s1, s2
WHERE s1.mat_num=s2. mat_num;
```

这样尽管数据库的逻辑结构改变了，但应用程序不必修改，因为新建立的视图定义了用户原来的关系，使用户的外模式保持不变，用户的应用程序通过视图仍然能够查找数据。

当然，视图只能在一定程度上提供数据的逻辑独立性，比如由于对视图的更新是有条件的，因此应用程序中修改数据的语句可能仍会因基本表结构的改变而改变。

4. 视图能够对机密数据提供安全保护

有了视图机制，就可以在设计数据库应用系统时，对不同的用户定义不同的视图，使机密数据不出现在不应看到这些数据的用户视图上，这样视图机制就自动提供了对机密数据的安全保护功能。例如 stock 表涉及五个仓库的物资记录，可以在其上定义五个视图，每个视图只包含一个仓库的物资记录，并只允许每个仓库的管理员查询自己仓库的物资视图。

小　结

数据库标准语言 SQL 分为数据定义、数据查询、数据更新和数据控制四大部分，本章系统而详尽地讲解了前三部分的主要内容，数据控制部分将在数据库安全性中介绍；视图是关系数据库系统中的重要概念，合理使用视图具有许多优点。

SQL 是关系数据库的工业标准，目前，大部分数据库管理系统都支持 SQL-92 标准，但至今尚没有一个数据库系统能完全支持 SQL-99。

本章的所有例子全部在 SQL Server 2005 上运行通过。

习　题

选择题

1. 关系代数中的 π 运算符对应 SELECT 语句中的（　　）子句。
   A. SELECT　　　　B. FROM　　　　C. WHERE　　　　D. GROUP BY
2. 关系代数中的 σ 运算符对应 SELECT 语句中的（　　）子句。
   A. SELECT　　　　B. FROM　　　　C. WHERE　　　　D. GROUP BY
3. SELECT 语句执行的结果是（　　）。
   A. 数据项　　　　B. 元组　　　　C. 表　　　　D. 视图
4. 视图创建完毕后，数据字典中存放的是（　　）。
   A. 查询语言　　　　　　　　　B. 查询结果
   C. 视图定义　　　　　　　　　D. 所引用的基本表的定义

5. SQL 中创建视图应使用（　　）语句。

 A. CREATE　SCHEMEA   B. CREATE　TABLE

 C. CREATE　VIEW   D. CREATE　DATABASE

6. 当两个子查询的结果（　　）时，可以执行并、交、差操作。

 A. 结构完全不一致   B. 结构完全一致

 C. 结构部分一致   D. 主键一致

7. SELECT 语句中与 HAVING 子句同时使用的是（　　）子句。

 A. ORDER BY B. WHERE C. GROUP　BY   D. 无需配合

8. WHERE 子句的条件表达式中，可以匹配 0 个到多个字符的通配符是（　　）。

 A. *   B. %   C. —   D. ?

9. 与 WHERE G BETWEEN 60 AND 100 语句等价的子句是（　　）。

 A. WHERE　G>60 AND G<100 B. WHERE　G>=60 AND G<100

 C. WHERE　G>60 AND G<=100 D. WHERE　G>=60 AND G<=100

10. SQL 中，"DELETE　FROM　表名"表示（　　）。

 A. 从基本表中删除所有元组 B. 从基本表中删除所有属性

 C. 从数据库中撤销这个基本表 D. 从基本表中删除重复元组

综合题

1. 用 SQL 语句为创建第 3 章习题中的四个表：客户表 Customers、代理人表 Agents、产品表 Products 和订单表 Orders。

2. 用 SQL 语句实现第 3 章综合题第 3 题中的八个查询。

3. 用 SQL 语句实现第 3 章综合题第 4 题中的七个查询。

4. 针对综合题第 1 题中的四个表用 SQL 语句完成以下各项操作。

（1）查询订货数量在 500～800 之间的订单情况。

（2）查询产品名称中含"水"字的产品名称与单价。

（3）查询姓王且名字为两个字的客户在 1 月份的订单情况，并按订货数量降序排列。

（4）查询每个月的订单数、总订货数量以及总金额，要求赋予别名，并按月份降序排列。

（5）查询上海客户总订货数量超过 2000 的订货月份。

（6）查询橡皮的总订货数量以及总金额。

（7）查询没有通过北京的代理订购笔袋的客户编号与客户名称。

（8）查询这样的订单号，该订单的订货数量大于 3 月份任何一个订单的订货数量。

（9）向产品表中增加一个产品，名称为粉笔，编号为 P20，单价为 1.50，销售数量为 25000。

（10）将所有单价为 1.00 的产品增加 0.50 元。

（11）将由上海代理商代理的笔袋的订货数量改为 2000。

（12）将由 A06 供给 C006 的产品 P01 改为由 A05 供应，请做必要的修改。

（13）从客户关系中删除 C006 记录，并从供应情况关系中删除相应的记录。

（14）删除 3 月份订购尺子的所有订单情况。

（15）为上海的客户建立一个代理情况视图，包括代理人编号 aid、产品号 pid、单价 price。

（16）创建一个视图，要求包含单价大于 1.00 的所有产品的产品名称、总订货数量以及总金额。

第 5 章
存储过程、触发器和数据完整性

在介绍存储过程和触发器之前，需要先了解 SQL Server 的编程结构。

5.1 SQL Server 编程结构

5.1.1 变量

变量是 SQL Server 中由系统或用户定义的可赋值的条件，分为全局变量和局部变量。

全局变量用来跟踪服务器作用范围和特定的交互过程，它不能由用户定义，也不能被显式地赋值或声明，其名称以两个@字符开头，SQL Server 提供了 30 多个全局变量。

局部变量是由用户定义和赋值，用 DECLARE 语句声明，局部变量只在声明该变量的批处理语句或过程体内有效，并且首字符必须为@，最大长度为 30 个字符。

（1）局部变量的声明格式为：

```
DECLARE @局部变量名 数据类型
       [, @局部变量名 数据类型…]
```

在同一个 DECLARE 语句中，可以同时声明多个变量，变量之间用逗号隔开。

例如，下面的语句声明了两个变量 variable1 和 variable2，数据类型分别为 INT 和 datetime。

```
DECLARE @variable1 INT, @variable2 datetime
```

（2）为局部变量赋值可以采用 SET 语句或 SELECT 语句。

采用 SET 语句的语法格式为：

```
SET @变量名=表达式
```

采用 SELECT 语句的语法格式为：

```
SELECT @变量名=表达式
```

或

```
SELECT  列1,…,列n
@变量名=表达式
FROM 表名
WHERE 条件表达式
```

其中：如果 SELECT 语句返回多个数值，则局部变量取最后一个返回值。

注意：SELECT 语句的赋值功能和查询功能不能混合使用，否则系统会产生错误信息。

5.1.2　显示信息

在执行 SQL 语句的过程中，如果需要为用户或应用程序提供信息，则可以使用 PRINT 语句或 RAISERROR 语句。

1. PRINT 语句

PRINT 语句用于在指定设备（如显示器）上显示信息，可以显示 ASCII 字符串或变量，可以输出的数据类型只有 char、nchar、varchar、nvarchar，所输出的字符串可以用 "+" 连接。

注意：使用 PRINT 语句只能显示字符数据类型。

2. RAISERROR 语句

RAISERROR 语句用于在 SQL Server 返回错误消息的同时返回用户指定的信息，它设置了一个系统标记，记录产生的错误。语法如下：

```
RAISERROR (<错误号>| <'错误消息'>, [严重度][, 状态[, 参数1][, 参数2]])
```

错误号是整型表达式，是用户指定的错误或信息号，取值范围为 50 000～2 147 483 647，最后一个错误代码存储在全局变量 @@ERROR 中。错误信息用于指定用户定义的错误信息，文本最长为 255 个字符，严重度默认为 16。

5.1.3　注释语句

注释语句通常是一些说明性的语句，用于对 SQL 语句的作用、功能等给出简要的解释和提示。注释语句不是可执行语句，不参与程序的编译。

SQL Server 支持两种形式的注释语句，其语法分别为：

```
/*注释文本*/    或    -- 注释文本
```

单行注释一般采用 "--" 开始的注释，遇到换行符即终止；多行注释一般采用 "/*" 和 "*/" 括起来的方式，注释不限长度。

5.1.4　批处理

批处理是成组执行的一条或多条 Transaction-SQL 指令，被作为整体进行语法分析、优化、编译和执行。如果批处理的任何部分在语法上不正确，或批处理参照的对象不存在，则整个批处理无法执行。

GO 语句用于指定批处理语句（或语句块）的结束处，单独占用一行。GO 本身并不是 Transaction-SQL 语句的组成部分，它只是一个用于表示批处理结束的前端指令。

使用批处理时要注意以下几点：

- 不能在同一个批处理中删除数据库对象（表、视图或存储过程等），然后又引用或重新创建它们。

- 不能在同一个批处理中，修改表的列后又引用它。
- 用 SET 语句设置的选项只在批处理结束时才使用，可以将 SET 语句与查询在批处理中组合起来，但有些 SET 选项不能在批处理中使用。

5.1.5　流程控制语句

流程控制语句用来控制程序执行的顺序，在 Microsoft SQL Server 2005 中，流程控制语句主要用来控制 SQL 语句、语句块或存储过程的执行流程。

1．BEGIN…END 语句

使用 BEGIN…END 语句可以将多条 SQL 语句封装起来，形成一个语句块，使这些语句作为一个整体执行。语法形式如下：

```
BEGIN
  语句
  …
END
```

2．IF…ELSE 语句

IF…ELSE 语句是条件判断语句，根据表达式的真假，选择执行某个语句或者语句块。语法形式如下：

```
IF 条件表达式
  语句
[ELSE [IF 条件表达式]
  语句]
```

执行过程为：如果条件表达式为真，则执行 IF 后面的语句或语句块，如果条件表达式为假，则执行 ELSE 后面的语句或语句块。

【例 5.1】　在电力抢修工程数据库中，如果 stock 表中存在库存量低于 1 的物资，就显示文本：the amount is not enough；否则显示所有物资信息。语法形式如下：

```
IF exists(SELECT * FROM stock where amount<1)
    PRINT ' the amount is not enough!'
ELSE
    BEGIN
    SELECT *
    FROM stock
    END
```

注意：IF 语句常与关键字 exists 结合使用，用于检测是否存在满足条件的记录，只要检测到有一行记录存在，就为真。

3．WHILE 循环语句

WHILE 循环语句设置一个反复执行的语句块，直到条件不满足为止。语法形式如下：

```
WHILE 逻辑表达式
  语句
```

在 WHILE 语句中，还可以使用 BREAK 和 CONTINUE 使程序从循环中跳出。BREAK 语句在程序从循环中跳出以后，接着执行 END 后面的第一条语句。CONTINUE 语句使程序跳过循环内 CONTINUE 语句后面的语句，重新判断逻辑条件，如果满足条件，则重新执行循环体内的 SQL 语句。

【例 5.2】 将 stock 表中所有物资单价增加 10%，直到有一个物资单价超过 15 000 或单价总和超过 50 000 为止。语法形式如下：

```
WHILE (select sum(unit) from stock)<50000
BEGIN
   update stock set unit=unit*1.1
   IF exists(select * from stock where unit>15000)
      BREAK
   ELSE
      CONTINUE
END
```

4. GOTO 语句

使用 GOTO 语句可以使 SQL 语句的执行流程无条件地转移到指定的标号位置。GOTO 语句和标号可以用在语句块、批处理和存储过程中，标号的命名要符合标识符命名规则。GOTO 语句经常用在 WHILE 和 IF 语句中以跳出循环或分支处理。

GOTO 语句的语法形式如下：

```
GOTO lable
...
lable:
```

5. WAITFOR 语句

WAITFOR 等候语句可以在某一个时刻或某一个时间间隔之后执行 SQL 语句、语句块、存储过程等。

WAITFOR 语句语法形式如下：

```
WAITFOR {DELAY '时间' | TIME '时间'}
```

其中，DELAY 表示等候由"时间"参数指定的时间间隔，TIME 表示等候到指定的"时间"为止。时间参数的数据类型为 datetime，但不带日期，格式为'hh:mm:ss'。

【例 5.3】 使用 WAITFOR 语句表示等待一分钟后，显示 stock 表。等到中午 12:00:00 时，显示 salvaging 表。

```
WAITFOR DELAY '00:01:00'
Select *
from stock

WAITFOR TIME '12:00:00'
Select *
from salvaging
```

6. CASE 语句

CASE 分支语句用于根据多个分支条件，确定执行内容。CASE 语句列出一个或多个分支条件，并对每个分支条件给出候选值。然后，按顺序测试分支条件是否得到满足，一旦有一个分支条件满足，CASE 语句就将该条件对应的候选值返回，语法形式如下。

格式一

```
CASE <表达式>
    WHEN <条件表达式 1> THEN <表达式 1>
  [[WHEN <条件表达式 2> THEN <表达式 2>][…]]
  [ELSE <表达式 n>]
END
```

当<表达式>的值等于<条件表达式 1>的值时，CASE 表达式返回<表达式 1>的值；当<表达式>的值等于<条件表达式 2>的值时，CASE 表达式返回<表达式 2>的值，……，依次类推，当<表达式>与 WHEN 短语后的任意表达式都不匹配时 CASE 表达式返回<表达式 n>的值（ELSE），如果此时无 ELSE 短语，则返回空值（NULL）。

【例 5.4】 用 CASE 语句的格式一实现：在对 stock 表的查询中，当仓库号的值是"供电局 1#仓库"、"供电局 2#仓库"、"供电局 3#仓库"时分别返回"北京"、"上海"、"广州"，否则返回"未知"。

```
SELECT mat_num,mat_name,speci,warehouse=CASE warehouse
  WHEN '供电局 1#仓库'THEN '北京'
  WHEN '供电局 2#仓库'THEN '上海'
  WHEN '供电局 3#仓库'THEN '广州'
  ELSE '未知'
  END,
amount,unit,total
FROM stock
```

格式二

```
CASE
  WHEN <条件表达式 1> THEN <表达式 1>
  [[WHEN <条件表达式 2> THEN <表达式 2>][…]]
  [ELSE <表达式 n>]
END
```

当相应的 WHEN 短语后的条件表达式为真时，CASE 表达式返回对应的 THEN 短语后的表达式的值，如果所有 WHEN 短语后的条件表达式都不为真，则返回 ELSE 短语后的表达式的值，如果这时没有 ELSE 短语，则 CASE 表达式返回空值（NULL）。

【例 5.5】 用 CASE 语句的格式二实现：在对 stock 表的查询中，当仓库号的值是"供电局 1#仓库"、"供电局 2#仓库"、"供电局 3#仓库"时分别返回"北京"、"上海"、"广州"，否则返回"未知"。

```
SELECT mat_num,mat_name,speci,warehouse=CASE
  WHEN warehouse='供电局 1#仓库'THEN '北京'
```

```
     WHEN warehouse='供电局 2#仓库'THEN '上海'
     WHEN warehouse='供电局 3#仓库'THEN '广州'
     ELSE '未知'
     END,
amount,unit,total
FROM stock
```

7．RETURN 语句

RETURN 语句可以使程序从查询或存储过程返回，使用 RETURN 语句可以立即从当前程序结构中退出，并且 RETURN 后面的语句不再执行。其语法格式为：

```
RETURN 整型表达式
```

一般情况下，只有存储过程中才会用到返回的整型结果，调用存储过程的语句可以根据 RETURN 返回的值，判断下一步应该执行的操作。

5.2　存储过程

在大型的数据库系统中，随着功能的不断完善，系统也变得越来越复杂，大量的时间将会耗费在 SQL 代码和应用程序的编写上。多数情况下，许多代码被重复使用多次，而每次都输入相同的代码，既繁琐又会降低系统运行效率。因此，需要提供一种方法，它可以将一些固定的操作集合起来，由数据库服务器来完成，实现某个特定任务，这就是存储过程。

5.2.1　存储过程的基本概念

存储过程是存储在数据库服务器中的一组编译成单个执行计划的 SQL 语句。在使用 Transact-SQL 语言编程的过程中，可以将某些需要多次调用以实现某个特定任务的代码段编写成一个过程，将其保存在数据库中，并由 SQL Server 服务器通过过程名调用。存储过程在创建时被编译和优化，调用一次后，相关信息就保存在内存中，下次调用时可以直接执行。存储过程可以包含程序控制流、查询子句、操作子句，还可以接受参数、输出参数、返回单个值或多个结果集。

使用存储过程具有以下优点：

- 由于存储过程不像解释执行的 SQL 语句那样在提出操作请求时才进行语法分析和优化，因而运行效率高，它提供了在服务器端快速执行 SQL 语句的有效途径。
- 存储过程降低了客户机和服务器之间的通信量。客户机上的应用程序只要通过网络向服务器发出存储过程的名字和参数，就可以让 RDBMS 执行多条 SQL 语句，并执行数据处理，只将最终处理结果返回客户端。图 5.1 示意了在客户机/服务器结构下使用和不使用存储过程的情况。
- 方便实施企业规则。可以把企业规则的运算程序写成存储过程放入数据库服务器，由 RDBMS 管理，既有利于集中控制，又方便维护。当用户规则发生变化时只要修改存储过程，无需修改其他应用程序。

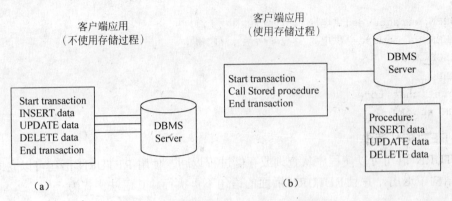

图 5.1　存储过程和非存储过程操作示意

在 SQL Server 中存储过程分为两类，即系统提供的存储过程和用户自定义的存储过程。系统存储过程是由系统自动创建的，主要存储在 master 数据库中，一般以 sp_为前缀，其主要功能是从系统表中获取信息，以便用户能够顺利而有效地完成许多管理性或信息性的活动。用户自定义的存储过程则是由用户创建并能完成某一特定功能的存储过程。

5.2.2　创建存储过程

使用 SQL Server 2005 的控制管理台创建存储过程的步骤如下：

展开要创建存储过程的数据库，比如 sample 数据库，在数据库目录树下展开【可编程性】结点，在其下的子结点中右击【存储过程】，在弹出的快捷菜单中选择【新建存储过程】命令，如图 5.2 所示，在右侧输入创建存储过程的 SQL 语句即可。

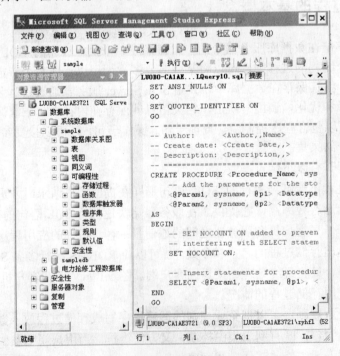

图 5.2　创建存储过程窗口

　　创建存储过程的 SQL 语句格式为:

```
CREATE PROCEDURE 存储过程名 [;版本号]
[ {@参数 数据类型} [ VARYING ] [= 默认值][ OUTPUT ],
    …]
  [ WITH{ RECOMPILE | ENCRYPTION | RECOMPILE, ENCRYPTION } ]
  [ FOR REPLICATION ]
  AS
  SQL 语句
```

其中主要参数的作用如下:

- 存储过程名:存储过程的名称。
- [;版本号]:把多个同名的存储过程合成一个组。
- @参数:存储过程中的参数,可以声明一个或多个参数,但必须在执行存储过程时提供每个参数的值(除非定义了该参数的默认值)。
- 数据类型:参数的数据类型。
- VARYING:用于存储过程的输出参数为游标的情况。
- = 默认值:设置参数的默认值,如果定义了默认值,则不必指定该参数的值即可执行存储过程,默认值必须是常量或 NULL,也可以包括通配符。
- OUTPUT:表明参数是返回参数。
- RECOMPILE:指明存储过程并不驻留在内存中,而是在每次执行时重新编译。
- ENCRYPTION:用于对存储创建存储过程的 SQL 语句的系统表 syscomments 进行加密,使其他用户无法查询到存储过程的创建语句。
- FOR REPLICATION:表示存储过程只能在复制过程中执行,与 ENCRYPTION 不能同时使用。
- SQL 语句:存储过程所要执行的操作,它可以是一组 SQL 语句,可以包含流程控制语句等,但这些 SQL 语句不能用于创建数据库、视图、表、规则、触发器或其他存储过程,也不能使用 USE 语句选择其他数据库。

1．基本存储过程

【例 5.6】　创建一个最简单的存储过程,用于返回 stock 表中的所有记录。

```
CREATE PROCEDURE exp1
AS
  SELECT * FROM stock
```

　　这时创建了一个名字为 exp1 的存储过程,它在第一次执行时被编译并存放在数据库中,当以后我们需要从数据库的 stock 表中提取信息时,只需要执行存储过程 exp1,数据库管理系统将在服务器端完成查询,并将结果传送给客户端。

　　执行存储过程时使用 EXECUTE 语句,需要指定要执行的存储过程的名称和参数,其语句格式为:

```
EXECUTE  [@<状态变量>=] 存储过程名
  [@<参数>=] {<值>|@<变量>}…]
```

例如:执行例 5.6 创建的存储过程 exp1。

```
EXECUTE  exp1
```

或者：

```
EXEC  exp1
```

2. 带参数的存储过程

在存储过程中还可以使用参数，通过存储过程每次执行时使用不同的参数值，实现其灵活性。

【例 5.7】 创建一个存储过程，通过输入的仓库名称显示出该仓库的所有库存物资信息。

语法形式如下：

```
CREATE PROCEDURE exp2  @ckmc varchar(50)
AS
  SELECT * FROM  stock  WHERE warehouse=@ckmc
```

【例 5.8】 创建一个带输入参数的存储过程，向 stock 表中添加一个新的数据行。

语法形式如下：

```
  IF EXISTS (select name from sysobjects where name='exp3' and type='P')
  DROP PROCEDURE exp3
 GO
CREATE PROCEDURE exp3
  @mno char(8), @mname varchar(50), @mspeci varchar(20)
AS
  INSERT INTO stock(mat_num,mat_name,speci)
  VALUES(@mno,@mname,@mspeci)
GO
```

带输入参数的存储过程执行时，其参数的顺序并不要求和创建存储过程时的参数顺序一致，但如果省略参数名，则采取创建时的参数顺序。

例如：执行例 5.8 创建的存储过程 exp3。

```
EXECUTE  exp3 'm030','护套绝缘电线','BVV-35'
```

或者：

```
EXECUTE exp3 @mno='m030', @mname='护套绝缘电线', @mspeci='BVV-35'
```

或者：

```
EXECUTE exp3 @mname='护套绝缘电线', @mspeci='BVV-35', @mno='m030'
```

3. 带默认参数的存储过程

如果存储过程中没有提供参数值，或提供的参数值不全，将得到错误信息。用户可以通过给参数提供默认值来增强存储过程。

【例 5.9】 创建一个带默认参数的存储过程，通过传递的参数显示物资的名称、规格、项目名称、是否按期完工等信息，如果没有提供参数，则使用预设的默认值。

```
IF EXISTS (select name from sysobjects where name='exp4' and type='P')
DROP PROCEDURE exp4
GO
```

```
CREATE PROCEDURE exp4
   @mname varchar(50)='%绝缘%', @pno char(8)='20110001'
AS
 SELECT mat_name,speci,prj_name,prj_status
 FROM  stock,salvaging,out_stock
 WHERE stock.mat_num=out_stock.mat_num
     and salvaging.prj_num=out_stock.prj_num
     and mat_name like @mname
     and salvaging.prj_num=@pno
```

本例中的参数@mname 使用了模糊查询的匹配方式，在运行带默认参数的存储过程时，如果没有提供输入值，则按默认值运行，否则按输入值运行，也可部分参数使用默认值，部分参数使用输入值。

例如：执行例 5.9 创建的存储过程 exp4。

```
EXECUTE  exp4
```

或者：

```
EXECUTE  exp4 '%绝缘电线'
```

或者：

```
EXECUTE  exp4 @pno='20110001'
```

或者：

```
EXECUTE  exp4 '护套绝缘电线','20110001'
```

4. 带输出参数的存储过程

OUTPUT 用于指明参数为输出参数，可以返回到调用存储过程的批处理或其他存储过程中。

【例 5.10】 创建一个存储过程，求某个抢修工程领取物资的总数量。

```
IF EXISTS (select name from sysobjects where name='sum_mat' and type='P')
DROP PROCEDURE sum_mat
GO
CREATE PROCEDURE sum_mat
  @pn char(8),  @sum int OUTPUT
AS
select @sum=sum(amount)
FROM out_stock
where prj_num=@pn
```

运行带输出参数的存储过程时，必须预先声明一个变量以存储输出参数的值，变量的数据类型应该同输出参数的数据类型相匹配。用 EXECUTE 语句执行存储过程时，语句本身也需要包含关键字 OUTPUT 以完成语句和允许将输出参数值返回给变量。

例如：执行例 5.10 创建的存储过程 sum_mat。

```
DECLARE @total int
EXECUTE sum_mat '20110001', @total OUTPUT
PRINT '该项目领取物资总量为：'+ CAST(@total AS varchar(20))
```

运行结果为：

该项目领取物资总量为：2。

5.2.3　使用 SQL Server 管理控制台执行存储过程

展开要执行存储过程的数据库，比如 sample 数据库，在数据库目录树下，展开【可编程性】结点下的【存储过程】子结点，显示存储在数据库中的所有存储过程，右击要执行的存储过程，比如 exp4，在弹出的快捷菜单中选择【执行存储过程】命令，会弹出【执行过程】窗口，如图 5.3 所示。窗口中显示了系统的状态、存储过程的参数等相关信息，若需要输入参数，则在对应的【值】栏填写所要传递的参数，单击【确定】按钮则开始执行该存储过程。

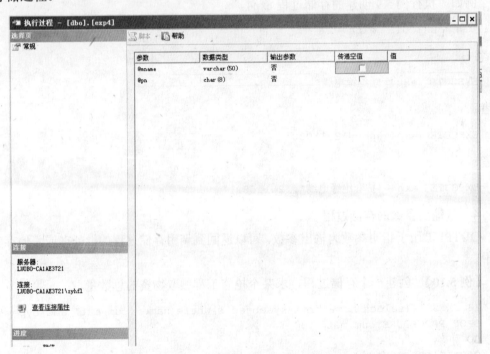

图 5.3　【执行过程】窗口

执行完该存储过程后会返回执行结果，如执行默认参数的存储过程 exp4，系统返回的结果如图 5.4 所示。

5.2.4　修改和删除存储过程

存储过程作为独立的数据库对象存储在数据库中。存储过程可以修改，不需要的存储过程也可以删除。

修改存储过程的语句是：

```
ALTER PROCEDURE 存储过程名 [;版本号]
    [ {@参数 数据类型} [ VARYING ] [= 默认值][ OUTPUT ],
```

```
   …]
   [ WITH{ RECOMPILE | ENCRYPTION | RECOMPILE, ENCRYPTION } ]
   [ FOR REPLICATION ]
   AS
   SQL 语句
```

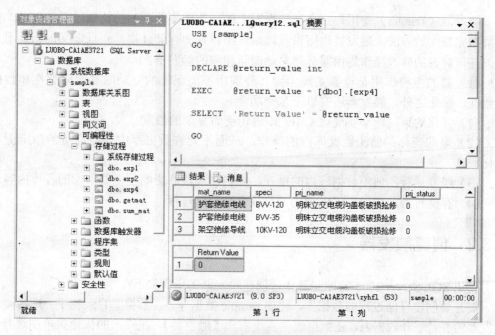

图 5.4　存储过程执行结果

从命令格式中可以看出，该语句只是将建立存储过程的命令动词 CREATE 换成了 ALTER，其他语法格式完全一样。它实际上相当于先删除旧存储过程，然后再创建一个同名的新存储过程。

删除存储过程的语句是：

DROP PROCEDURE 存储过程名

注意：一条 DROP PROCEDURE 语句可删除多个存储过程，且该语句不分版本号，也就是说，该语句将同时删除同名的所有存储过程。

也可通过 SQL Server 管理控制台对存储过程进行修改和删除，具体作法是：展开要修改和删除存储过程的数据库，比如 sample 数据库，在数据库目录树下，展开【可编程性】结点下的【存储过程】子结点，显示存储在数据库中的所有存储过程，右击要修改或删除的存储过程，在弹出的快捷菜单中选择【修改】或【删除】命令，即可实现该项操作。

5.3　触发器

在电力抢修工程数据库中，当某一抢修工程领取了一定数量的物资后，配电物资库存记录表中的库存量就应相应减少。如何自动实现二者的关联呢？触发器就可以帮助我们解决这个问题，当用户进行诸如插入、删除、更新等数据操作时，SQL Server 就会自动执行触发器所定义的 SQL 语句。

5.3.1　触发器的基本概念

触发器（Trigger）是用户定义在关系表上的一类由事件驱动的特殊过程，也是一种保证数据完整性的方法。触发器也可以看做是一类特殊的存储过程，一旦定义，无须用户调用，任何对表的修改操作均由服务器自动激活相应的触发器。

触发器的主要作用是能够实现主键和外键所不能保证的复杂的参照完整性和数据的一致性。除此之外，触发器还有以下几个功能。

（1）强化约束：能够实现比 CHECK 语句更为复杂的约束。

（2）跟踪变化：侦测数据库内的操作，从而不允许数据库中未经许可的指定更新和变化。

（3）级联运行：侦测数据库内的操作，并自动地级联影响整个数据库的各项内容。

（4）存储过程的调用：可以调用一个或多个存储过程。

5.3.2　创建触发器

使用 SQL Server 2005 的控制管理台创建触发器的步骤如下：

展开要创建存储过程的数据库，比如 sample 数据库，在数据库目录树下，选择要创建触发器的表，展开数据表，在数据表结点下右击【触发器】，在弹出的快捷菜单中选择【新建触发器】命令，如图 5.5 所示，在右侧输入创建触发器的语句即可。

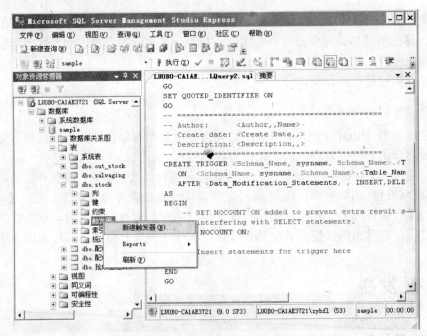

图 5.5　创建触发器窗口

只有数据库的所有者才能定义触发器，这是因为给表增加触发器时，将改变表的访问方式，以及与其他对象的关系，实际上是修改了数据库模式。创建一个触发器时必须指定以下几项内容：

- 触发器的名称；
- 在其上定义触发器的表；
- 触发器将何时激活；
- 执行触发操作的编程语句。

定义触发器的语句是：

```
CREATE TRIGGER <触发器名>
ON  { 表名 | 视图名 }
[ WITH ENCRYPTION ]
{ FOR | AFTER | INSTEAD OF } { [ INSERT ] [ , ] [ UPDATE ] [ , ] [ DELETE ] }
[ NOT FOR REPLICATION ]
  AS
[ SQL 语句 ]
```

其中主要参数的作用如下：

- 触发器名：给出了触发器的名称。
- 表名|视图名：触发器所依存的表或视图的名称。
- WITH ENCRYPTION：表示加密触发器代码，使其他用户无法查询到触发器的创建语句，可防止 SQL Server 对触发器进行复制。
- FOR|AFTER：表示触发器只有在 SQL 语句中指定的所有操作都已成功执行后才激活。如果仅指定了 FOR 关键字，则 AFTER 为默认设置。注意不能在视图上定义 AFTER 触发器。
- INSTEAD OF：表示在表或视图上执行增、删、改操作时，用该触发器中的 SQL 语句代替原语句。在一个表或视图上，每条 INSERT、UPDATE、DELETE 语句只能定义一个 INSTEAD OF 触发器，然而可以在每个具有 INSTEAD OF 触发器的视图上定义视图。注意 INSTEAD OF 触发器不能更新带 WITH CHECK OPTION 的视图。
- [INSERT] [,] [UPDATE] [,] [DELETE]：说明激活触发器的触发条件，可选择多项，用逗号分隔。
- NOT FOR REPLICATION：表示在表的复制过程中对表的修改将不会激活触发器。
- SQL 语句：触发器所要执行的 SQL 语句，它可以是一组 SQL 语句，可以包含流程控制语句等。

从上面可以看出，一个触发器只能应用在一个表上，但一个触发器可以包含很多动作，执行很多功能，触发器可以建立在基本表上，也可以建立在视图上。

1. INSERT 触发器

INSERT 触发器在每次往基本表中插入数据时触发执行，该数据同时复制到基本表和内存中的 INSERTED 表中。INSERT 触发器主要有三个作用：检验要输入的数据是否符合规则、在插入的数据中增加数据、级联改变数据库中其他的数据表。

其中：INSERTED 表用于存储 INSERT 和 UPDATE 语句所影响的行的复本，执行

INSERT 和 UPDATE 语句时，新的数据行被添加到基本表中，同时这些数据行的备份被复制到 INSERTED 临时表中。

【例 5.11】 创建一个 INSERT 触发器，在对表 stock 进行插入后，输出所影响的行数信息。

```
CREATE TRIGGER tr1_stock
ON stock
FOR INSERT
AS
    print'(所影响的行数为:'+ cast(@@rowcount as varchar(10))+'行)'
```

触发器 tr1_stock 创建后，当往 stock 表中插入 1 行新的数据时，数据库服务器会输出如下信息：

所影响的行数为：1 行。

【例 5.12】 创建一个 INSERT 触发器，在对表 stock 进行插入后，验证库存量的大小，库存量小于 1，则撤销该插入操作。

```
IF EXISTS(select name from sysobjects where name='tr2_stock' and type='TR')
DROP trigger tr2_stock
GO
CREATE TRIGGER tr2_stock
  ON stock
  FOR INSERT
AS
  declare @amount int
  select @amount=amount
  from INSERTED
  if @amount<1
  BEGIN
    ROLLBACK TRAN
    RAISERROR('amount must be greater than 1',16,10)
  END
GO
```

创建了该触发器后，一旦在 stock 表中插入数据行，就会激活 tr2_stock 触发器，验证 amount 的值。代码如下：

```
insert
into stock(mat_num,mat_name,speci,warehouse,amount,unit)
values('m030','护套绝缘电线','BVV-120','供电局1#仓库',2,100)
```

上面的插入语句由于库存量大于等于 1，符合规则，可以正常插入执行。

```
insert
into stock(mat_num,mat_name,speci,warehouse,amount,unit)
values('m031','护套绝缘电线','BVV-120','供电局1#仓库',0,100)
```

上面的插入语句由于库存量小于 1，不符合规则，将撤销表的插入操作，提示如图 5.6 所示。

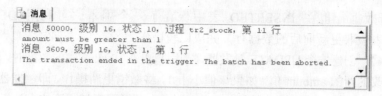

图 5.6　触发器消息提示窗口

本例中用了 ROLLBACK 语句。当表的修改不符合触发器设定的规则时，触发器就认为修改无效，回滚事务，即撤销对表的修改操作。其语法为：

ROLLBACK　TRAN

执行该语句的操作为：由触发器执行的所有操作以及修改语句对基本表执行的所有工作都被撤销。若使该语句在撤销表的修改时给出错误信息，可在执行了 ROLLBACK 语句时，使用 PRINT 语句显示提示信息或使用 RAISERROR 语句返回错误信息。

2. DELETE 触发器

DELETE 触发器在从基本表中删除数据时触发执行，在用户执行了 DELETE 触发器后，SQL Server 将删除的数据行保存在 DELETED 表中，即数据行并没有消失，还可在 SQL 语句中引用。DELETE 触发器主要用于以下两种情况：防止删除数据库中的某些数据行、级联删除数据库中其他表中的数据行。

其中：DELETED 表用于存储 DELETE 和 UPDATE 语句所影响的行的副本。在执行 DELETE 或 UPDATE 语句时，行从触发器表中删除，并传输到 DELETED 表中，DELETED 表和原数据表通常没有相同的行。

【例 5.13】　创建一个 DELETE 触发器，当用户从 stock 表中删除数据时，同时将 out_stock 表中相关物资的出库情况一并删除。

```
CREATE TRIGGER tr3_stock
   ON stock
   FOR  DELETE
AS
  Begin transaction
    declare @mat_num char(8)
    select @mat_num=mat_num
    from DELETED
    delete
    from out_stock
    where mat_num=@mat_num
  Commit tran
```

注意：使用触发器作级联删除，前提是 out_stock 表没有定义和 stock 表相关的外键。

3. UPDATE 触发器

UPDATE 触发器在用户发出 UPDATE 语句后触发执行，即为用户修改数据行增加限制规则。UPDATE 触发器合并了 DELETE 触发器和 INSERT 触发器的作用。在用户执行了 UPDATE 语句后，原来的数据行从基本表中删除，但保存在 DELETED 表中，同时基本表更新后的新数据行也在 INSERTED 表中保存了一个副本。可利用 DELETED 表和 INSERTED 表获取更新前后的数据行，完成比较操作。

【例 5.14】 创建一个 UPDATE 触发器，当用户更新 stock 表中的数据时，从 INSERTED 表中读取修改的新的 amount 值，如果该值小于 1，将撤销更新操作，即触发器从 DELETED 表中查询修改前的值，将其重新更新到 stock 表中（也可采用事务回滚的方法撤销更新操作）。

```
CREATE TRIGGER tr4_stock
  ON stock
  FOR UPDATE
AS
  declare @amount_new int,@amount_old int,@mat_num char(10)
  select @amount_new=amount,@mat_num=mat_num
  from INSERTED
  if @amount_new<1
  BEGIN
    select @amount_old=amount
    from DELETED
    update stock
    set amount=@amount_old
    where mat_num=@mat_num
    PRINT 'the row can not be updated!'
  END
```

UPDATE 函数可以检测到一个列的更新。因为有时用户并不关心表中所有列的更新，只关心一些重要列的更新；而且用户在触发器中设置数据行更新规则时，往往也只针对个别列。此时，可以使用 UPDATE 函数来检测这些列的更新。

【例 5.15】 修改前面创建的 UPDATE 触发器，使其先检测更新的列，当更新 warehouse 列时，禁止更新；当更新库存量 amount 列时，设置更新规则，若更新后的值小于 1，则撤销该更新操作。

```
CREATE TRIGGER tr5_stock
  ON stock
  FOR UPDATE
AS
  declare @amount int
  if update(warehouse)
  BEGIN
    ROLLBACK TRAN
    print '不允许修改物资存放仓库！'
  END
  if update(amount)
  BEGIN
    select @amount=amount
    from INSERTED
    if @amount<1
```

```
      BEGIN
        ROLLBACK TRAN
        print '库存量小于1, 不允许更新!'
      END
   END
```

4. INSTEAD OF 触发器

INSTEAD OF 触发器为替代操作触发器，用于视图操作。因为视图有时显示的是表中的部分列，因此用视图修改基本表中的数据行时有可能导致失败。解决方法之一就是针对视图建立 INSTEAD OF 触发器，通过触发器插入所缺的列值完成更新。当视图执行到对基本表的插入、删除和更新操作时，用触发器的操作替代视图的操作。注意：视图只能使用 INSTEAD OF 触发器，而不能直接使用 INSERT、DELETE 和 UPDATE 触发器。

【例 5.16】 创建一个 INSTEAD OF 触发器，在视图往基本表中插入数据行时，补充 mat_num 的列值。

首先生成基于 stock 表的视图 view_stock，代码如下：

```
CREATE VIEW view_stock
AS
 select mat_name,speci,warehouse,amount,unit
 from stock
```

若通过下面的语句向基本表中插入数据，由于视图中不包括 mat_num 列，而基本表中主键 mat_num 不能为空，则下面的插入语句会出现错误。

```
insert into view_stock
values('护套绝缘电线','BVV-120','供电局#仓库',10,110)
```

下面创建一个 INSTEAD OF 触发器，在通过视图往基本表中插入数据时，补充 mat_num 列的值。

```
CREATE TRIGGER tr_viewstock
  ON view_stock
  INSTEAD OF INSERT
AS
 declare @mat_num char(10),@mat_name char(50),@speci char(50),@warehouse
        char(50), @amount int,@unit decimal(18,2)
 Select @mat_name=mat_name,@speci=speci,@warehouse=warehouse,@amount
        =amount, @unit=unit
 from INSERTED
 SET  @mat_num='m040'
 INSERT
 INTO stock(mat_num,mat_name,speci,warehouse,amount,unit)
 VALUES(@mat_num,@mat_name,@speci,@warehouse,@amount,@unit)
```

这时，再使用上面的插入语句，就可以将数据成功插入基本表 stock 中。

5. 复合触发器

多个触发器可以组合在一起形成复合触发器，可以使数据库的管理工作变得更加简便。

【例 5.17】 创建一个复合触发器，不允许修改或删除存储在供电局 1#仓库的物资信息。

```
CREATE TRIGGER tr6_stock
  ON stock
  FOR DELETE,UPDATE
AS
  declare @warehouse char(50)
  select @warehouse=warehouse
  from DELETED
  IF @warehouse='供电局 1#仓库'
  BEGIN
    ROLLBACK TRAN
    print '不允许修改或删除供电局 1#仓库的物资信息！'
  END
```

5.3.3 修改和删除触发器

只有数据库所有者才能修改触发器，修改触发器的语句是：

```
ALTER TRIGGER <触发器名>
ON { 表名 | 视图名 }
[ WITH ENCRYPTION ]
{ FOR | AFTER | INSTEAD OF } { [ INSERT ] [ , ] [ UPDATE ] [ , ] [ DELETE ] }
[ NOT FOR REPLICATION ]
AS
[ SQL 语句 ]
```

从命令格式中可以看出，该语句只是将建立触发器的命令动词 CREATE 换成了 ALTER，其他语法格式完全一样。它实际上相当于先删除旧触发器，然后再在同样的基本表或视图上创建一个同名的新触发器。

删除旧触发器的语句是：

```
DROP TRIGGER 触发器名
```

注意：在删除表时，依存于该表的触发器也将同时被删除。

也可通过 SQL Server 管理控制台对触发器进行修改和删除，具体作法是：展开已创建触发器的数据库，比如 sample 数据库，在数据库目录树下，选择要删除触发器的表，展开数据表，在数据表结点展开【触发器】结点，显示依存于该表的所有触发器，右击要删除或修改的触发器，在弹出的快捷菜单中选择【修改】或【删除】命令，即可实现该项操作。

5.4 数据库完整性

数据库的完整性是数据的正确性和相容性。例如，配电物资库存表中的物资编号必须是唯一的；配电物资库存表中的数量必须是正数；配电物资领料出库表上的物资必须是配电物资库存表中的物资。

完整性包括保持数据的正确性、准确性和有效性三方面的含义。凡是已经失真的数据都可以说其完整性受到了破坏。为了维护数据库的完整性，DBMS 必须提供一种机制来检查数据库的完整性。现代数据库技术采用对数据完整性予以约束和检查来保护数据库的完整性。实现的方式主要有两种：一种是通过定义和使用完整性约束规则；另一种是通过触发器和存储过程等来实现。

在第 3 章曾经介绍过关系数据模型上数据完整性的概念和规则，在第 4 章介绍了 Create Table 语句中实现的一些完整性约束。本节将介绍与数据库完整性有关的其他一些内容。

5.4.1 约束

约束通过限制列中的数据、行中的数据和表之间的数据来保证数据完整性。

【例 5.18】 在创建表 salvaging 时创建约束。

```
CREATE TABLE salvaging
( prj_num char(8)  PRIMARY KEY,      /* 列级完整性约束, prj_num 是主键 */
  prj_name varchar(50),
  start_date datetime,
  end_date datetime,
  prj_status bit DEFAULT 0,          /*在列级定义完整性约束*/
  CHECK(start_date<=end_date)        /*在表级定义完整性约束*/
  );
```

【例 5.19】 在表创建完成后再添加约束。

```
CREATE TABLE salvaging
( prj_num char(8)   NOT NULL,
  prj_name varchar(50),
  start_date datetime,
  end_date datetime,
  prj_status bit
  );
/*下列命令添加主键约束: */
ALTER TABLE salvaging
ADD CONSTRAINT PK_salvaging  PRIMARY  KEY(prj_num)
/*下列命令添加用户自定义的约束: */
ALTER TABLE salvaging
ADD CONSTRAINT date_check CHECK(start_date<=end_date)
```

5.4.2 默认值

默认是一种数据库对象，可以绑定到表的一列或多列上，也可以绑定到用户自定义的数据类型上，其作用类似于 DEFAULT 约束，当向表中插入数据，且没有为列输入值时，系统自动给列赋一个默认值。与 DEFAULT 不同的是它的使用规则，通过一次定义，可以多次使用。

默认约束在 CREATE TABLE 或 ALTER TABLE 语句中定义后，被嵌入到定义的表结构中。也就是说，在删除表的时候默认约束也将随之被删除。而默认对象需要用 CREATE DEFAULT 语句进行定义，作为一种单独存储的数据库对象，它是独立于表的，删除表并不能删除默认对象，需要使用 DROP DEFAULT 语句删除默认对象。

1. 创建默认

使用 T-SQL 语句 CREATE DEFAULT 语句可以创建默认对象，语法如下：

```
CREATE DEFAULT default
AS constant_expression
```

其中，default 为默认对象的名称；constant_expression 为常量表达式。常量表达式中可以包括常量、内置函数或数学表达式，但不能包括任何列名或其他数据库对象。

例如，在电力抢修工程数据库中创建默认对象 Getdate，其值为当前系统日期：

```
CREATE DEFAULT Getdate AS getdate()
```

上述语句在查询分析器中执行后，便在当前数据库中创建了一个名为 Getdate 的默认对象。

注意：拥有 CREATE DEFAULT 及其以上权限的角色成员或用户才可以创建默认对象。默认拥有此权限的角色有 sysadmin 固定服务器角色成员、db_owner 和 db_addladmin 固定数据库角色成员，以上角色成员可以将创建默认的权限授予其他用户。

2. 绑定默认值

默认是数据库对象，它要作用于某个数据库对象，需要先把默认绑定到表中的某列，SQL Server 中用系统存储过程绑定默认对象，格式如下：

```
SP_BINDEFAULT defname, objname
```

其中，defname 是 CREATE DEFAULT 语句创建的默认名称；objname 指出要绑定的表和列或用户定义的数据类型。例如下列命令将创建的默认对象 Getdate 绑定到电力抢修工程数据库中 out_stock 表的 get_date 列：

```
SP_BINDEFAULT Getdate, out_stock.get_date
```

out_stock 表的 get_date 列绑定了默认对象 Getdate 后，将以系统当前日期作为默认值。

3. 查看默认

在企业管理器中，展开【数据库】的【默认】目录，可以看到数据库中所有的默认对象，或者使用系统存储过程 sp_help 查看默认对象的信息：

```
EXEC sp_helptext Getdate
```

4. 解除默认和删除默认

使用 DROP DEFAULT 语句可以删除当前数据库中的默认对象。但在删除之前，应该先使用系统存储过程 sp_unbindefault 来解除该默认对象在列或用户自定义数据类型上的绑定。否则，会返回错误信息，同时 DROP DEFAULT 操作将被撤销。

调用系统存储过程 sp_unbindefault 解除默认的语法为：

```
sp_unbindefault  object_name
```

其中，sp_unbindefault 可以视为 sp_bindefault 的逆过程，其参数意义和使用方法与 sp_bindefault 的基本相同。

解除默认对象的绑定后，默认对象并没有消失，仍然在数据库中。

5.4.3　规则

规则是数据库对存储在表中的列或用户自定义数据类型中的值的规定和限制，是单独存储的独立的数据库对象。

规则与 CHECK 约束的不同之处在于：

- CHECK 约束是在使用 CREATE TABLE 语句建表时指定的，而规则是作为独立于表的数据库对象，通过与指定表或数据类型绑定来实现完整性约束。
- 在一列上只能使用一个规则，但可以使用多个 CHECK 约束。
- 规则可以应用于多个列，还可以应用于用户自定义的数据类型，而 CHECK 约束只能应用于它定义的列。

1. 创建规则

创建规则的命令如下：

```
CREATE RULE rule_name AS condition_expression
```

其中，rule_name 是规则的名称；condition_expression 是规则的定义，它可以是用于 WHERE 条件子句中的任何表达式。

注意：condition_expression 子句中的表达式必须以字符@开头。

例如，规定电力抢修工程数据库中物资数量必须在 0～100 之间，则可以创建物资数量规则：

```
CREATE RULE amount_rule
AS
@amount>0 and @amount<=100
```

2. 查看规则

使用系统存储过程 sp_help 可以查看规则的拥有者、创建时间等信息。

例如，如下命令可以查看规则 amount_rule：

```
sp_help amount_rule
```

3. 绑定和解除规则

创建规则后，规则仅仅是一个存在于数据库中的对象，并未发生作用。需要将规则和数据库中的表或用户自定义的数据类型联系起来，才能达到创建规则的目的。联系的方法称为绑定，表的一列或一个用户自定义数据类型只能与一个规则相绑定，而一个规则可以绑定多个对象，解除规则与对象的绑定称为"松绑"。

（1）用存储过程 sp_bindrule 绑定规则。存储过程 sp_bindrule 可以将一个规则绑定到表的一列或一个用户自定义数据类型上。其语法如下：

```
sp_bindrule rule_name, object_name [,futureonly]
```

各参数说明如下：

rule_name 指定规则名称；

object_name 指定规则绑定的对象；

futureonly 选项仅在绑定规则到用户自定义数据类型上时才可以使用。

当指定该项时，只有以后使用此用户自定义数据类型的列会应用新规则，而当前已经使用此数据类型的列则不受影响。例如，下列命令将创建的规则 amount_rule 绑定到电力抢修工程数据库中 stock 表的 amount 列：

```
sp_bindrule amount_rule, stock.amount.
```

（2）用存储过程 sp_unbindrule 解除规则的绑定。

```
sp_unbindrule object_name [,futureonly]
```

其中，futureonly 选项表示仅用于用户自定义数据类型，它指定现有的用此用户自定义数据类型定义的列不会失去该规则。否则，所有由此用户自定义的数据类型定义的列也将随之解除与此规则的绑定。

4．删除规则

用 DROP RULE 删除规则：

```
DROP RULE {rule_name}[,…n]
```

注意：在删除一个规则前必须先将与其绑定的对象解除绑定。

5.4.4　用户定义的数据完整性

在第 3 章的介绍中，用户定义的数据完整性主要是指域完整性约束。事实上，除了实体完整性约束和参照完整性约束，其他与数据完整性有关的内容都是用户定义的数据完整性的范畴。

实现用户定义的完整性规则，除了 CREATE TABLE 命令中的 CHECK 约束以及本章介绍的规则和默认值，更多的是使用触发器来实现灵活、复杂的数据完整性要求。

在电力抢修工程数据库中，包含三个表：

抢修工程计划表：salvaging（prj_num, prj_name, start_date, end_date, Prj_status）

配电物资领料出库表：out_stock（prj_num, mat_num, amount, get_date, department）

配电物资库存记录表：stock（mat_num, mat_name, speci, warehouse, amount, unit, total）

其中，out_stock 表中的 prj_num 属性是外键，参照属性是 salvaging 表中 prj_num 属性，并且要求对于某一项抢修工程，其 out_stock 表中的领料日期 get_date 的值必须介于 salvaging 表中该工程的 start_date 和 end_date 值之间。例如，salvaging 表中 prj_num 为 20100015 的抢修工程的开始日期为 2010-10-12，结束日期为 2010-10-13，则 out_stock 表中 prj_num 为 20100015 的记录的 get_date 值必须介于 2010-10-12 和 2010-10-13 之间。

这样的表和表之间的约束可以通过如下触发器来实现：

```
Create trigger TR_datecheck on out_stock
For insert,update
As
  declare @G_date datetime,@prj_no char(8)
  declare @S_date datetime,@E_date datetime
  select  @G_date=get_date,@prj_no=prj_num  from inserted
  select @S_date=start_date,@E_date=end_date from salvaging where prj_num=
@prj_no
  if(@G_date<@S_date or  @G_date>@E_date)
  begin
    raiserror( '领料日期有误',16,1)
    rollback tran
  end
```

触发器创建后，如果执行如下语句：

```
update out_stock set get_date='2010-10-20'  where prj_num='20100015'
```

系统给出出错提示如图 5.7 所示，从而保证了 out_stock 表和 salvaging 表中数据的一致性。

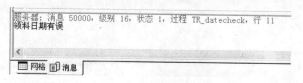

图 5.7　触发器消息提示

小　　结

　　本章首先介绍了存储过程和触发器，它们都是独立的数据库对象和存储在数据库上的特殊的程序。存储过程由用户调用，完成指定的数据处理任务；触发器则是一种特殊的存储过程，由特定的操作触发，从而自动完成相关的处理任务；触发器的实现离不开两张特定的表：INSERTED 和 DELETED，通过它们来检查哪些行被修改，正确理解这两张表就可以理解触发器的本质。最后介绍了和数据库完整性相关的内容，包括规则、默认对象等，并说明了触发器在实现数据库完整性方面的重大作用。

习　　题

简答题

1. 什么是存储过程？为什么要使用存储过程？
2. 试述触发器的概念和作用。
3. 什么是 INSERTED 表和 DELETED 表？试说明这两张表的结构。

4. 什么是默认对象和默认值？它们有什么区别？

5. 什么是规则？规则和 CHECK 约束有什么区别？

综合题

1. 针对第 3 章习题中的四个表：客户表 Customers、代理人表 Agents、产品表 Products 和订单表 Orders，请编写存储过程，实现如下要求：

① 给指定产品编号的单价增加 0.5 元；

② 插入一个新的产品记录到产品表 Products；

③ 查询某客户通过某代理订购产品的订货总量。

2. 针对综合题第 1 题中的四个表，用触发器实现下述操作：

① 当向产品表 Products 插入数据时，规定产品单价 price 不得低于 0.50 元，若低于 0.50 元，则统一调整为 0.50 元，同时提示用户"产品单价不得低于 0.50 元！"；

② 当订单表 Orders 中的订货数量 Qty 有变动时，触发器会自动修改该项订单的订货总金额 Amount。

第 6 章

关系数据库设计理论

前面的章节已经介绍了数据库中涉及的基本概念，关系模型的 3 个组成部分（关系数据结构、关系操作集合和关系完整性）以及关系数据库的标准语言，但是还有一个很基本的问题没有提及，就是针对一个具体的问题，应该构造几个关系模式，每个关系由哪些属性组成，各属性之间的依赖关系及其对关系模式性能的影响等。关系数据库的规范化理论为我们设计出合理的数据库提供了有利的工具。

本章将介绍如何有效地消除关系中存在的数据冗余和更新异常等现象，从而设计出优秀的关系数据库模式，即主要讨论关系数据库规范化的理论，这是数据库逻辑设计的理论依据。

6.1 问题的提出

数据库的逻辑设计为什么要遵循一定的规范化理论？什么是好的关系模式？某些"不好"的关系模式会导致哪些问题？可以通过一个现实生活中普遍存在的例子加以分析。

【例 6.1】 假设有一个用于电力设备存放管理的数据库，其关系模式如下：

WAE（仓库号，所在区域，区域主管，设备号，数量）

并且有语义如下：
- 一个区域有多个仓库，一个仓库只能属于一个区域；
- 一个区域只有一个区域主管；
- 一个仓库可以存放多种设备，每种设备可以存放在多个仓库中；
- 每个仓库的每种设备都有一个库存数量。

在此关系模式中填入一部分具体的数据，则可得到 WAE 关系模式的实例，如图 6.1 所示。

仓库号	所在区域	区域主管	设备号	数量
WH1	A 区	赵龙	P1	100
WH1	A 区	赵龙	P2	150
WH1	A 区	赵龙	P3	120
WH2	B 区	张立	P2	200
WH2	B 区	张立	P4	500
WH2	B 区	张立	P5	300
WH3	A 区	赵龙	P1	200
WH3	A 区	赵龙	P4	300

图 6.1 关系 WAE

这个关系模式存在以下几个方面的问题：

- 数据冗余。每个区域主管的姓名重复出现，这将浪费大量的数据空间。
- 更新异常。如果某区域主管更换，则该主管对应的所有记录都要逐一地修改，稍有不慎，就有可能漏改某些记录，这就造成了数据的不一致性，破坏了数据的完整性。
- 插入异常。如果某个仓库刚刚建成，尚未有设备存入，则仓库的信息无法插入到数据库中去。因为在这个关系模式中，（仓库号，设备号）是主键。根据关系的实体完整性约束，主键的值不能为空，而这时没有设备，设备号为空，因此不能完成插入操作。
- 删除异常。如果某个仓库的设备全部出库，仓库已空，要删除该仓库全部设备的记录，这时仓库号、所在区域、区域主管的信息也将删掉，而事实上这个仓库依然存在，但在数据库中却无法找到该系的信息。

鉴于以上存在的种种问题，可以得出结论：上述 WAE 关系模式不是一个好的关系模式。

假如把这个单一的模式改造一下，分解为三个关系模式：

- W（仓库号，所在区域）；
- A（区域，区域主管）；
- WE（仓库号，设备号，数量）。

这时图 6.1 可以分解为如图 6.2 所示的三个关系模式，这三个模式都不会发生插入异常、删除异常的毛病，数据的冗余也得了控制。

W

仓库号	所在区域
WH1	A 区
WH2	B 区
WH3	C 区

A

区域	区域主管
A 区	赵龙
B 区	张立

WE

仓库号	设备号	数量
WH1	P1	100
WH1	P2	150
WH1	P3	120
WH2	P2	200
WH2	P4	500
WH2	P5	300
WH3	P1	200
WH3	P4	300

图 6.2　把关系 WAE 分解成 W、A 和 WE 三个关系

一个"不好"的模式会有哪些不好的性质，如何改造一个"不好"的模式，这就是下面几节将要讨论的问题。

6.2　基本概念

为了使数据库设计的方法走向完备，人们研究了规范化理论。从 1971 年起，E. F. Codd 就提出了这一理论，规范化理论的研究已经取得了很多成果。这一理论主要致力于解决关系模式中不合适的数据依赖问题。而函数依赖与多值依赖是最重要的数据依赖。

6.2.1　函数依赖

1. 函数依赖

对于数学中形如 Y=f(X)的函数大家是十分的熟悉，它代表 X 和 Y 数值上的一个对应关系，即给定一个 X 值，都有一个 Y 值和它对应，X 函数决定 Y 或 Y 函数依赖于 X。

在关系数据库中同样存在函数依赖的概念，如在学生关系:学生（学号，姓名，性别，出生年月）中，给定一个同学的学号，一定能找到唯一一个对应的同学姓名，姓名=f(学号)，也一定能找到唯一一个对应的性别和出生年月，这里，学号是自变量 X，姓名、性别、出生年月是因变量 Y，并且把 Y 函数依赖于 X，或 X 函数决定 Y 表示为：X→Y。

再举我们熟悉的电力抢修工程数据库的例子，在配电抢修物资领料出库表 Out_stock（prj_num,mat_num,amount,get_date,department）中，只有确定了工程项目编号 prj_num 和物资编号 mat_num，才能知道领取物资的数量 amount、领料日期 get_date 及领料部门 department，即 prj_num 和 mat_num 函数决定 amount、get_date 和 department，可以表示为：（prj_num, mat_num）→amount，（prj_num, mat_num）→get_date，（prj_num, mat_num）→department。

下面对函数依赖给出严格的形式化定义。

定义 6.1　设 R(U)是属性集 U 上的一个关系模式。X，Y 是 U 的子集。若对于 R(U)上的任意一个可能的关系 r，如果 r 中不存在两个元组，它们在 X 上的属性值相同，而在 Y 上的属性值不同，则称"**X 函数决定 Y**"或"**Y 函数依赖 X**"，记作 X→Y。

对于函数依赖，需要说明以下几点：

- 函数依赖不是指关系模式 R 的某个或某些关系实例满足的约束条件,而是指 R 的所有关系实例均要满足的约束条件。
- 我们只能根据语义来确定一个函数依赖，而不能按照其形式化定义来证明一个函数依赖是否成立。例如，对于上述关系模式 WAE，当区域主管不存在重名的情况下，可以得到：

区域主管→所在区域

这种函数依赖成立的前提条件是区域主管无重名，否则就不存在函数依赖了，所以函数依赖反映了一种语义完整性约束。

- 函数依赖存在的时间无关性。由于函数依赖是指关系中的所有元组应该满足的约束条件，而不是指关系中某个或某些元组所满足的约束条件。关系中元组的增加、删除或更新都不能破坏这种函数依赖。因此，必须根据语义来确定属性之间的函数依赖，而不能单凭某一时刻关系中的实际数据值来判断。例如，对于上述关系模式 WAE，根据语义，只能存在函数依赖：所在区域→区域主管，而不应该存在：区域主管→所在区域，因为如果新增加一个重名的区域主管，这个函数依赖必然不存在。
- 若 X→Y，则称 X 为这个函数依赖的决定因素（determinant）。
- 若 X→Y，并且 Y→X，则记为 X⟷Y。
- 若 Y 不函数依赖于 X，则记为 X↛Y。

2．平凡函数依赖与非平凡函数依赖

定义 6.2 设 R(U)是属性集 U 上的一个关系模式。X，Y 是 U 的子集。如果 X→Y，并且 Y⊄X，则称 X→Y 是**非平凡函数依赖**。若 Y⊆X，则称 X→Y 是**平凡函数依赖**。

很显然，对于任一关系模式，平凡函数依赖都是必然存在的，它不反映新的语义，因此若不特别声明，我们总是讨论非平凡函数依赖。

3．完全函数依赖与部分函数依赖

定义 6.3 在 R(U)中，如果 X→Y，并且对于 X 的任何一个真子集 X′，都有 X′↛Y，则称 Y 对 X **完全函数依赖**，记作：$X \xrightarrow{f} Y$。

如果 X→Y，但不完全函数依赖于 X，则称 Y 对 X **部分函数依赖**，记作：$X \xrightarrow{P} Y$。

4．传递函数依赖

定义 6.4 在 R(U)中，如果 X→Y，Y→Z，且 Y⊄X，Y↛X，则称 **Z 传递函数依赖于 X**，记作 $X \xrightarrow{传递} Z$。

在这里加上条件 Y↛X，是因为如果 Y→X，则 X←→Y，实际上就是 $X \xrightarrow{直接} Y$，是直接函数依赖，而不是传递函数依赖了。

例如，在上述关系 WAE（仓库号，所在区域，区域主管，设备号，数量）中，存在非平凡函数依赖：仓库号→所在区域，所在区域→区域主管，（仓库号，设备号）→数量。其中有完全函数依赖：（仓库号，设备号）$\xrightarrow{f}$ 数量，另外，根据：仓库号→所在区域，所在区域→区域主管，可以得到传递函数依赖：仓库号 $\xrightarrow{传递}$ 区域主管。

6.2.2 码

前面章节给出了关系模式的码的非形式化定义，这里使用函数依赖的概念来严格定义关系模式的码。

定义 6.5 设 K 为 R<U, F>中的属性或属性组合。若 $K \xrightarrow{f} U$，则 K 为 R 的**候选码**（Candidate Key）。若候选码多于一个，则选定其中的一个为**主键**（Primary Key）。

包含在任何一个候选码中的属性，叫做**主属性**（Prime Attribute）。不包含在任何码中的属性叫做**非主属性**（Nonprime Attribute）或**非码属性**（Non-key Attribute）。最简单的情况，单个属性是码。最极端的情况，整个属性组是码，称为**全码**（All-key）。

例如，在上述关系 WAE 中，（仓库号，设备号）$\xrightarrow{f}$ U，所以（仓库号，设备号）是该关系的码。

定义 6.6 关系模式 R 中属性或属性组 X 并非 R 的码，但 X 是另一个关系模式 S 的码，则称 X 为 R 的**外键**（Foreign Key）。

6.3 规范化

规范化的理论是 E. F. Codd 于 1971 年提出的，目的是要设计"好的"关系数据库模式，其基本思想是消除关系模式中的数据冗余，消除数据依赖中的不合适的部分，以解决数据插入、删除时发生的异常现象。这就要求关系数据库设计出来的关系模式要满足一定的

条件。

我们把关系数据库的规范化过程中为不同程度的规范化要求设立的不同标准称为**范式**（Normal Form）。根据关系模式满足的不同性质和规范化的程度，把关系模式分为第一范式（1NF）、第二范式（2NF）、第三范式（3NF）、BC 范式（BCNF）、第四范式（4NF），直到第五范式（5NF）。各种范式存在着以下联系：

$$1NF \supset 2NF \supset 3NF \supset BCNF \supset 4NF \supset 5NF$$

通常情况下，我们把某一模式 R 的第 n 范式简记为 R∈nNF。一个低一级别的关系模式通过模式分解可以转化为若干个高一级别范式的关系模式的集合，这种过程就叫规范化。

6.3.1　第一范式

定义 6.7　如果关系模式 R 的所有属性均为简单属性，即每个属性都是不可再分的，则称 R 属于**第一范式**，简称 1NF，记作 R∈1NF。

目前世界上几乎所有商用关系数据库管理系统都规定关系的属性是原子性的，也就是要求关系都为第一范式。因此，数据库语言的语法决定了关系必须是第一范式。不满足第一范式的数据库模式不能称为关系数据库。

然而，一个关系模式仅仅满足于属于第一范式是不够的。前面探讨的关系模式 WAE 属于第一范式，但它具有大量的数据冗余和插入异常、删除异常、更新异常等弊端。为什么会存在这种问题呢？我们来分析一下 WAE 中的函数依赖关系，它的码是（仓库号，设备号）这一属性集，所以有：

（仓库号，设备号）$\xrightarrow{f}$ 数量

仓库号 → 所在区域，（仓库号，设备号）$\xrightarrow{p}$ 所在区域

仓库号 $\xrightarrow{t}$ 区域主管，（仓库号，设备号）$\xrightarrow{t,p}$ 区域主管

由此可见，关系 WAE 中，既存在非主属性对码的完全函数依赖，又存在非主属性对码的部分函数依赖和传递函数依赖。正是由于关系中存在着复杂的函数依赖，才导致数据操作中出现了种种弊端，出现了例 6.1 中提到的 4 个问题。因而有必要用投影运算将关系分解，去掉过于复杂的函数依赖，向高一级的范式转化。

6.3.2　第二范式

定义 6.8　如果关系模式 R∈1NF，且每个非主属性都完全函数依赖于 R 的码，则称 R 属于**第二范式**，简称 2NF，记作 R∈2NF。

在上述关系 WAE 中，仓库号、设备号为主属性，所在区域、区域主管和数量为非主属性。经过分析，我们发现存在着非主属性对码的部分函数依赖，故 WAE∉2NF。

为了消除部分函数依赖，采用投影分解法，把 WAE 分解为两个关系模式：

WE（仓库号，设备号，数量）

WA（仓库号，所在区域，区域主管）

其中，WE 的码为（仓库号，设备号），函数依赖为：

（仓库号，设备号）$\xrightarrow{f}$ 数量

WA 的码为仓库号，非主属性为所在区域和区域主管，函数依赖为：

仓库号→所在区域，所在区域→区域主管，仓库号 $\overset{t}{\longrightarrow}$ 区域主管

显然，在分解后的关系模式中，非主属性都完全函数依赖于码。例 6.1 中提到的 4 个问题在一定程度上得到了解决：

- 如果某个仓库刚刚建成，尚未有设备存入，该仓库的记录可以插入到 WA 中。
- 如果某个仓库被清空，仍不会影响该仓库信息在 WA 中的记录。
- 由于仓库存储情况与仓库的基本情况分开存储在两个关系中，因此无论该仓库中存储多少种设备，仓库信息在 WA 中都只存储 1 次，这就大大减少了数据冗余。

但同时我们也看到，WA 关系中也存在着一定的异常：

- 若某个区域刚刚设立还没有仓库，则所在区域和区域主管的值无法插入，造成插入异常。
- 有一定的数据冗余，当多个仓库处于同一个区域时，区域主管的值被多次存储。
- 若某区域要更换区域主管，则要逐一地修改该区域的所有区域主管记录，稍有不慎，就有可能漏改某些记录，造成更新异常。

因此，WA 仍不是一个好的关系模式。

6.3.3　第三范式

定义 6.9　如果关系模式 R∈2NF，且每个非主属性都不传递函数依赖于 R 的候选码，则称 R 属于**第三范式**，简称 3NF，记作 R∈3NF。

对于关系模式 WA（仓库号，所在区域，区域主管），存在的函数依赖为：仓库号→所在区域，所在区域→区域主管，仓库号 $\overset{t}{\longrightarrow}$ 区域主管，主码为仓库号，主属性为仓库号，非主属性为所在区域及区域主管。由于存在着非主属性区域主管对码仓库号的传递函数依赖，故 WA∉3NF。

同样，我们采用投影分解法，把 WA 分解为两个关系模式：

W（仓库号，所在区域）
A（所在区域，区域主管）

在 W 关系中，存在函数依赖：仓库号→所在区域，码为仓库号，在 A 关系中，存在函数依赖：所在区域→区域主管，码为所在区域。这两个关系模式均满足 3NF，原关系中的某些数据冗余也不存在了。

WAE 规范到 3NF 后，所存在的异常现象已经全部消失。但是，3NF 只规定了非主属性对码的依赖关系，而没有限制主属性对码的依赖关系。如果发生了这种依赖，仍有可能存在数据冗余、插入异常、删除异常和更新异常的情况。

为了消除主属性对码的依赖关系，1974 年，Boyce 和 Codd 共同提出了一个新范式的定义，这就是 Boyce-Codd 范式，通常简称 BCNF 或 BC 范式。

6.3.4　BC 范式

定义 6.10　如果关系模式 R∈1NF，且对于所有的函数依赖 X→Y（Y∉X），决定因素

X 都包含了 R 的一个候选码,则称 **R 属于 BC 范式**(Boyce-Codd Normal Form),简称 BCNF,记作 R∈BCNF。

作为一个满足 BCNF 的关系模式,它具有如下 3 个性质:

- 所有非主属性都完全函数依赖于每个候选码。
- 所有主属性都完全函数依赖于每个不包含它的候选码。
- 没有任何属性完全函数依赖于非码的任何一组属性。

由上面的定义可知 BC 范式既检查非主属性,又检查主属性,显然比第三范式限制更要严格。当我们只检查非主属性而不检查主属性时,就成了第三范式。因此可以说任何满足 BC 范式的关系都必然满足第三范式。

在上述关系 W 和 A 中,都只有一个主键,以作为唯一的候选码,且都只有一个函数依赖,为完全函数依赖,符合 BC 范式的条件,所以 W 和 A 都满足 BC 范式。

【例 6.2】 关系模式 SPJ(学号,课程号,名次),假设每一个学生选修每门课程的成绩都有一个名次,每门课程中每一个名次只有一个学生(即没有并列名次)。由语义可以得到下面的函数依赖:

（学号，课程号）→名次,（名次，课程号）→学号

所以（学号，课程号）与（名次，课程号）都可以作为候选码。这个关系模式中显然没有非主属性,所以也不存在非主属性对码的部分或传递函数依赖,所以 SPJ∈3NF。而且除了（学号，课程号）与（名次，课程号）外没有其他的决定因素,所以 SPJ∈BCNF。

再举一属于 3NF 但不属于 BCNF 的例子。

【例 6.3】 假设有关系模式:电力设备管理 WES(仓库号,设备号,职工号),它所包含的语义如下:

① 一个仓库可以有多个职工。
② 一名职工仅在一个仓库工作。
③ 在每个仓库,一种设备仅由一名职工保管,但每个职工可以保管多种设备。

根据以上语义有函数依赖:职工号→仓库号,（仓库号，设备号）→职工号,该关系模式的码是（仓库号，设备号）,根据范式的定义,该模式是 3NF,因为不存在非主属性对码的传递函数依赖,但不是 BCNF,因为职工号是决定因素,但职工号不包含候选码。

给出 WES 的一个关系实例,如图 6.3 所示,我们仍可发现一些问题,例如某位职工刚分配到一个仓库工作,但尚未负责具体设备,这样的信息就无法插入。另外,如果插入如下的记录:('WH3', 'E7', 'S4'),这样职工 S4 将同时属于 WH3 和 WH2,这是违背第②条语义的,但却无法防止。

解决以上问题的方法仍然是模式分解,如分解为 WS(仓库号,职工号),WE(职工号,设备号),这样可以解决上述提到的问题,而且 WS、WE 都是 BCNF。但是这样的分解破坏了第③条语义,即函数依赖关系（仓库号，设备号）→职工号在模式分解后丢失。

6.3.5　多值依赖与第四范式

上面讨论的都是函数依赖范畴内的关系模式的范式问题。一个关系模式达到 BCNF 以后是否很完美了呢? 看一看下面的例子。

仓库号	设备号	职工号
WH1	E1	S1
WH1	E2	S1
WH1	E3	S1
WH1	E4	S2
WH1	E5	S2
WH1	E6	S2
WH1	E7	S2
WH2	E4	S3
WH2	E1	S3
WH2	E3	S4
WH2	E2	S4
WH2	E7	S4
WH3	E5	S5
WH3	E6	S5
WH3	E8	S5

图 6.3 WES 的一个实例

对例 6.3 中提到的关系模式：电力设备管理 WES（仓库号，设备号，职工号），给它赋予新的语义如下：

① 一个仓库可以有多个职工，每个职工可以管理一个仓库中的多种设备。

② 一名职工可以管理多个仓库的设备。

③ 每种设备可以存放在多个仓库。

我们可以用一个非规范化的关系来表示三者之间的关系，如图 6.4 所示。

仓库	职工	设备
WH1	{ S1 S2	{ E1 E2 E3
WH2	{ S1 S3	{ E2 E3

图 6.4 规范前的关系

如果把图 6.4 转化成规范化的关系，如图 6.5 所示。

仓库	职工	设备
WH1	S1	E1
WH1	S1	E2
WH1	S1	E3
WH1	S2	E1
WH1	S2	E2
WH1	S2	E3
WH2	S1	E2
WH2	S1	E3
WH2	S3	E2
WH2	S3	E3

图 6.5 规范后的关系

很显然，该关系模式具有唯一的候选码（仓库号，设备号，职工号），即全码，因而属于 BCNF。但该模式仍存在着一些问题：

（1）数据冗余：仓库号、设备号、职工号的信息被多次存储。

（2）插入异常：例如职工 S4 被分配到 WH1 仓库工作，这时必须插入三个元组：（'WH1','S4','E1'）（'WH1','S4','E2'）（'WH1','S4','E3'）。

（3）更新异常：职工 S1 换成职工 S6，则要修改多行记录。

（4）删除异常：如果 E3 不再存放在 WH1 仓库中，这时要删除多个元组（'WH1','S1','E3'）（'WH1','S2','E3'）（'WH1','S4','E3'）。

BCNF 的关系模式 WES 之所以会产生上述问题，主要基于以下两个原因：

（1）对于一个"仓库"值，如 WH1，有多个"设备"值与之对应。

（2）仓库与设备的对应关系与职工无关。

从上述两个方面可以看出，仓库与设备之间的联系显然不是函数依赖，在此我们称为多值依赖（Multivalue Dependence，MVD）。

定义 6.11 设 R(U) 是属性集 U 上的一个关系模式。X，Y，Z 是 U 的子集，并且 Z=U–X–Y。关系模式 R(U) 中**多值依赖 X→→Y** 成立，当且仅当对 R(U) 的任一关系 r，给定的一对（x，z）值，有一组 Y 的值，这组值仅仅决定于 x 值而与 z 值无关。

如果 X→→Y，而 Z=Φ，则称 X→→Y 为平凡的多值依赖。否则称 X→→Y 为非平凡的多值依赖。

结合上面的电力设备管理关系模式，很显然存在着非平凡的多值依赖：仓库→→设备，仓库→→职工。

多值依赖具有如下性质：

- 对称性。若 X→→Y，则 X→→Z，其中 Z=U–X–Y。
- 传递性。若 X→→Y，Y→→Z，则 X→→Z–Y。
- 合并性。若 X→→Y，X→→Z，则 X→→YZ。
- 分解性。若 X→→Y，X→→Z，则 X→→（Y∩Z），X→→Z−Y，X→→Y−Z 均成立。即：如果两个相交的属性子集均多值依赖于另一个属性子集，则这两个属性子集因相交而分割成的三部分也都多值依赖于该属性子集。
- 函数依赖可看做多值依赖的特例。即若 X→Y，则 X→→Y。这是因为当 X→Y 时，对 X 的每一个值 x，Y 有一个确定的值 y 与之对应，所以 X→→Y。

有了多值依赖，是否意味着不需要函数依赖了呢？恰恰相反，一般来讲，不仅要找出关系模式中的所有多值依赖，而且还要找出关系模式中的所有函数依赖。这样，一个完整的关系模式就可能包含一个函数依赖集，又包含一个多值依赖集。

从上面的例子可以看出，一个存在多值依赖的关系模式存在着严重的数据异常现象，如果把它分解为两个关系：WS（仓库，职工）和 WE（仓库，设备），它们的数据异常情况会得到很好的解决。

在职工关系模式中，虽然也有仓库→→职工，但它是平凡的多值依赖，同样设备关系模式中也存在平凡的多值依赖仓库→→设备。为此，我们引入第四范式（4NF）的概念：

定义 6.12 关系模式 R<U,F>∈1NF，如果对于 R 的每个非平凡多值依赖 X→→Y（Y∉X），X 都含有码，则称 R<U,F>∈4NF。

通过 4NF 的定义可知，4NF 就是限制关系模式的属性之间不允许有非平凡且非函数依赖的多值依赖。

在前面讨论的 WES 关系模式中，仓库→→职工，仓库→→设备，它们都是非平凡的多值依赖。而仓库不是码，关系模式的码是（仓库，职工，设备），故该模式不是 4NF。分解后的关系 WS 和 WE 中虽然分别有仓库→→职工，仓库→→设备，但它们都是平凡的多值依赖，且都不是函数依赖，因此此都是 4NF。

6.3.6　关系模式规范化

在关系数据库中，对关系模式的最基本的规范化要求就是每个分量不可再分，在此基础上逐步消除不合适的数据依赖。

关系模式的规范化具体可分为以下几步：

（1）对 1NF 关系进行投影，消除原关系中非主属性对码的部分函数依赖，将 1NF 关系转换为若干个 2NF 关系。

（2）对 2NF 关系进行投影，消除原关系中非主属性对码的传递函数依赖，将 2NF 关系转换为若干个 3NF 关系。

（3）对 3NF 关系进行投影，消除原关系中主属性对码的部分函数依赖和传递函数依赖，（即决定因素都包含一个候选码），得到一组 BCNF 关系。

上述三步可以概括为一步：对原关系进行投影，消除决定属性不是候选码的任何函数依赖。

（4）对 BCNF 关系进行投影，消除原关系中非平凡且非函数依赖的多值依赖，得到一组 4NF 关系。

其基本步骤如图 6.6 所示。

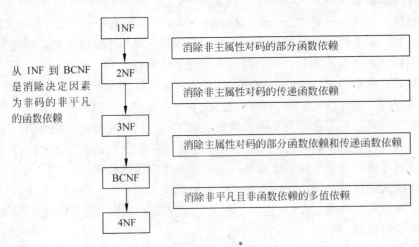

图 6.6　规范化过程

在数据库规范化过程中，如果范式过低可能会存在插入异常、删除异常、更新异常、数据冗余等问题，需要转换为高一级的范式。但这并不意味着规范化程度越高的关系模式就越好，例如当我们对数据库的操作主要是查询而更新较少时，为了提高查询效率，可能宁愿保留适当的数据冗余，让关系模式中的属性多些，而不愿把模式分解得太小，否则为了查询一些数据，常常要做大量的连接运算，这样会花费大量时间，或许得不偿失。因此，保留适量冗余，达到以空间换时间的目的，这也是模式分解的一个重要原则。

6.4　函数依赖的公理系统

W. W. Armstrong 在 1974 年提出了函数依赖的一套推理规则，即 Armstrong 公理系统。数据依赖的一个有效而完备的公理是模式分解算法的理论基础。

6.4.1　Armstrong 公理系统

定义 6.13　对于满足一组函数依赖 F 的关系模式 R<U, F>，其任何一个关系 r，若函数依赖 X→Y 都成立（即 r 中任意两元组 t，s，若 t[X]=s[X]，则 t[Y]=s[Y]），则称 **F 逻辑蕴涵 X→Y**。

Armstrong 公理：设关系模式 R<U, F>，其中 U 为属性集，F 是 U 上的一组函数依赖，那么有如下推理规则：

- A1 自反律（Reflexivity）：若 $Y \subseteq X \subseteq U$，则 X→Y 为 F 所蕴涵。
- A2 增广律（Augmentation）：若 X→Y 为 F 所蕴涵，且 $Z \subseteq U$，则 XZ→YZ 为 F 所蕴涵。
- A3 传递律（Transitivity）：若 X→Y，Y→Z 为 F 所蕴涵，则 X→Z 为 F 所蕴涵。

根据上述三条推理规则又可推出下述三条推理规则：

- 合并规则：若 X→Y，X→Z，则 X→YZ 为 F 所蕴涵。
- 伪传递律：若 X→Y，WY→Z，则 XW→Z 为 F 所蕴涵。
- 分解规则：若 X→Y，$Z \subseteq Y$，则 X→Z 为 F 所蕴涵。

6.4.2　闭包

根据上述合并规则和分解规则，我们很容易得到这样一个重要事实：

引理 6.1　$X→A_1A_2 \cdots A_k$ 成立的充分必要条件是 $X→A_i$ 成立（i=1，2，…，k）。

由该引理可以得出函数依赖的闭包 F^+ 和属性的闭包 X_F^+ 的定义：

定义 6.14　关系模式 R<U, F>中为 F 所蕴涵的函数依赖的全体称为 **F 的闭包**，记为：F^+。

定义 6.15　设 F 为属性集 U 上的一组函数依赖，$X \subseteq U$，$X_F^+ = \{A | X→A$ 能由 F 根据 Armstrong 公理导出}，则称 X_F^+ 为**属性集 X 关于函数依赖集 F 的闭包**。

引理 6.2　设 F 为属性集 U 上的一组函数依赖，$X \subseteq U$，$Y \subseteq U$，X→Y 能由 F 根据 Armstrong 公理导出的充分必要条件是 $Y \subseteq X_F^+$。

这样，判定 X→Y 是否由 F 根据 Armstrong 公理导出的问题，就转化为求 X_F^+，判定 Y 是否为 X_F^+ 的子集的问题。这一问题可由如下算法解决。

算法 6.1　求属性集 X（X⊆U）关于 U 上的函数依赖集 F 的闭包 X_F^+。

输入：X，F

输出：X_F^+

步骤：

（1）令 $X^{(0)}$=X，i=0；

（2）求 B，这里 B= {A | （∃v）（∃w）（VW∈F∧V⊆$X^{(i)}$∧A∈W）}；

（3）$X^{(i+1)}$ = B∪$X^{(i)}$；

（4）判断 $X^{(i+1)}$ = $X^{(i)}$ 是否成立；

（5）若相等，或 $X^{(i)}$ = U，则 $X^{(i)}$ 为属性集 X 关于函数依赖集 F 的闭包。且算法终止；

（6）若不相等，则 i=i+1，返回第二步。

【例 6.4】　已知关系模式 R<U，F>，U= {A，B，C，D，E}，F= {A→B，D→C，BC→E，AC→B}，求 $(AE)_F^+$ 和 $(AD)_F^+$。

解：先求 $(AE)_F^+$：

由上述算法，设 $X^{(0)}$=AE。

计算 $X^{(1)}$：逐一扫描 F 中的各个函数依赖，找到左部为 A、E 或 AE 的函数依赖，得到一个：A→B。故有 $X^{(1)}$ = AE∪B=ABE。

因为 $X^{(0)}$ ≠ $X^{(1)}$，继续。

计算 $X^{(2)}$：逐一扫描 F 中的各个函数依赖，找到左部为 ABE 或 ABE 子集的函数依赖，因为找不到为这样的函数依赖，所以，$X^{(1)}$ = $X^{(2)}$。算法终止，$(AE)_F^+$=ABE。

再求 $(AD)_F^+$：设 $X^{(0)}$=AD。

计算 $X^{(1)}$：逐一扫描 F 中的各个函数依赖，找到左部为 A、D 或 AD 的函数依赖，得到两个：A→B，D→C 函数依赖。故有 $X^{(1)}$ = AD∪BC=ABCD。

计算 $X^{(2)}$：逐一扫描 F 中的各个函数依赖，找到左部为 ABCD 或 ABCD 子集的函数依赖，得到两个：BC→E，AC→B 函数依赖。故有 $X^{(2)}$ = ABCD∪E。所以，$X^{(2)}$ =ABCDE=U。算法终止，$(AD)_F^+$=ABCDE。

6.4.3　函数依赖集的等价和最小化

从蕴涵的概念出发，可以引出两个函数依赖集等价和最小函数依赖集的概念。

定义 6.16　一个关系模式 R<U，F>上的两个函数依赖集 F 和 G，如果 F^+=G^+，则称 F 和 G 是**等价**的，记做 F≡G。

若 F≡G，则称 G 是 F 的一个**覆盖**，反之亦然。两个等价的函数依赖集在表达能力上是完全相同的。

引理 6.3　F^+=G^+ 的充分必要条件是 F⊆G^+，G⊆F^+。

定义 6.17　如果函数依赖集 F 满足下列条件，则称 F 为**最小函数依赖集**或**最小覆盖**。

（1）F 中的任何一个函数依赖的右部仅含有一个属性；

（2）F 中不存在这样一个函数依赖 X→A，使得 F 与 F-｛X→A｝等价；

（3）F 中不存在这样一个函数依赖 X→A，X 有真子集 Z 使得 F-｛X→A｝∪｛Z→A｝与 F 等价。

定理 6.1　每个函数依赖集 F 均等价于一个极小函数依赖集 Fm，此 Fm 称为 F 的依赖集。要求最小函数依赖集，可用分解的算法。

算法 6.2　求最小函数依赖集。

输入：一个函数依赖集；

输出：F 的一个等价的最小函数依赖集 G。

步骤：

（1）用分解的规则，使 F 中的任何一个函数依赖的右部仅含有一个属性；

（2）去掉多余的函数依赖：从第一个函数依赖 X→Y 开始将其从 F 中去掉，然后在剩下的函数依赖中求 X 的闭包 X^+，看 X^+ 是否包含 Y，若是，则去掉 X→Y；否则不能去掉，依次做下去。直到找不到冗余的函数依赖；

（3）去掉各依赖左部多余的属性：逐个地检查函数依赖左部非单个属性的依赖 X→Y，设 $X=B_1B_2\cdots B_m$，逐一考查 $B_i(i=1,2,\cdots,m)$，若 $Y\in(X-B_i)_F^+$，则以 $X-B_i$ 取代 X。

【例 6.5】　已知关系模式 R<U, F>，U=｛A，B，C，D，E，G｝；F=｛AB→C，C→A，CG→BD，ACD→B｝，求 F 的最小函数依赖集。

解：（1）利用分解规则，将所有的函数依赖变成右边都是单个属性的函数依赖，得 F 为：

F=｛AB→C，C→A，CG→B，CG→D，ACD→B｝

（2）去掉 F 中多余的函数依赖，具体可分解为以下几步：

① 设 AB→C 为多余的函数依赖，则去掉 AB→C 得：

F_1=｛C→A，CG→B，CG→D，ACD→B｝

因为从 F_1 中找不到左部为 AB 或 AB 子集的函数依赖，则 $(AB)_{F1}^+=\Phi$。所以 AB→C 为非多余的函数依赖，不能去掉。

② 设 CG→B 为多余的函数依赖，则去掉 CG→B 得：

F_2=｛AB→C，C→A，CG→D，ACD→B｝，则 $(CG)_{F2}^+$=ABCDG。

由于 B⊂ABCDG，所以 CG→B 为多余的函数依赖，应从 F 中去掉。去掉 CG→B 后的函数依赖集仍记为 F，F=｛AB→C，C→A，CG→D，ACD→B｝。

同理，可以推导出函数依赖 C→A、CG→D 及 ACD→B 均不能从 F 中去掉。

故有 F=｛AB→C，C→A，CG→D，ACD→B｝。

（3）去掉 F 中各依赖左部多余的属性。

因为存在函数依赖 C→A，故函数依赖 ACD→B 的属性 A 是多余的。得到新的函数依赖集为：

$$F^1=｛AB→C，C→A，CG→D，CD→B｝$$

考查 AB→C，由于 $A_{F^1}^+=A$，$B_{F^1}^+=B$，$A_{F^1}^+$ 和 $B_{F^1}^+$ 中均不包含 C，所以 AB→C 的左边无多余属性。

同理，可以推出 CG→D，CD→B 的左边均无多余属性。

所以，极小函数依赖集 F_{min}=｛AB→C，C→A，CG→D，CD→B｝。

需要注意的是，F 的最小函数依赖集 F_{min} 不一定是唯一的，它与对各函数依赖 FD_i 及 $X{\rightarrow}A$ 中 X 各属性的处理顺序有关。

6.5 模式分解

在数据库规范化过程中，人们为了获得操作性能较好的关系模式，通常把一个关系模式分解为多个关系模式。模式的分解涉及属性的划分和函数依赖集的划分。

6.5.1 模式分解的准则

定义 6.18 设 F 是关系模式 R<U，F>的函数依赖集，$U_1 \subseteq U$，$F_1 = \{X{\rightarrow}Y \mid X{\rightarrow}Y \in F^+ \wedge X, Y \subseteq U_1\}$，称 F_1 是 **F 在 U_1 上的投影**，记为 $F(U_1)$。

由上述定义可以看出，F 投影的函数依赖的左部和右部都在 U_1 中，这些函数依赖可在 F 中出现，也可不在 F 中出现，但一定可由 F 推出。

【例 6.6】 已知关系模式 R<U，F>，$U_1 = \{A, D\} \subseteq U$，$F = \{A{\rightarrow}B, B{\rightarrow}C, C{\rightarrow}D, BC{\rightarrow}A\}$，求 F 在 U_1 上的投影。

解： 在 F 中没有左部和右部都在 U_1 中的函数依赖。但由 $A{\rightarrow}B$，$B{\rightarrow}C$，$C{\rightarrow}D$ 可以得出 $A{\rightarrow}D \in F^+$，所以 $F(U_1) = \{A{\rightarrow}D\}$。

定义 6.19 关系模式 R<U，F>的一个分解是指 $\rho = \{R_1(U_1, F_1), R_2(U_2, F_2), \cdots, R_n(U_n, F_n)\}$，其中：$U = \bigcup\limits_{i=1}^{n} U_i$，并且没有 $U_i \subseteq U_j$，$1{\leqslant}i, j{\leqslant}n$，Fi 是 F 在 Ui 上的投影。其中 $F_i = \{X{\rightarrow}Y \mid X{\rightarrow}Y \in F^+ \wedge X, Y \subseteq U_i\}$。

对于模式分解有如下说明：

（1）分解是完备的，U 中的属性全部分散在分解 ρ 中。

（2）在分解中，由于 U_i 的属性构成不同，可能使某些函数依赖消失，即不能保证分解对函数依赖集 F 是完备的，但应尽量保留 F 所蕴涵的函数依赖，所以对每一个子模式 R_i 均取 F 在 U_i 上的投影。

（3）分解是不相同的，不允许在 ρ 中出现一个子模式 U_i 被另一个子模式 U_j 包含的情况。

（4）当需要对若干个关系模式进行分解时，可分别对每个关系模式进行分解。

对一个给定的模式进行分解，使得分解后的模式是否与原来的模式等价，其判定的准则有三种情况：

* 分解要保持函数依赖；
* 分解具有无损连接性；
* 分解既要具有无损连接性，又要保持函数依赖。

按照不同的分解准则，模式所能达到的分离程度各不相同，各种范式就是对分离程度的测度。

6.5.2　分解的函数依赖保持性和无损连接性

首先我们来看一个模式分解的例子。

【例 6.7】 已知关系模式 R<U，F>，其中 U={仓库号，所在区域，区域主管，设备号，数量}，F={仓库号→所在区域，所在区域→区域主管，（仓库号，设备号）→数量}。

R<U，F>的一个分解 ρ_1：U_1={仓库号，所在区域}，F_1={仓库号→所在区域}；U_2={所在区域，区域主管}，F_2={所在区域→区域主管}；U_3={仓库号，设备号，数量}，F_3={仓库号，设备号）→数量}。此时 $F_1 \cup F_2 \cup F_3 = F$，该分解没有丢失函数依赖。

R<U，F>的另一个分解 ρ_2：U_1={仓库号，所在区域，区域主管}，F_1={仓库号→所在区域，所在区域→区域主管}；U_2={设备号，数量}，F_2=Φ。此时 $F_1 \cup F_2 \neq F$，F 中每个仓库的每种设备都有一个库存数量的语义丢失了。

由此可见，不会因模式分解而丢失函数依赖是分解的一个重要标准。

定义 6.20　设 $\rho = \{R_1<U_1, F_1>, R_2<U_2, F_2>, \cdots, R_n<U_n, F_n>\}$ 是关系模式 R<U，F>上的一个分解。若 $\bigcup_{i=1}^{n} F_i^+ = F^+$，则称分解 ρ 具有**函数依赖保持性**。

如对上述例 6.7 的分解 ρ_1 就是一个保持函数依赖的分解。在分解 ρ_1 中，保留了 R<U，F>中的所有语义，即所有函数依赖。函数依赖的保持性反映了模式分解的依赖等价原则。依赖等价保证了分解后的模式与原有的模式数据语义上的一致性。

在模式分解时，除了希望保持函数依赖外，还希望分解后的关系再连接时能恢复到分解前的状态，这就是所谓无损连接分解。

定义 6.21　设 $\rho = \{R_1<U_1, F_1>, R_2<U_2, F_2>, \cdots, R_n<U_n, F_n>\}$ 是关系模式 R<U，F>上的一个分解。若任何属于 R<U，F>的关系 r，令 $r_1 = \pi_{R_1}(r)$，$r_2 = \pi_{R_2}(r)$，$\cdots$，$r_n = \pi_{R_n}(r)$，有 $r = r_1 \bowtie r_2 \bowtie \cdots \bowtie r_n$ 成立，则称分解 ρ 具有**无损连接性**。

在这里，$\pi_{R_i}(r)$ (i=1，2，$\cdots$，n)是 r 在 U_i 上的投影。

一个分解可能只满足函数依赖或只满足无损连接，或同时满足二者。最理想的情况是同时满足二者，次之是满足无损连接性。看下面的例子：

【例 6.8】 设关系模式 R<U，F>中 U={ S，T，U，V}，F= {S→T，U→V}。请分析下列分解 ρ 的函数依赖保持性和无损连接性：

ρ：U_1={ S，T }，F_1= {S→T}。

$\quad\quad$ U_2={ U，V }，F_2= {U→V}。

解：因为 $F_1 \cup F_2 = F$，故 ρ 具有函数依赖保持性，但 ρ 不具有无损连接性，例如，我们可以对 r 进行如下分析：

r:	S	T	U	V
	s_1	t_1	u_1	v_1
	s_2	t_2	u_2	v_2

r1:	
S	T
s_1	t_1
s_2	t_2

r2:	
U	V
u_1	v_1
u_2	v_2

$r_1 \bowtie r_2$:	S	T	U	V
	s_1	t_1	u_1	v_1
	s_1	t_1	u_2	v_2
	s_2	t_2	u_1	v_1
	s_2	t_2	u_2	v_2

很显然 $r \neq r_1 \bowtie r_2$，故 ρ 不是无损连接分解。

采用上述定义 6.21 来鉴别一个分解的无损性是比较困难的，定理 6.2 和算法 6.3 将给出判别的方法。

定理 6.2　设 R<U, F>，ρ= {$R_1<U_1, F_1>$, $R_2<U_2, F_2>$} 是 R 的一个分解，F 是 R 上的函数依赖，ρ 具有无损连接性的充要条件为：

$$(U_1 \cap U_2) \to (U_1 - U_2) \in F^+$$

或

$$(U_1 \cap U_2) \to (U_2 - U_1) \in F^+$$

【例 6.9】　设 R<U, F>，U={A, B, C}，F={A→B, C→B}，分解 ρ_1={AB, BC}，则：

$$U_1 \cap U_2 = B, \quad U_1 - U_2 = A, \quad B \to A \notin F^+$$

$$U_2 - U_1 = C, \quad B \to C \notin F^+$$

所以，分解 ρ_1 不具有无损连接性。

分解 ρ_2={AC, BC}，则：

$$U_1 \cap U_2 = C, \quad U_1 - U_2 = A, \quad C \to A \notin F^+$$

$$U_2 - U_1 = B, \quad C \to B \in F^+$$

所以，分解 ρ_2 具有无损连接性。

算法 6.3　判别一个分解的无损连接性。

设 ρ= {$R_1<U_1, F_1>$, $R_2<U_2, F_2>$, …, $R_k<U_k, F_k>$} 是关系模式 R<U, F>上的一个分解，U= {A_1, A_2, …, A_n}，F= {FD_1, FD_2, …, FD_p}，设 F 是一个最小函数依赖集，记函数依赖 FD_i 为 $X_i \to A_{1j}$，则判定步骤如下：

（1）建立一张 n 列 k 行的表，每一列对应一个属性，每一行对应分解中的一个关系模式。若属性 $A_j \in U_i$，则在 j 列 i 行上填上 a_j，否则填上 b_{ij}。

（2）对于每一个 FD_i 做如下操作：找到 X_i 所对应的列中具有相同符号的那些行。考察这些行中 l_i 列的元素，若其中有 a_{li}，则全部改为 a_{li}，否则全部改为 b_{mli}，m 是这些行的行号最小值。

应当注意的是，若某个 b_{tli} 被更改，那么该表的 li 列中凡是 b_{tli} 的符号（不管它是开始找到的哪些行）均应做相应的更改。

如果在某次更改后，有一行成为 a_1, a_2, …, a_n，则算法终止。ρ 具有无损连接性，否则 ρ 不具有无损连接性。

对 F 中 p 个 FD 逐一进行一次这样的处理，称为对 F 的一次扫描。

（3）比较扫描前后表有无变化，如有变化，则返回第（2）步，否则算法终止。若发生循环，那么前次扫描至少应使该表减少一个符号，表中符号有限，因此，循环必然终止。

【例 6.10】 设有关系模式 R<U，F>，其中：

U={A，B，C，D，E}，F={A→D，E→D，D→B，BC→D，DC→A}

判断 ρ={AB，AE，CE，BCD，AC }是否为无损连接分解。

解：（1）构造 ρ 的无损连接性的初始判断表如图 6.7（a）所示。

（2）逐一考查 F 中的函数依赖 F={A→D，E→D，D→B，BC→D，DC→A}：

考查 A→D，因为属性列 A 上的 1、2、5 行的值都为 a1，因此可使得属性列 D 上对应的值全相同，例如将 b24、b54 改为 b14，如图 6.7（b）所示。

考查 E→D，因为属性列 E 的第 2、3 行的值为 a5，因此 D 属性列上对应的值也相等，可将 b34 改为 b14，如图 6.7（c）所示。

考查 D→B，因为 D 列上第 1、2、3、5 行的值相同，均为 b14，因此 B 列上对应行的值也应相同，将 b22、b32、b52 全改为 a2，如图 6.7（d）所示。

考查 BC→D，BC 列的第 3、4、5 行值相同，均为 a2、a3，可使得 D 列的第 3、4、5 行的值全为 a4，如图 6.7（e）所示。

考查 DC→A，DC 列上第 3、4、5 行的值相同，都为 a3、a4，所以可使得 b31、b41 全改为 a1，如图 6.7（f）所示。

（3）因为第 3 行已出现了 a1，a2，…，a5 这样的行，因此此分解具有无损连接性。

Ri	A	B	C	D	E
AB	a1	a2	b13	b14	b15
AE	a1	b22	b23	b24	a5
CE	b31	b32	a3	b34	a5
BCD	b41	a2	a3	a4	b45
AC	a1	b52	a3	b54	b55

（a）

Ri	A	B	C	D	E
AB	a1	a2	b13	b14	b15
AE	a1	b22	b23	b14	a5
CE	b31	b32	a3	b34	a5
BCD	b41	a2	a3	a4	b45
AC	a1	b52	a3	b14	b55

（b）

Ri	A	B	C	D	E
AB	a1	a2	b13	b14	b15
AE	a1	b22	b23	b14	a5
CE	b31	b32	a3	b14	a5
BCD	b41	a2	a3	a4	b45
AC	a1	b52	a3	b14	b55

（c）

图 6.7 无损连接分解的判定

Ri	A	B	C	D	E
AB	a1	a2	b13	b14	b15
AE	a1	a2	b23	b14	a5
CE	b31	a2	a3	b14	a5
BCD	b41	a2	a3	a4	b45
AC	a1	a2	a3	b14	b55

（d）

Ri	A	B	C	D	E
AB	a1	a2	b13	b14	b15
AE	a1	a2	b23	b14	a5
CE	b31	a2	a3	a4	a5
BCD	b41	a2	a3	a4	b45
AC	a1	a2	a3	a4	b55

（e）

Ri	A	B	C	D	E
AB	a1	a2	b13	b14	b15
AE	a1	a2	b23	b14	a5
CE	a1	a2	a3	a4	a5
BCD	a1	a2	a3	a4	b45
AC	a1	a2	a3	a4	b55

（f）

图 6.7 （续）

6.5.3　模式分解的算法

针对上述模式分解的准则，规范化理论提供了一套完整的模式分解的算法，按照这套算法可以做到：

（1）若要求分解保持函数依赖，那么模式分解一定能够达到 3NF，但不一定能够达到 BCNF。

（2）若要求分解既具有无损连接性，又保持函数依赖，则模式分解一定能够达到 3NF，但不一定能够达到 BCNF。

（3）若要求分解具有无损连接性，那么模式分解一定能够达到 4NF。

它们将分别由算法 6.4、算法 6.5 和算法 6.6 来实现。

算法 6.4 转换为 3NF 的保持函数依赖的分解。

给定关系模式 R<U，F>，求分解 ρ，$\rho = \{ R_1<U_1, F_1>, R_2<U_2, F_2>, \cdots, R_n<U_n, F_n> \}$，使得 ρ 中的关系模式 R_i 满足 3NF，且 $\bigcup_{i=1}^{n} F_i^+ = F^+$ 成立。该算法可分为 4 步：

（1）求 F 的最小函数依赖集 F_{min}。

（2）分组。

对 F_{min} 中的函数依赖按左边相同原则进行分组。设可分为 m 组，U_1，U_2，$\cdots$，U_m，

它们分别是以 X_1，X_2，…，X_m 为左部的函数依赖集分组后得到的属性集。

（3）吸收。

在 $\{U_1, U_2, …, U_m\}$ 中，若存在 $U_i \subseteq U_j$（$i \neq j$，$i, j=1, 2, …, m$），则用 U_j 吸收 U_i，去掉 U_i，经过吸收后，得到 $U_1, U_2, …, U_k$（$k \leqslant m$），使得在 $\{U_1, U_2, …, U_k\}$ 中不存在 $U_i \subseteq U_j$（$i \neq j$，$i, j=1, 2, …, k$）。

（4）对不在 F 中出现的属性，把它们单独作为一组，记为 U_0。

通过以上四步，所得到的分解为保持函数依赖的 3NF 分解。

【例 6.11】 对于给定的关系模式 R<U, F>，U={A, B, C, D, E}，F= {AB→C, A→B, D→BC, C→B}。求 R 保持函数依赖的 3NF 分解。

解：（1）求 F 的最小函数依赖集 F_{min}。

① 将所有的函数依赖变成右边都是单个属性的函数依赖：

F_1= {AB→C, A→B, D→B, D→C, C→B}。

② 去掉多余的函数依赖得：

F_2= {AB→C, A→B, D→C, C→B}。

③ 去掉 F_2 中各依赖左边多余的属性得：

F_3= {A→C, A→B, D→C, C→B}。

对 F_3 进行分析，发现还存在多余的函数。

④ 去掉 F_3 中多余的函数依赖得：

F_{min}= {A→C, D→C, C→B}。

（2）分组：U_1={A, C}，U_2={D, C}，U_3={B, C}。

（3）吸收：$\{U_1, U_2, U_3\}$ 中不存在需要吸收的子模式。

（4）因为 $E \notin \{A, B, C, D\}$，所以：U_0= {E}。

由此而得到 R 的一个保持函数依赖的分解 ρ 为：

R_0: U_0= {E}，F_0=Φ；

R_1: U_1= {A, C}，F_1= {A→C}；

R_2: U_2= {D, C}，F_2= {D→C}；

R_3: U_3= {B, C}，F_1= {C→B}。

算法 6.5 转换为 3NF 的保持函数依赖和无损连接的分解。

其步骤也分为 4 步：

（1）求 F 的最小函数依赖集 F_{min}。

（2）分组：与算法 6.4 相同。

（3）吸收：与算法 6.4 相同。

（4）若存在 R_i，使得 U_i 中包含 R 的码，则算法结束。否则，令 X 是 R 的码，把 R(X, F_x)添加到分解 ρ 中，算法结束。

【例 6.12】 对于给定的关系模式 R<U, F>，U={A, B, C, D, E}，F= {AB→D, C→B, B→C, BD→A, D→A}。试将 R 保持函数依赖且无损连接地分解到 3NF。

解：（1）求 F 的最小函数依赖集 F_{min}。

F_{min}= {AB→D, C→B, B→C, D→A}。（过程略）

（2）分组：

U_1= {B，C}，F_1= {C→B，B→C}；

U_2= {A，B，D}，F_2= {AB→D，D→A}；

U_3= {A，D}，F_3= {D→A}；

（3）吸收：

由于 $U_3 \subseteq U_2$，去掉 U_3。得到 ρ= {R_1<U_1，F_1>，R_2<U_2，F_2>}。

（4）ABE 是 R 的码，因为 ρ 中各子模式无 R 的码，将 U_3= {A，B，E} 加入 ρ 中，最后得：

ρ：U_1= {B，C}，F_1= {C→B，B→C}；

U_2= {A，B，D}，F_2= {AB→D，D→A}；

U_3= {A，B，E}，F_3=Φ。

算法 6.6 转换为 BCNF 的无损连接分解算法。

其步骤为：

（1）求 F 的最小函数依赖集 F_{min}，令 ρ= {R}。

（2）二项分解：

① 若 ρ 中所有 R_i 是 BCNF 范式，则算法结束，ρ 为所要求的分解，否则转②。

② 若存在 $R_i \in ρ$，R_i 不是 BCNF 范式，则在 R_i 的 F_i 上存在函数依赖集 X→Y，且 X 不是 R_i 的码。

③ 对②中已找到的 X→Y 做如下二项分解：

R_{i1}：U_{i1}=X∪Y，F_{i1}=F(u_{i1})；

R_{i2}：U_{i2}=U–Y，F_{i2}=F(u_{i2})。

④ 去掉 R_i，并将 R_{i1} 和 R_{i2} 添加到 ρ 中，即 ρ=ρ∪ {R_{i1}，R_{i2}} – {R_i}。转到①执行。

【例 6.13】 对于给定的关系模式 R<U，F>，设 U={A，B，C，D，E}，F= {ABE→C，BC→E}，求 R 的 BCNF 无损连接的分解。

解：（1）求 F 的最小函数依赖集 F_{min}。

F 已经是最小函数依赖集，有 F_{min}=F。

（2）二项分解：

由于 R 的候选码为 ABCD 及 ABDE，所以函数依赖 ABE→C 及 BC→E 的左边均不包含码，所以 R∉BCNF。选择 BC→E 作二项分解：

R_1：U_1= {B，C，E}，F_1= {BC→E}；

R_2：U_2= {A，B，C，D}，F_2=Φ。

R_1 的码为 BC，$R_1 \in$BCNF，R_2 的码为 ABCD（全码），$R_2 \in$BCNF。

故得 R<U，F>的一个 BCNF 分解 ρ：U_1= {B，C，E}，F_1= {BC→E}；U_2= {A，B，C，D}，F_2=Φ。

小　结

本章主要讨论了关系数据库中的模式设计问题。我们首先由关系模式的存储异常问题引出了函数依赖的概念，其中包括完全函数依赖、部分函数依赖和传递函数依赖，这些概念是规范化理论的依据和规范化程度的准则。

一个关系只要其分量不可再分，则满足 1NF；消除 1NF 关系中非主属性对码的部分函数依赖，得到 2NF；消除 2NF 关系中非主属性对码的传递函数依赖，得到 3NF；消除 3NF 关系中主属性对码的部分依赖和传递函数依赖，便可得到一组 BCNF 关系。这 4 种范式讨论的都是函数依赖范畴内的关系模式的范式问题。

对 BCNF 关系进行投影，消除原关系中非平凡且非函数依赖的多值依赖，得到一组 4NF 关系。函数依赖和多值依赖是数据依赖的重要组成部分。数据依赖的理论基础是 Armstrong 公理系统，该系统是正确的、完备的。

关系模式在分解时应保持"等价"，有数据等价和语义等价两种，分别用无损连接分解和保持函数依赖两个特征来衡量。前面能保持关系在投影操作以后，经过连接操作仍能恢复回来，保持不变；后者能保证数据在投影或连接中语义不变，即不违反函数依赖的语义。由此而确定的判定模式分解前后是否等价的准则有保持函数依赖、具有无损连接性和既要具有无损连接性，又要保持函数依赖三种。

习 题

选择题

1. 关系数据库中的二维表至少是（　　）。

    A．1NF   B．2NF   C．3NF   D．BCNF

2. 各级范式之间的关系为（　　）。

    A．1NF⊂2NF⊂3NF⊂BCNF   B．1NF⊂2NF⊂BCNF⊂3NF

    C．1NF⊃2NF⊃3NF⊃BCNF   D．1NF⊃2NF⊃BCNF⊃3NF

3. 属于 1NF 的关系模式消除了部分函数依赖，则必定属于（　　）。

    A．3NF   B．2NF   C．1NF   D．BCNF

4. 关系数据库规范化设计是为解决关系数据库中（　　）问题而引入的。

    A．插入、删除异常和数据冗余   B．提高检索速度

    C．减少数据操作的重复性   D．保证数据的安全性和完整性

5. 二维表的候选码可以有（　　），主键有（　　）。

    A．1 个，1 个   B．0 个，1 个

    C．1 个或多个，1 个或多个   D．多个，1 个

6. 设关系模式 R<U，F>，U 为 R 的属性集合，F 为 U 上的一种函数依赖，则对 R<U，F>而言，如果 $X \to Y$ 为 F 所蕴涵，且 $Z \subseteq U$，则 $XZ \to YZ$ 为 F 所蕴涵。这是函数依赖的（　　）。

    A．传递性   B．合并规则   C．自反律   D．增广律

7. $X \to A_i (i=1,2,\cdots,k)$ 成立是 $X \to A_1 A_2 \cdots A_k$ 成立的（　　）。

    A．充分条件   B．必要条件   C．充要条件   D．既不充分也不必要条件

8. 设一关系模式为：运货路径（顾客姓名，顾客地址，商品名，供应商姓名，供应商

地址），则该关系模式的主键是（　　）。

  A．顾客姓名，供应商姓名   B．顾客姓名，商品名

  C．顾客姓名，商品名，供应商姓名   D．顾客姓名，顾客地址，商品名

 9．设有关系模式 R<U，F>，U 是 R 的属性集合，X，Y 是 U 的子集，则多值函数依赖的传递律为（　　）。

  A．如果 X→Y，且 Y→Z，则 X→Z

  B．如果 X→→Y，Y→→Z，则 X→→（Z–Y）

  C．如果 X→→Y，则 X→→（U–Y–X）

  D．如果 X→→Y，V⊆W，则 WX→→VY

 10．下列有关范式的叙述中正确的是（　　）。

  A．如果关系模式 R∈1NF，且 R 中主属性完全函数依赖于主键，则 R 是 2NF

  B．如果关系模式 R∈3NF，X，Y∈U，若 X→Y，则 R 是 BCNF

  C．如果关系模式 R∈BCNF，若 X→→Y 是平凡的多值依赖，则 R 是 4NF

  D．一个关系模式如果属于 4NF，则一定属于 BCNF；反之则不成立

问答题

1．解释下列术语的含义：

函数依赖、平凡函数依赖、非平凡函数依赖、部分函数依赖、完全函数依赖、传递函数依赖、1NF、2NF、3NF、BCNF、多值依赖、4NF、最小函数依赖集、函数依赖保持性、无损连接性

2．什么叫关系模式分解？模式分解要遵循什么准则？

3．3NF 与 BCNF 的区别和联系是什么？

4．试证明全码（All-Key）的关系必是 3NF，也必是 BCNF。

5．设一关系为：学生（学号、姓名、年龄、所在系、出生日期），判断此关系属于第几范式，为什么？

6．关系规范化一般应遵循的原则是什么？

综合题

1．设关系模式 R(A，B，C，D)。如果规定，关系中 B 值与 D 值之间是一对多联系，A 值与 C 值之间是一对多联系，试写出相应的函数依赖。

2．设关系模式 R(A，B，C)。F 是 R 上成立的函数依赖集，F={A→C，B→C}，求 R 的码和 F 在模式 AB 上的投影。

3．设关系模式 R(A，B，C，D)。F 是 R 上成立的函数依赖集，F={A→B，C→D，D→B}，分析{AD，BC，BD}相对于 R 是否具有无损连接性？

4．试问下列关系模式最高属于第几范式，候选码为什么？并解释原因。

（1）R(A，B，C，D，E)，函数依赖为：AB→CE，E→AB，C→D；

（2）R(A，B，C，D)，函数依赖为：B→D，D→B，AB→C；

（3）R(A，B，C)，函数依赖为：A→B，B→A，A→C；

（4）R(A，B，C，D)，函数依赖为：A→C，D→B。

5．关系 R(A，B，C，D，E，F，G，H，I，J)满足下列函数依赖：

$$\{ABD\rightarrow E, AB\rightarrow G, B\rightarrow F, C\rightarrow J, CJ\rightarrow I, G\rightarrow H\}$$

该函数依赖集是最小函数依赖集吗？给出该关系的候选码。

6. 已知学生关系模式 S(Sno, Sname, SD, Sdname, Course, Grade)，其中：Sno 表示学号，Sname 表示姓名，SD 表示系名，Sdname 表示系主任名，Course 表示课程，Grade 表示成绩。

（1）写出关系模式 S 的基本函数依赖；

（2）求 S 的主键；

（3）将关系模式无损并保持函数依赖地分解成 3NF。

7. 在一个订货数据中，存有顾客、货物、订货单的信息。

每个顾客数据库包含：顾客号（唯一的）、收货地址（一个顾客可以有几个地址）、赊购限额、余额以及折扣。

每个订货单包含：顾客号、收货地址、订货日期、订货细则（每个订货单有若干条）。

每条订货细则内容为：货物号和订货数量。

每一种货物包含：货物号、制造厂商、每个厂商的实际存货量、规定的最低存货量和货物描述。

由于处理上的要求，每个订货单的每一细则中还有一个未发量（此值初始时为订货数量、随着发货将减为零）。

请设计一个数据库模式，并给出一个合理的数据依赖。

第 7 章

索引

索引是数据库中又一个常用而重要的数据库对象，使用索引，可以大大提高数据库的检索速度，改善数据库性能。

7.1 索引的概念

为什么建立索引?有很多原因，最明显的原因是速度。没有索引时，DBMS 通过表扫描（读每页数据）方式逐个读取指定表中的数据记录来访问，这样的查找方式就好像在图书馆里查找一本书时，将图书馆中所有的书都找一遍，这样做的效率毫无疑问是非常低的。事实上，在图书馆中有各种各样用于查找书籍的方法，例如，图书管理员将图书名称和存放该图书的阅览室甚至阅览室的具体位置（如书架）都写在一张小卡片上，按照书名的拼音顺序将所有的卡片排序，这样在查找一本书名为"数据库原理及应用"的书时，可以根据拼音的顺序迅速找到小卡片，并根据卡片上记载的存放书的位置迅速找到这本书，这些小卡片就是索引。

再看一个例子，在图 7.1 所示的雇员表中，如果附加一个 emp_id 的索引表。该表中包含一个查找键，按照从小到大的顺序存放雇员关系中的所有雇员编号 emp_id。这样，在查找雇员记录时，如查找编号为 VPS30890F 的雇员时，可以先按照 emp_id 查找索引表，找到与 VPS30890F 对应的记录存放地址，然后根据该地址直接读取所要的记录。这种方式虽然增加了查找索引表的工作，但是在读取记录时只需一次磁盘 I/O 操作，另外索引表只存储记录的部分内容，通常比数据文件小很多，占用的磁盘块也比较少，直接读取索引表的代价不会很高。

由于索引表是排序的，可以采取类似二分查找的快速定位算法。在实际应用中，索引表还可以驻留在主存储器中，进一步提高查找的访问速度。

由此可见，索引是提高数据文件访问效率的有效方法。目前，索引技术已经在各种数据库系统中得到了广泛应用。需要注意的是，索引可以提高记录查找速度，但是也会增加系统的开销。首先索引文件需要占据存储空间，另外，插入、删除和修改记录时，必须同时更新索引文件，以维护索引文件与数据文件的一致性。

在 SQL Server 中，根据索引对数据表中记录顺序的影响，索引分为两种：聚集索引（clustered index，也称聚类索引、簇集索引）和非聚集索引（nonclustered index，也称非聚类索引、非簇集索引）。

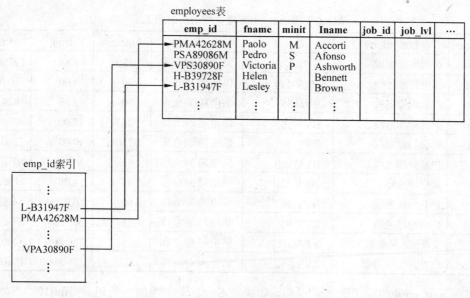

图 7.1 雇员信息索引示例

7.1.1 聚集索引

聚集索引的特点是数据文件中的记录按照索引键指定的顺序排序，使得具有相同索引键值的记录在物理上聚集在一起。由于一个数据表只能有一种实际的存储顺序，因此在一个数据表中只能建立一个聚集索引。

例如，在配电物资库存记录表 Stock 中，建立聚集索引之前的原始存储顺序如表 7.1 所示。

表 7.1 配电物资库存记录表

Mat_num	Mat_name	Speci	warehouse	Amount	Unit	total
m001	护套绝缘电线	BVV-120	供电局 1#仓库	220	89.80	19756.00
m009	护套绝缘电线	BVV-16	供电局 3#仓库	90	NULL	NULL
m003	护套绝缘电线	BVV-35	供电局 2#仓库	80	22.80	1824.00
m011	护套绝缘电线	BVV-95	供电局 3#仓库	164	NULL	NULL
m004	护套绝缘电线	BVV-50	供电局 2#仓库	283	32.00	9056.00
m005	护套绝缘电线	BVV-70	供电局 2#仓库	130	40.00	5200.00
m002	架空绝缘导线	10kV-150	供电局 1#仓库	30	17.00	510.00
m007	架空绝缘导线	10kV-120	供电局 3#仓库	85	14.08	1196.80
m006	护套绝缘电线	BVV-150	供电局 3#仓库	46	NULL	NULL
m012	交联聚乙烯绝缘电缆	YJV22-15kV	供电局 4#仓库	45	719.80	32391.00
m013	户外真空断路器	ZW12-12	供电局 4#仓库	1	13600.00	13600.00

如果基于字段 mat_num 建立了一个聚集索引，那么表中的记录会自动按照 mat_num 的顺序进行存储，如表 7.2 所示。

表 7.2　按 mat_num 建立索引后的职工表

Mat_num	Mat_name	Speci	warehouse	Amount	Unit	total
m001	护套绝缘电线	BVV-120	供电局 1#仓库	220	89.80	19756.00
m002	架空绝缘导线	10kV-150	供电局 1#仓库	30	17.00	510.00
m003	护套绝缘电线	BVV-35	供电局 2#仓库	80	22.80	1824.00
m004	护套绝缘电线	BVV-50	供电局 2#仓库	283	32.00	9056.00
m005	护套绝缘电线	BVV-70	供电局 2#仓库	130	40.00	5200.00
m006	护套绝缘电线	BVV-150	供电局 3#仓库	46	NULL	NULL
m007	架空绝缘导线	10kV-120	供电局 3#仓库	85	14.08	1196.80
m009	护套绝缘电线	BVV-16	供电局 3#仓库	90	NULL	NULL
m011	护套绝缘电线	BVV-95	供电局 3#仓库	164	NULL	NULL
m012	交联聚乙烯绝缘电缆	YJV22-15kV	供电局 4#仓库	45	719.80	32391.00
m013	户外真空断路器	ZW12-12	供电局 4#仓库	1	13600.00	13600.00

　　基于 mat_num 建立了聚集索引后，如果在 Stock 表中增加一条记录"m010，户外真空断路器，ZW12-12，供电局 4#仓库，1，13600.00，13600.00"，那么该记录会按照 mat_num 的顺序存放于 m009 和 m011 之间。如果没有建立聚集索引，这条记录会添加为表格的最后一条记录。

7.1.2　非聚集索引

　　非聚集索引不会影响数据表中记录的实际存储顺序。例如，在配电物资库存记录表 Stock 的 mat_num 字段已经建立聚集索引的前提下，在规格 Spec 字段建立一个非聚集索引，虽然索引中的 Speci 顺序是按照升序排列的，但是 Stock 表中记录的实际存储顺序不会因为该索引的创建而发生变化。也正因为如此，一个表只能具有一个聚集索引，但是可以有多个非聚集索引。

　　因此，非聚集索引不能像聚集索引那样，利用数据表本身的顺序来查找记录。为了查找给定键值的记录，必须在非聚集索引中为每个键值建立一个索引项。索引项的第一个字段保存索引键值，第二个字段保存与索引键值对应的记录指针。

　　举例说明聚集索引和非聚集索引的区别。

　　汉语字典的正文本身就是一个聚集索引。比如，要查"安"字，翻开字典的前几页，因为"安"的拼音是"an"，而按照拼音排序汉字的字典是以英文字母"a"开头并以"z"结尾的，那么"安"字就自然地排在字典的前部。如果翻完了所有以"a"开头的部分仍然找不到这个字，那么就说明字典中没有这个字；同样地，如果查"舟"字，将字典翻到最后部分，因为"舟"的拼音是"zhou"。也就是说，字典的正文部分本身就是一个已排序的索引，不需要再去查其他索引来找到需要找的内容。把这种正文内容本身就是一种按照一定规则排列的目录称为"聚集索引"。

　　如果认识某个字，可以快速地从字典中查到这个字。但也可能会遇到不认识的字，不知道它的发音，这时候，就需要根据"偏旁部首"查到要找的字，然后根据这个字后的页码直接翻到某页来找到要找的字。但结合"部首目录"和"检字表"而查到的字的排序并不是真正的正文的排序方法，比如查"张"字，可以看到在查部首之后的检字表中"张"的页码是 1584 页，检字表中"张"的上面是"驱"字，但页码却是 723 页，"张"的下面是"吧"字，页码是 20 页。很显然，这些字并不是真正的分别位于"张"字的上下方，现在看到的连续的"驱、张、吧"三字实际上就是他们在非聚集索引中的排序，是字典正文中的字在非聚集索引中的映射。可以通过这种方式来找到所需要的字，但它需要两个过程，先找到索引中的结果，然后再翻到所需要的页码。把这种索引和正文分开的排序方式称为"非聚集索引"。

7.1.3 唯一索引

无论是聚集索引还是非聚集索引，如果考虑到索引键值是否重复，还可以判定是否为唯一索引。唯一索引是不允许表中任何两行具有相同索引值的索引。生成唯一索引后，不能输入重复值；反过来说，如果表中基于某个字段或字段组合存在两条以上的记录拥有相同的值，将不能基于该字段或字段组合创建唯一索引。

为表定义主键时将自动创建主键索引，主键索引是唯一索引的特定类型。

如果聚集索引不是唯一的索引，SQL Server 将添加在内部生成的值以使重复的键唯一，用户看不到这个值。

7.1.4 何时应该创建索引

在考虑是否为数据表中的某个列创建索引时，应考虑对该列进行查询的方式。如果需要对该列进行如下查询，则推荐在该列上创建索引。

（1）需要在该列搜索符合特定搜索关键字值的行，即精确匹配查询，如在 WHERE 子句中指定 mat_num=' m01'。

（2）需要在该列搜索关键字值属于某一特定范围值的行，即查询范围，例如在 WHERE 子句中指定：amount between 200 and 300。

（3）在表 Table1 中搜索根据连接谓词与表 Table2 中的某个行匹配的行。

（4）在不进行显式排序操作的情况下（如不用 order by 子句）产生经排序的查询输出。

（5）使用 Like 进行比较查询，且模式以特定字符串如"abc%"开头。

（6）搜索已定义了 Foreign Key 约束的两个表之间匹配的行。

7.1.5 系统如何访问表中的数据

一般地，系统访问数据库中的数据，可以使用两种方法：表扫描和索引查找。第一种方法是表扫描，就是指系统将指针放置在该表的表头数据所在的数据页上，然后按照数据页的排列顺序，一页一页地从前向后扫描该表数据所占有的全部数据页，直至扫描完表中的全部记录。在扫描时，如果找到符合查询条件的记录，那么就将这条记录挑选出来。最后，将全部挑选出来符合查询语句条件的记录显示出来。第二种方法是使用索引查找。索引是 B 树结构，其中存储了关键字和指向包含关键字所在记录的数据页的指针。当使用索引查找时，系统沿着索引的树状结构，根据索引中关键字和指针，找到符合查询条件的记录。最后，将全部查找到的符合查询语句条件的记录显示出来。

在 SQL Server 中，当访问数据库中的数据时，由 SQL Server 确定该表中是否有索引存在。如果没有索引，那么 SQL Server 使用表扫描的方法访问数据库中的数据。查询处理器根据分布的统计信息生成该查询语句的优化执行规划，以提高访问数据的效率为目标，确定是使用表扫描还是使用索引。

7.2　SQL Server 2005 中的索引

7.2.1　索引的结构

Microsoft SQL Server 2005 将索引组织为 B^+ 树，索引内的每一页包含一个页首，页首后面跟着索引行，每个索引行都包含一个键值以及一个指向较低级页或数据行的指针，索引的每个页称为索引结点，B 树的顶端结点称为根结点，其地址保存在 sysindexes 表中，索引的底层结点称为叶结点。

聚集索引的结构如图 7.2 所示，索引的叶层是表格的实际数据，indid=1 表示该索引是聚集索引。非聚集索引的结构如图 7.3 所示，其叶层不包含数据页，indid=0 表示该索引是非聚集索引。

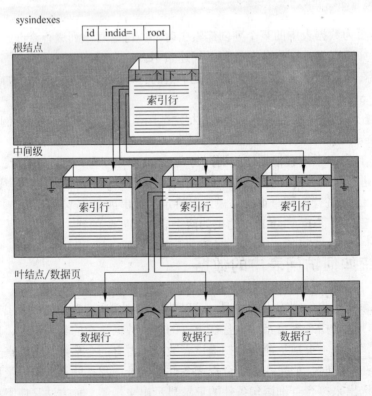

图 7.2　聚集索引的结构

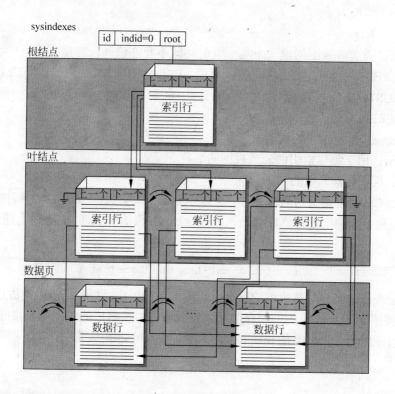

图 7.3　非聚集索引的结构

实际应用中，在创建索引之前，应该考虑到以下几个问题。

- 权限问题，只有表的拥有者才能在表上创建索引。
- 索引大小的限制，最大键列数为 16，最大索引键大小为 900 字节。在实际创建时一定要考虑此限制。否则将出现意外的提示错误。
- 每个表最多只能创建 249 个非聚集索引。

另外，在创建聚集索引时还要考虑到数据库剩余空间的问题，创建聚集索引时所需要的可用空间是数据库表中数据量的 120%。如果空间不足会降低性能，甚至导致索引操作失败。

在创建唯一性索引的时候，应该保证创建索引的列不包括重复的数据，并且没有两个或者更多的空值。因为创建索引时会将两个空值视为重复数据，这样的话，就必须将其删除，否则索引将不能创建成功。

7.2.2　管理索引

1．创建索引

除了使用控制管理台，还可以使用 Create Index 语句创建索引并完成相应的索引设置。其语法格式如下：

```
CREATE [UNIQUE] [CLUSTERED] [NONCLUSTERED]
INDEX index_name ON {table|view} (column [ASC|DESC] [,…n])
```

其中参数：

UNIQUE：为表或视图创建一个唯一索引，即不允许该列包含重复值。

CLUSTERED：指定创建的索引为聚集索引，PRIMARY KEY 约束默认为 CLUSTERED。

NONCLUSTERED：指定创建的索引为非聚集索引，UNIQUE 约束默认为 NONCLUSTERED。

index_name：指定创建的索引的名称。

table|view：用于创建索引的表或视图的名称。

column：用于创建索引的列。

ASC|DESC：指定索引列的排列方式，默认值 ASC 为升序，DESC 为降序。

例如，下列命令在配电物资库存记录表 Stock 的物资编号 mat_num 列上建立一个聚簇索引：

```
CREATE CLUSTERED INDEX  Index_mat_num ON Stock(mat_num)
```

在 Stock 表没有其他聚簇索引的前提下，该命令可以成功执行。索引建成后，Stock 表中的记录将按照 mat_num 值的升序存放在聚簇索引中，数据值的顺序总是按照升序排列。

例如，下列命令在 Stock 的 mat_name 列上建立一个非聚簇索引：

```
CREATE NONCLUSTERED INDEX  Index_name  ON Stock(mat_name DESC)
```

2．查看索引

使用系统存储过程 sp_helpindex 来查看特定表上的索引信息。比如要查看配电物资库存记录表 Stock 上的索引，可以使用下列命令：

```
USE sample
Exec sp_helpindex Stock
```

3．删除索引

删除索引需要用到 DROP INDEX 语句，基本语法如下：

```
DROP  INDEX  <table_name>.<index_name>
```

例如：

```
DROP INDEX Stock.Index_Warehouse
```

也可以用一条 DROP INDEX 语句删除多个索引，索引之间要用逗号隔开。

小　　结

本章介绍了索引的相关概念，介绍了非聚集索引和聚集索引的区别，以及 SQL Server 2005 下的索引建立、查看、删除等相关知识。

索引不是不可缺少的，但是良好的索引可以显著提高数据库的性能。一般应用中，特别是在查询应用中，索引能显著提高查询的速度和效率。但并不是索引越多越好，因为索引本身要占用很大的数据空间，并且它在提高查询效率的同时，也降低了插入、删除数据的速度。在实际应用中到底该建多少个索引以及建什么索引，还需要读者认真分析实际问题，找出各个事物之间的联系才能确定。

习　　题

1. 解释下列概念和术语。
2. 为什么要对数据文件建立索引？
3. 简述聚集索引和非聚集索引的区别。
4. 为什么一个数据文件只能有一个聚集索引？

第8章

数据库设计

数据库设计是信息系统设计与开发的关键性工作。一个信息系统的好坏，在很大程度上取决于数据库设计的好坏。在给定的 DBMS、操作系统和硬件环境下，表达用户的需求，并将其转换为有效的数据库结构，构成较好的数据库模式，这个过程称为数据库设计。数据库及其应用系统开发的全过程可分为两大阶段：数据库系统的分析与设计阶段；数据库系统的实施、运行与维护阶段。本章主要介绍数据库设计的基本概念、步骤、方法以及 E-R 模型设计的方法与原则。

8.1 数据库设计概述

数据库设计是根据用户需求设计数据库结构的过程。具体一点讲，数据库设计是对于给定的应用环境，在关系数据库理论的指导下，构造最优的数据库模式，在数据库管理系统上建立数据库及其应用系统，使之能有效地存储数据，满足用户的各种需求的过程。

数据库设计的基本任务如图 8.1 所示。

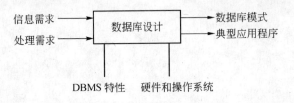

图 8.1 数据库设计的任务

从图 8.1 可以看出，数据库设计可以包括两个方面的内容：结构设计和行为设计。其中：

- 数据库结构设计是指针对给定的应用环境，进行数据库的关系模式或子模式的设计。它包括数据库的概念设计、逻辑设计和物理设计。关系模式给出各应用程序共享的结构，是静态和稳定的，一经形成后通常情况下不容易改变。
- 数据库行为设计是确定数据库用户的行为和动作，用户的行为和动作是对数据库的操作，这些通过应用程序来实现。而用户的行为总是使数据库的内容发生变化，所以行为设计是动态的。

大型数据库的设计是一项庞大的工程，在一定程度上属软件工程范畴，其开发周期长、耗资多、失败的风险大，必须把软件工程的原理和数据库工程的方法应用到数据库建设中来。相应地，对数据库设计人员而言，他们必须具备多方面的技术和知识，如：网络技术、数据库技术、软件工程的原理与方法、软件开发技术和应用领域的环境、专业业务技术等。

数据库设计方法有很多种，概括起来可分为三类：直观设计法、规范设计法、计算机辅助设计法。

（1）直观设计法是最原始的数据库设计方法，它利用设计者的经验和技巧来设计数据库的关系模式，由于缺乏科学理论的指导，设计的质量很难保证，这种方法越来越不适应现在信息系统开发的需要。

（2）规范设计法比较普遍，常见的有：新奥尔良设计方法、基于 E-R 模型的数据库设计方法、基于 3NF 的设计方法、基于抽象语法规范的设计方法等。

① 新奥尔良（New Orleans）设计方法是于 1978 年 10 月提出来的，它是目前公认的比较完整和权威的一种规范设计法。它将数据库设计分为四个阶段：需求分析（分析用户要求）阶段、概念设计阶段（信息分析和定义）、逻辑设计阶段（设计实现）和物理设计阶段（物理数据库设计），如图 8.2 所示。其后，S. B. Yao 和 I. R. Palmer 等人对该法进行了改进。目前，常用的规范设计方法大多起源于新奥尔良法，并在设计的每一阶段采用一些辅助方法来实现。

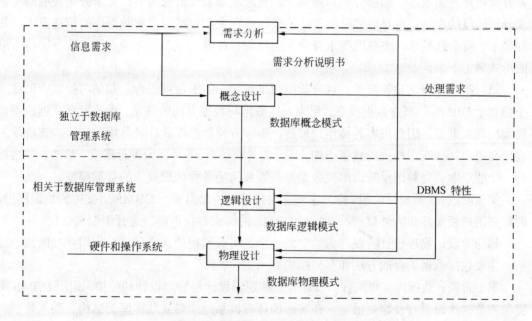

图 8.2　新奥尔良方法的设计过程

② 基于 E-R 模型的数据库设计方法是由 P. P. S. chen 于 1976 年提出的。其基本思想是在需求分析的基础上，用 E-R（实体-联系）图构造一个反映现实世界实体之间联系的企业模式，然后再将此模式转换成某一特定 DBMS 下的概念模式。

③ 基于 3NF 的设计方法是由 S. Atre 提出的结构化设计方法。其思想是在需求分析的基础上，首先确定数据库的模式、属性及属性间的依赖关系，然后将它们组织在一个单一

的关系模式中，然后再分析模式中不符合 3NF 的约束条件，进行模式分解，规范成若干个 3NF 关系模式的集合。

（3）计算机辅助设计法是指在数据库设计过程中以领域专家的知识或经验为主导，模拟某一规范化设计的方法，通过人机交互的方式来完成设计的某些过程。目前许多计算机辅助软件工程（Computer Aided Software Engineering，CASE）工具可以用来帮助数据库设计人员完成数据库设计的一些工作。如 Rational 公司的 Rational Rose，CA 公司的 Erwin 和 Bpwin，Sybase 公司的 PowerDesigner 以及 Oracle 公司的 Oracle Designer 等。

8.2　数据库设计的过程

8.2.1　数据库设计的步骤

按照规范化设计的方法和软件工程生命周期的思想，也可以把数据库设计分为六个阶段。

第一阶段：需求分析阶段。这一阶段是整个数据库设计的基础。通过详细调查，了解并收集用户的需求，并加以分析和规范化，整理成需求分析说明书。需求分析说明书是需求分析阶段的成果，也是后续阶段设计的依据。它主要包括用户对数据库的信息需求、处理需求、安全性需求、完整性要求及企业的环境特征等，并以数据流程图和数据字典等书面形式确定下来。

第二阶段：概念设计阶段。这一阶段通过对用户需求进行综合、归纳与抽象，形成一个独立于 DBMS 的概念数据模型，用来表述数据与数据之间的联系。由于概念数据模型直接面向现实世界，因而很容易被用户理解，也很方便数据库设计者与用户交流。该阶段先设计与用户具体应用相关的数据结构，即"用户视图"，再对视图进行集成、修改，最后得到一个能正确、完整地反映该单位数据及联系并满足各种处理要求的数据模型。

第三阶段：逻辑设计阶段。将上述概念数据模型转化为某一 DBMS 所支持的数据模型，同时将用户视图转换为外模式，并针对 DBMS 的特点对数据模型进行限制与优化。

第四阶段：物理设计阶段。为给定的一个逻辑数据模型选择最适应用环境的物理结构，主要包括数据的存取方法和存储结构。

第五阶段：数据库实现阶段。设计者根据逻辑设计与物理设计的结果，运用 DBMS 所提供的数据操纵语言及宿主语言，在实际的计算机系统中建立数据库的结构、载入数据、测试程序、对数据库系统进行试运行等。

第六阶段：数据库的运行与维护阶段。数据库系统的各项性能已基本达到用户的要求，这时可正式投入运行了。投入运行后由 DBA 来承担数据库系统的日常维护工作。

整个数据库设计过程如图 8.3 所示。需要说明的是，这一步骤既包括数据库设计的过程，也包括数据库应用系统的设计过程。它将用户的信息需求与处理需求二者有机地结合起来，并在不同阶段进行相互参照、相互补充，以完善两方面的设计。

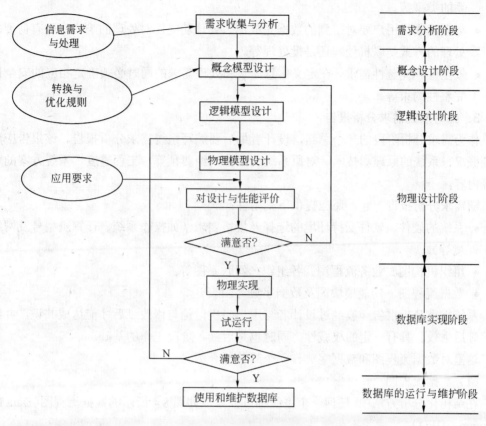

图 8.3　数据库设计步骤

8.2.2　需求分析阶段

需求分析阶段要做的工作可概括为如下几步：

1．调查分析用户活动

调查未来系统所涉及用户的当前职能、业务活动及其流程等。具体做法是：

- 调查组织机构情况，包括该组织的部门组成情况，各部门的职责和任务等。
- 调查各部门的业务活动情况。包括各部门用户在业务活动中要输入什么数据，对这些数据的格式、范围有何要求。另外还需了解用户会使用什么数据，如何处理这些数据，经过处理的数据的输出内容、格式是什么。最后还应明确处理后的数据该送往何处等。其结果可以用业务流程图等图表表示出来。

2．收集和分析需求数据，确定系统边界

在熟悉业务活动的基础上，协助用户明确对新系统的各种需求，包括用户的信息需求、处理需求、安全性和完整性需求等，并确定哪些功能由计算机或将来由计算机完成，哪些活动由人工完成。

- 信息需求主要明确用户在数据库中需存储哪些数据，以此确定各实体集以及实体集的属性，各属性的名称、别名、类型、长度、值域、数据量，实体之间的联系及联系的类型等。
- 处理需求指用户要对得到的数据完成什么处理功能，对处理的响应时间有何要求，处理的方式是联机处理还是批处理等。
- 安全性和完整性需求。在定义信息需求和处理需求的同时必须确定相应的安全性和完整性约束等。

3．编写系统需求分析报告

作为需求分析阶段的一个总结，设计者最后要编写系统需求分析报告。该报告应包括系统概况、系统的原理和技术、对原系统的改善、经费预算、工程进度、系统方案的可行性等内容。

随需求分析报告一起，还应提供下列附件：
- 系统的硬件、软件支持环境的选择及规格要求（如操作系统、计算机型号及网络环境等）。
- 组织机构图、业务流程图、各组织之间联系图等。
- 数据流程图、功能模块图及数据字典等图表。

系统需求分析报告一般经过设计者与用户多次讨论与修改以后才能达成共识，并经双方签订后生效，具有一定的权威性。同时也是后续各阶段工作的基础。

这里对数据流程图和数据字典作一个简单的介绍。

（1）数据流程图

在结构化分析方法中，任何一个系统都可抽象成如图 8.4 所示的数据流程图（Data Flow Diagram，DFD）。

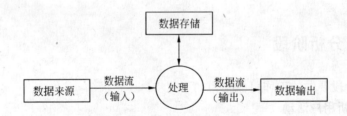

图 8.4　数据流程图

在数据流程图中，用命名的箭头表示数据流，用矩形或其他形状表示存储，用圆圈表示处理。图 8.5 给出了一个客户关系管理的数据流程图。

通常用数据流程图描述一个系统时所涉及的系统结构比较复杂，这时可以进行细化和分解，形成若干层次的数据流程图，直到表达清楚为止。

数据流程图清楚地表达了数据与处理之间的关系。在结构化分析方法中，处理过程常常借助判定表或判定树来描述，而系统中的数据则用数据字典来描述。

（2）数据字典

数据字典（Data Dictionary，DD）是数据库系统中各类数据详细描述的集合。在数据库设计中，它提供了对各类数据描述的集中管理，是一种数据分析、系统设计和管理的有力工具。数据字典要有专人或专门小组进行管理，及时对数据字典进行更新，保证字典的安全可靠。

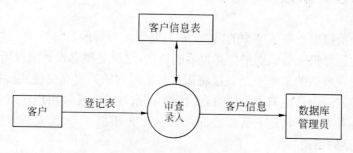

图 8.5　数据流程图示例

数据字典通常包括数据项、数据结构、数据流、数据存储和处理过程等五个部分。

- 数据项。数据项是最小的数据单位，它通常包括属性名、含义、别名、类型、长度、取值范围、与其他数据项的逻辑联系等。
- 数据结构。数据项反映了数据之间的组合关系。一个数据结构可以由若干个数据项组成，也可由若干个数据结构组成，或由数据项与数据结构混合组成，它包括关系名、含义、组成的成分等。
- 数据流。数据流表示数据项或数据结构在某一加工过程的输入或输出。数据流包括数据流名、说明、输入/输出的加工名、组成的成分等。
- 数据存储。数据存储是数据结构停留并保存的地方，也是数据流的来源和去向之一。它可以是手工文档或凭单，也可以是计算机文档。它包括数据存储名、说明、输入/输出数据流、组成的成分（数据结构或数据项）、存取方式、操作方式等。
- 处理过程。处理过程的具体处理逻辑一般用判定表或判定树来描述。它包括处理过程名、说明、输入/输出数据流、处理的简要说明等。

以在校学生信息的数据为例，建立一个简单的数据字典如下：

> 学生信息=学号+系名+专业+班级+姓名+性别+出生年月+入学时间+政治面貌+登录密码
>
> 学号=入学年份+序号
>
> 系名=【计算机系，电子信息系，……，电子科学系】
>
> 专业=【计算机，软件工程，信息安全，……，电子信息，通信】
>
> 班级=年份+专业编号+序号
>
> 姓名=2{汉字}4
>
> 性别=【男，女】
>
> 出生年月=年+月+日
>
> 入学时间=年+月+日
>
> 政治面貌=【党员，团员，群众】
>
> 登录密码=6{【字母，数字】}24

8.2.3　概念设计阶段

系统需求分析报告反映了用户的需求，但只是现实世界的具体要求，这是远远不够的，还要将其转换为计算机能够识别的信息世界的结构，这就是概念设计阶段所要完成的任务。

概念设计阶段要做的工作不是直接将需求分析得到的数据存储格式转换为 DBMS 能处理的数据库模式，而是将需求分析得到的用户需求抽象为反映用户观点的概念模型。描述概念模型的强有力的工具是 P. P. S. chen 提出的 E-R 模型。

1.　概念模型的特点

作为概念结构设计的表达工具，概念模型为数据库提供一个说明性结构，是设计数据库逻辑结构即逻辑模型的基础。因此，概念模型应具有如下特点：

- 语义表达能力丰富。概念模型能充分地反映现实世界的特点，能满足用户的信息需求与处理需求，它是现实世界的一个真实模型。
- 面向用户、易于理解。作为设计者与用户沟通的桥梁，概念模型应做到表达自然、直观和容易理解，以便和不熟悉计算机的用户交换意见。在概念结构设计中，用户的理解和参与是保证数据库设计成功的关键。
- 易于更改和扩充。当应用需求和现实环境发生变化时，可以方便地修改或扩充。
- 易于向各种数据模型转换。由于概念模型独立于特定的 DBMS，因而更加稳定和可靠，能方便地向网状模型、层状模型和关系模型等各种数据模型转换。

人们提出了许多种概念模型。目前在被广泛采用的是实体-联系模型（E-R 图），它将现实世界的信息结构统一用属性、实体以及它们之间的联系来描述。

2.　概念结构设计的方法与步骤

概括起来，设计概念模型的总体策略和方法可以归纳为四种：

- 自顶向下法。首先认定用户关心的实体及实体间的联系，建立一个初步的概念模型框架，即全局 E-R 模型，然后再逐步细化，加上必要的描述属性，得到局部 E-R 模型，如图 8.6 所示。

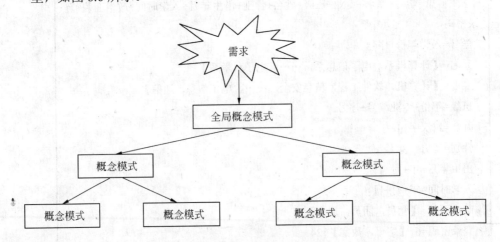

图 8.6　自顶向下的设计方法

- 自底向上法。有时又称属性综合法，先将需求分析说明书中的数据元素作为基本输入，通过对这些数据元素的分析，把它们综合成相应的实体和联系，得到局部 E-R 模型，然后在此基础上再进一步综合成全局 E-R 模型，如图 8.7 所示。

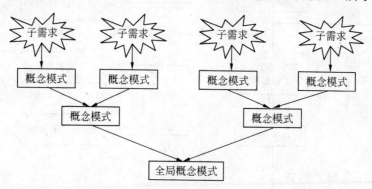

图 8.7　自底向上的设计方法

- 逐步扩张法。先定义最重要的核心概念 E-R 模型，然后向外扩充，以滚雪球的方式逐步生成其他概念 E-R 模型，如图 8.8 所示。

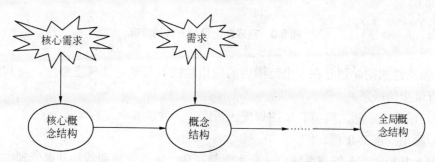

图 8.8　逐步扩张的设计方法

- 混合策略。将单位的应用划分为不同的功能，每一种功能相对独立，针对各个功能设计相应的局部 E-R 模型，最后通过归纳合并，消去冗余与不一致，形成全局 E-R 模型。

其中最常用的策略是自底向上法。即先进行自顶向下的需求分析，再进行自底向上的概念设计，如图 8.9 所示。按此方法，在概念结构设计时，可以分为两步：

（1）进行数据抽象，设计局部 E-R 模型，即设计用户视图。

（2）集成各局部 E-R 模型，形成全局 E-R 模型，即视图的集成。

3. 局部 E-R 模型设计

局部 E-R 模型设计可以分为如下两个步骤：

（1）确定局部 E-R 图描述的范围。

根据需求分析所产生的文档，我们可以确定每个局部 E-R 图描述的范围。通常采用的方法是将单位的功能划分为几个系统，每个系统又分为几个子系统。设计局部 E-R 模型的第一步就是划分适当的系统或子系统，在划分时过细或过粗都不太合适。划分过细将造成大量的数据冗余和不一致，过粗有可能漏掉某些实体。一般可以遵循以下两条原则进行功能划分：

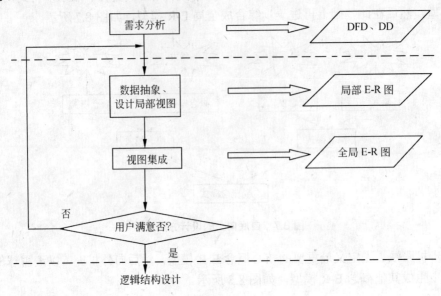

图 8.9　自底向上设计方法的步骤

① 独立性原则。划分在一个范围内的应用功能具有独立性与完整性，与其他范围内的应用有最少的联系。

② 规模适度原则。局部 E-R 图规模应适度，一般以 6 个左右实体为宜。

(2) 画出局部 E-R 图。

例如，某校的教务管理系统中，分为学籍管理、选课管理和教师开课管理部分，学籍管理涉及系、专业、班级、学生等信息，有如下语义约束：

① 一个系开设有多个专业，一个专业只能属于一个系；

② 一个专业有多个班级，一个班级只属于一个专业；

③ 一个班级有多个学生，一个学生只属于一个班级。

选课管理涉及学生选课，有如下语义约束：

① 一个系可以开设多门课程，不同系开设的课程必须不同；

② 一个学生可选修多门课程，一门课程可为多个学生选修。

教师开课管理包含如下语义约束：

① 一个部门可有多名教师，一名教师只能属于一个部门；

② 一个部门只有一个负责人；

③ 一名教师可以讲授多门课程，一门课程可由多名教师讲授。

根据上述约定，可以得到如图 8.10 所示的学籍管理局部 E-R 图、如图 8.11 所示的选课管理局部 E-R 图及如图 8.12 所示的教师开课局部 E-R 图。

形成局部 E-R 模型后，这时应该返回征求用户意见，以求改进和完善，使之如实地反映现实世界。

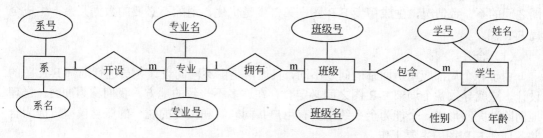

图 8.10 学籍管理局部 E-R 图

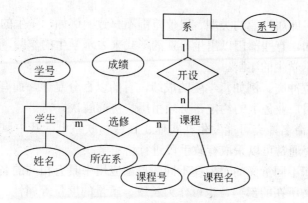

图 8.11 选课管理局部 E-R 图

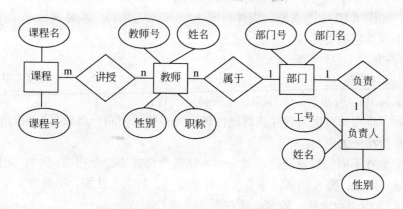

图 8.12 教师开课局部 E-R 图

4. 局部 E-R 模型的集成

由于局部 E-R 模型反映的只是单位局部子功能对应的数据视图，局部 E-R 图之间可能存在不一致之处，还不能作为逻辑设计的依据，这时可以去掉不一致和重复的地方，将各个局部视图合并为全局视图，即局部 E-R 模型的集成。局部 E-R 模型的集成的方法有两种：

* 多元集成法。一次性将多个局部 E-R 图合并为一个全局 E-R 图。
* 二元集成法。用累加的方式一次集成两个局部 E-R 图。

在实际应用中一般根据系统的复杂程度来选择集成的方法。如果各个局部 E-R 图比较简单，可以采用多元集成法，一般情况下采用二元集成法。

无论采用哪种集成法，每一次集成都分为两个阶段：第一步是合并，以消除各局部 E-R 图之间的不一致情况，生成初步 E-R 图；第二步是优化，消除不必要的数据冗余，生成全局 E-R 图。

（1）合并

由于各个局部应用所面临的问题不同，且通常是由不同的设计人员进行局部 E-R 图的设计，这就导致各个局部 E-R 图之间必定会存在许多不一致的地方，我们称为冲突。合理地消除冲突，形成一个能为全系统中所有用户共同理解和接受的统一的概念模型，成为合并各局部 E-R 图的主要工作。

冲突一般分为以下三种：属性冲突、命名冲突和结构冲突。

① 属性冲突。

◆ 属性域冲突，即属性值的类型、取值范围不一致。例如，学生的学号是数值型还是字符型。又如，有些部门以出生日期的形式来表示学生的年龄，而另一些部门用整数形式来表示学生的年龄。

◆ 属性取值单位冲突。例如，学生的成绩，有的以百分制计，而有的则以五分制计。

这一类问题是用户业务上的约定，必须由用户协商解决。

② 命名冲突。命名冲突可能发生在实体、属性和联系上，其中属性的命名冲突更为常见。处理命名冲突通常可以采取行政手段进行协商解决。

◆ 同名异义，即不同意义的对象在不同的局部应用中具有相同的名字。例如，"单位"既可表示人员所在的部门，也可作为长度、重量的度量等属性。

◆ 异义同名，有时又叫一义多名。即同一意义的对象在不同的局部应用中具有不同的名字。如图 8.10 中的"系"实体和图 8.12 中的"部门"实体实际上是同一实体，相应的属性也应得到统一。

③ 结构冲突。

◆ 同一对象在不同的局部应用中具有不同的身份。例如，"系"在图 8.10 中当作实体，而图 8.11 中"所在系"则作为学生实体的属性。

解决方法：将实体转化为属性或将属性转化为实体以使同一对象具有相同的身份，但仍然要遵循身份指派的原则。

◆ 同一对象在不同的局部应用中对应的实体属性组成不完全相同。例如，对同一类"学生"这一对象，图 8.10 中"学生"实体由学号、姓名、性别、年龄等 4 个属性组成，而图 8.11 中则由学号、姓名、所在系 3 个属性组成。

解决方法：对实体的属性取其在不同局部应用中的并集，并适当设计好属性的次序。

◆ 实体之间的联系在不同的局部应用中具有不同的类型。例如，在局部应用 A 中实体 E1 和 E2 是一对多的联系，而在局部应用 B 中却是多对多的联系；又如在局部应用 C 中实体 E1 和 E2 发生联系，而在局部应用 D 中实体 E1、E2 和 E3 三者之间有联系。

解决方法：根据应用的语义对实体联系的类型进行综合或调整。

通过解决上述冲突后将得到初步 E-R 图，这时需要进行仔细分析，消除冗余，以形成最后的全局 E-R 图。

（2）优化

冗余包括冗余的数据和实体间冗余的联系。冗余的数据是指可由其他数据导出的数据，冗余的联系是指可由其他联系导出的联系。冗余的存在容易破坏数据的完整性，造成数据库的维护困难，应予以消除。

数据字典是分析冗余数据的依据，还可以通过数据流程图分析出冗余的联系。利用数据库逻辑设计的一些规则可以去掉一些冗余的联系，还可以使用规范化的概念进行分析。

例如，如果学生实体同时具有属性"年龄"和"出生年月"，"年龄"可由当前年份减去"出生年月"中的年份得到，因此"年龄"是冗余的数据。

又如，"系"实体与"课程"实体之间的"开设"联系，可以由"系"与"教师"实体之间的"属于"联系、"教师"与"课程"实体之间的"讲授"联系推导出来，所以它属于冗余的联系。

图 8.10～图 8.12 的三个局部 E-R 图经过合并、消除冗余数据和冗余联系后得到全局 E-R 图如图 8.13 所示。

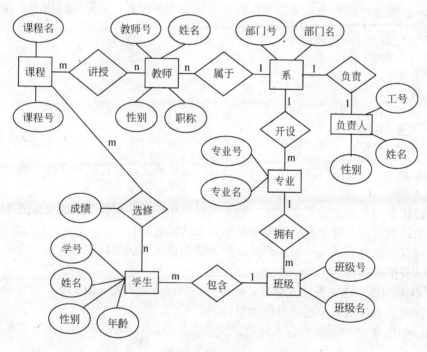

图 8.13　教务管理系统的全局 E-R 图

8.2.4　逻辑设计阶段

前面概念设计阶段得到的 E-R 模型是针对用户的数据模型，独立于任何一个具体的 DBMS。但为了能够用某一 DBMS 实现用户需求，还必须将概念结构进一步转化为相应的数据模型，这正是数据库逻辑结构设计所要完成的任务。

首先选择一种合适的 DBMS 来存放数据，这是由系统分析员和用户（一般为企业的高级管理人员）决定的。需要考虑的因素包括 DBMS 产品的性能、价格、稳定性以及所设计系统的功能复杂程度等。目前的 DBMS 产品一般只支持关系、网状、层次三种模型中的某一种，对某一种数据模型，各个机器系统又有不同的限制，提供不同的环境和工具。这里只讨论目前比较流行的关系数据库，其逻辑结构设计阶段一般要分为三步进行：

① 将 E-R 图转化为关系数据模型；

② 关系模式规范化；

③ 关系模式优化。

1. 将 E-R 图转化为关系数据模型

关系数据模型是一组关系模式的集合，而 E-R 图是由实体、属性和实体之间的联系三要素组成的。所以将 E-R 图转化为关系数据模型实际上是要将实体、属性和实体之间的联系转化为关系模式。转化过程中要遵循如下原则：

（1）一个实体转化为一个关系模式。实体的属性就是关系的属性。实体的码就是关系的码。

例如，图 8.12 中的每个实体都可以转化为如下关系模式，关系的码用下划线标出：

负责人（<u>工号</u>，姓名，性别）
系（<u>系号</u>，系名）
专业（<u>专业号</u>，专业名）
班级（<u>班级号</u>，班级名）
学生（<u>学号</u>，姓名，性别，年龄）
课程（<u>课号</u>，课程名）
教师（<u>教师号</u>，姓名，性别，职称）

（2）一个 1∶1 联系可以转化为一个独立的关系模式，也可以与任意一端对应的关系模式合并。

如果转化为一个独立的关系模式，则与该联系相连的各实体的码以及联系本身的属性均转化为关系的属性，每个实体的码均是该关系的候选码。

如果与某一端对应的关系模式合并，则需要在该关系的属性中加入另一个关系模式的码和联系本身的属性。

1∶1 联系与哪一端关系模式合并，应视具体应用环境而定。由于连接操作是比较费时的操作，因此应以尽量减少连接操作为目标。

例如：如图 8.13 所示的负责人和系之间的 1∶1 联系，可以转化为如下关系：

系（<u>系号</u>，系名，负责人工号）
负责人（<u>工号</u>，姓名，性别）

或者：

系（<u>系号</u>，系名）
负责人（<u>工号</u>，姓名，性别，<u>系号</u>）

（3）一个 1∶n 联系可以转化为一个独立的关系模式，也可以与 n 端对应的关系模式合并。

如果转换为一个独立的关系模式，则与该联系相连的各实体的码以及联系本身的属性均转化为关系的属性，而关系的码为 n 端实体的码。

例如，图 8.13 中的联系"开设"转化为一个独立的关系模式为：

开设（系号，<u>专业号</u>）

与 n 端对应的关系模式"专业"合并，关系模式为：

　　专业（<u>专业号</u>，专业名，系号）

　　（4）一个 m：n 联系转化为一个独立的关系模式。与该联系相连的各实体的码以及联系本身的属性均转换为关系的属性，关系的码为各实体码的组合。

　　例如，图 8.12 中的"选修"联系为 m：n 联系，可以转化为以下关系模式：

　　选修（<u>学号，课程号</u>，成绩）

　　（5）三个或三个以上实体间的一个多元联系转化为一个独立的关系模式。与该多元联系相连各实体的码以及联系本身的属性均转化为关系的属性。而关系的码为各实体码的组合。

　　如图 8.14 示供应商、项目 、零件三个实体之间有"供应"这一多对多的联系，该联系有"数量"这一属性，则可转化为以下关系模式：

　　供应（<u>供应商号，项目号，零件号</u>，数量）

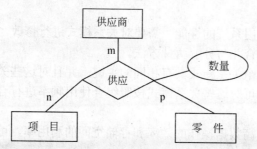

图 8.14　供应商、项目、零件三者之间的 E-R 图

　　（6）将具有相同码的关系模式合并。合并的方法是取两个关系模式属性的并集，去掉同义的属性。

　　例如，关系模式：

　　开设（系号，<u>专业号</u>）
　　专业（<u>专业号</u>，专业名）

它们都以专业号为码，可以将它们合并为一个关系模式：

　　专业（<u>专业号</u>，专业名，系号）

　　按照上述原则，图 8.12 中的实体和联系可转化为下列关系模式：

　　系（<u>系号</u>，系名）
　　专业（<u>专业号</u>，专业名，*系号*）
　　班级（<u>班级号</u>，班级名，*专业号*）
　　学生（<u>学号</u>，姓名，性别，年龄，*班级号*）
　　课程（<u>课程号</u>，课程名）
　　教师（<u>教师号</u>，姓名，性别，职称，*系号*）
　　选修（*<u>学号，课号</u>*，成绩）
　　讲授（*<u>教师号，课程号</u>*）

其中，下划线表示的属性是关系的主键，斜体字表示的属性代表了关系之间的联系，即关系的外键。

2．关系模式规范化

通常情况下，数据库逻辑设计的结果不是唯一的。为了进一步提高数据库应用系统的性能，还应努力减少关系模式中存在的各种异常，改善完整性、一致性和存储效率。规范化理论是数据库逻辑设计的重要理论基础和有力工具，规范化过程可分为两个步骤：确定范式级别和实施规范化处理。

（1）确定范式级别。利用规范化理论考查关系模式的函数依赖关系，确定本系统应满足的范式等级，逐一分析各关系模式，考查是否存在部分函数依赖、传递函数依赖等，并确定它们分别属于第几范式。

（2）实施规范化处理。对关系模式进行规范化处理可针对数据库设计的前三个阶段进行：

- 在需求分析阶段，用数据依赖概念分析和表示各数据项之间的联系。
- 在概念设计阶段，以规范化理论为指导，确定关系码，消除初步 E-R 图中冗余的联系。
- 在逻辑设计阶段，从 E-R 图向数据模型转换过程中，进行模式合并与分解以达到范式级别。

3．关系模式优化

为了提高数据库应用系统的性能，需要对关系模式进行修改，调整结构，这就是关系模式的优化，通常采用合并与分解两种方法。

（1）合并。如果多个关系模式具有相同的主键，并且对这些关系模式的处理主要是多关系的查询操作，那么可对这些关系模式按照组合使用频率进行合并。这样便可减少连接操作而提高查询效率。

（2）分解。为了提高数据操作的效率和存储空间的利用率，可以对关系模式进行水平分解和垂直分解。

- 水平分解：把关系模式按分类查询的条件分解成几个关系模式，这样可以减少应用系统每次查询需要访问的记录数，从而提高了查询效率。

例如，对教师关系，如果经常要按照职称处理教师信息，则可以将该关系进行水平分解，分解为高级职称教师、中级职称教师、初级职称教师三个表。

- 垂直分解：把关系模式中经常在一起使用的属性分解出来，形成一个子关系模式。

例如，对如下的学生关系：

学生（<u>学号</u>,姓名,性别,年龄,家庭住址,1 寸照片）

如果大部分情况下只查询学生的学号、姓名、性别、年龄等基本信息，可以将学生模式垂直分解为两个关系模式：

学生基本信息（<u>学号</u>,姓名,性别,年龄）
学生信息（<u>学号</u>,家庭住址,1 寸照片）

很显然，通过垂直分解可以减少查询的数据传递量，提高查询速度。

8.2.5　物理设计阶段

数据库最终要存储在物理设备上。将逻辑设计中产生的数据库逻辑模型结合指定的 DBMS，设计出最适合应用环境的物理结构的过程，称为数据库的物理设计。

数据库的物理设计分为两个步骤：首先是确定数据库的物理结构，其次是对所设计的物理结构进行评价。

1．确定数据库的物理结构

在设计数据库的物理结构前，设计人员必须要做好如下工作：

- 充分了解给定的 DBMS 的特点，如存储结构和存取方法、DBMS 所能提供的物理环境等；
- 充分了解应用环境，特别是应用的处理频率和响应时间要求；
- 熟悉外存设备的特性，如分块原则、块因子大小的规定、设备的 I/O 特性等。

完成上述任务后，设计人员就可以进行物理结构设计的工作了。该工作主要包括以下内容：

- 确定数据的存储结构。影响数据存储结构的因素主要包括存取时间、存储空间利用率和维护代价三个方面。设计时应当根据实际情况对这三个方面综合考虑，如利用 DBMS 的聚簇和索引功能等，力争选择一个折中的方案。
- 设计合适的存取路径。主要指确定如何建立索引。如确定应该在哪些关系模式上建立索引，哪些列上可以建立索引，建立多少个索引为合适，是否建立聚集索引等。
- 确定数据的存放位置。为了提高系统的存取效率，应将数据分为易变部分与稳定部分、经常存取部分和不常存取部分，确定哪些存放在高速存储器上，哪些存放在低速存储器上。
- 确定系统配置。设计人员和 DBA 在数据存储时要考虑物理优化的问题，这就需要重新设置一下系统配置的参数，如同时使用数据库的用户数，同时打开的数据库对象数，缓冲区的大小及个数，时间片的大小，填充因子等，这些参数将直接影响存取时间和存储空间的分配。

2．评价物理结构

对数据库的物理结构进行评价主要涉及时间、空间效率、维护代价三方面，设计人员必须定量估算各种方案在上述三方面的指标，分析其优缺点，并进行权衡、比较，选择出一个较合理的物理结构。

8.2.6　数据库实现阶段

数据库的逻辑和物理结构设计好以后，就要在实际的计算机系统中建立数据库并试运行了，这时数据库实现所要完成的工作，主要包括：建立数据库结构、装入数据、应用程序编制调试、数据库的试运行和文档的整理。

1．建立数据库结构

利用前面所学过的 DBMS 提供的数据定义语言（DDL）来建立数据库的结构，包括创建数据库、表、视图、索引、存储过程等。

2．装入数据

装入数据有时又叫数据库加载（Loading），是数据库实现阶段最主要的工作。

一般数据库系统中的数据量都比较大，而且数据分散于一个单位各个部门的数据文件、报表或各种形式的单据中，因此首先要把它们筛选出来，然后按照数据库要求的格式转换成规范的数据，通过手动或工具导入的方式加载到数据库中。同时为了保证装入的数据正确无误，必须考虑多种数据检验技术对输入的数据进行检验。

如果数据库的结构是在老系统的基础上升级的，则只需完成数据的转换和应用程序的转换即可。

3．应用程序编制调试

应用程序编制应该是与数据库的设计同步进行的。当数据库结构建立好后，就可以着手编制和调试应用程序了，应用程序的设计、编码、调试的方法，在一些语言类和软件工程类课程中有详细的讲解，这里不再赘述。

4．数据库的试运行

当应用程序编制完毕，加载了一小部分数据后，就可以进行数据库的试运行（又叫联合调试）了，它主要包括两方面的工作：

- 功能测试。即实际运行应用程序，执行对数据库的各种操作，测试一下它们是否能完成预先设计的功能。
- 性能测试。即测量系统的各项性能指标，分析它们是否符合设计目标。

在物理设计阶段我们对物理结构的时间和空间指标作了一个估计，但这只是一个初步的假设，忽略了许多次要因素，结果可能比较粗糙。数据库试运行可以直接测试各种性能指标，如果不符合系统目标，则应该返回物理设计阶段甚至逻辑设计阶段重新设计或调整。

在数据库试运行时，由于系统不太稳定，系统的操作人员对新系统还不太熟悉，容易对数据库中的数据造成破坏，因此有必要做好数据库的转储和恢复工作，以减少对数据库的破坏。

5．文档的整理

在应用程序编制调试及试运行时，应该随时将发现的问题的解决方案记录下来，整理成文档，以备运行维护和改进时参考。试运行成功后，还应编写测试报告、应用系统的技术说明书和使用说明书，在正式使用时一并交给用户。完整的文档是应用系统的重要组成部分，这一点容易被忽略，应该引起设计人员的充分重视。

8.2.7 数据库的运行与维护阶段

数据库经过试运行后，如果符合系统设计的目标，就可以正式投入运行了。在运行过程中，应用环境、数据库的物理存储等会不断发生变化，这时就应由 DBA 来不断对数据库设计进行评价、调整、修改，即对数据库进行经常性的维护。概括起来，维护工作包括以下内容：

1．数据库的转储和恢复

为了防止数据库出现重大的失误（如数据丢失、数据库遭遇物理性损坏等），DBA 应定期对数据库和日志文件进行备份，将其转储到磁带或其他磁介质上。同时也应能利用数据库和日志文件备份进行恢复，尽可能减少对数据库的破坏。

2．数据库的安全性和完整性控制

根据用户的实际需求和应用环境的变化，DBA 应根据实际情况调整数据库的安全性和完整性约束，以满足用户的要求。

3．数据库性能的监督、分析和改造

在数据库运行过程中，DBA 可以利用 DBMS 产品本身提供的监测系统性能参数的工具，

监督系统运行，对数据库的存储空间状况及响应时间进行分析评价，不断改进系统的性能。

4．数据库的重组织和重构造

数据库运行一段时间后，随着记录的不断增加、修改、删除，数据库的物理存储将变坏，数据库存储空间的利用率和存取效率将降低。例如，逻辑上属于同一记录型或同一关系的数据被分散到不同的文件或文件碎片上，这样大大降低了数据的存取效率。这时 DBA 应对数据库进行重组织，如重新安排数据的存储位置，回收垃圾，减少指针链等。

同时，随着数据库的运行，应用环境也可能发生变化，这将导致数据库的逻辑结构发生变化，如新增一些实体，删除一些实体，增加某些实体的属性，修改实体之间的联系等。这时必须对原来的数据库进行重新构造，适当调整数据库的模式和内模式，以应用环境变化的需要。如果变化太大，则应该淘汰旧的系统而重新开发一个新的数据库应用系统了。

8.3　数据库设计实例：电网设备抢修物资管理数据库设计

8.3.1　需求分析

电网是一个设备资产密集型的电能传输网络，在整个国民经济中具有关键的地位，它在运行时不能瘫痪，这就意味着电网中众多的设备一旦开始工作，就必须连续不间断的运行。但是所有设备一旦长时间运行，由于外界环境的影响、设备设计制造的误差、设备长时间的工作等原因，都会使设备产生缺陷，这些缺陷如果不及时消除，就会影响整个设备的正常工作，甚至危及整个电网的安全运行。所以，在电力系统中设备抢修是一项很重要的工作。电力设备抢修总会涉及设备零部件的更换，所以在仓库中必须要对重要设备的常用零部件进行备货，以满足抢修所需。

每年初，各部门根据以往设备抢修的实际情况预计本年度所需的抢修物资种类和数量，上报电力物资部门，电力物资部门制定一个物资采购计划，然后依照物资采购计划采购物资，当物资到货后办理入库手续。

当电网设备发生故障后，需要安排抢修，抢修前先制订抢修计划，抢修计划中包括项目名称、主要施工内容和计划领取的备品备件种类和数量。实际抢修时，大部分情况抢修所需的物资品种与数量和抢修计划相同，但也有例外，有时设备外壳打开，会发现里面的问题比预计的要严重，所需更换的零部件种类和数量就会超出计划预计的种类和数量。

实际抢修物资领用时需先办理领用手续，填写的领料单包括领用物资的种类、数量、该物资用途等，然后才能实际领用物资。

需要建立一个数据库系统，满足以上的需求。

1．数据流图

根据以上用户提出的对数据库系统的需求，需求分析的主要任务是和用户反复沟通，了解用户在建设电力设备抢修管理系统时，需要数据库做什么。用户的需求是多方面的，有些需求需要通过程序来实现，有些需求需要通过数据库来实现。关键是我们必须清楚，数据库主要用于存储数据，所以进行需求分析时，面对繁杂的用户需求叙述，必须紧紧抓住"数据存储"的关键，从中抽取出数据库的真正需求。分析方法采用数据流图的方法。图 8.15 和图 8.16 分别是该系统的第一层和第二层数据流图。

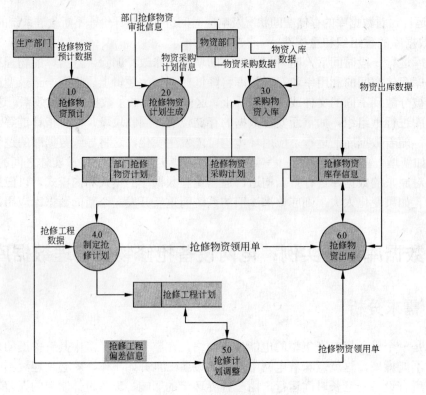

图 8.15 第一层数据流图

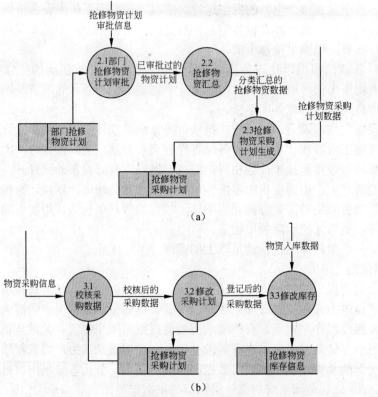

图 8.16 第二层数据流图

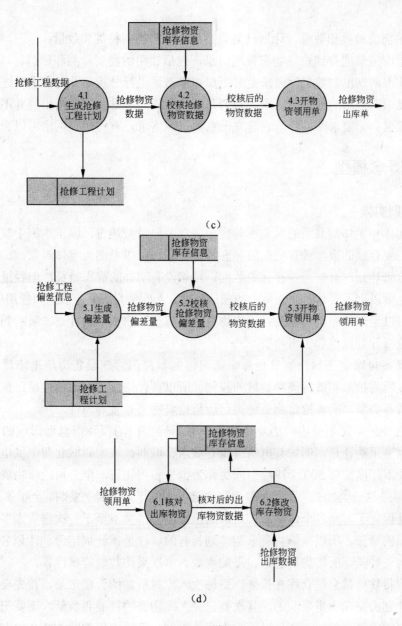

图 8.16（续）

2．数据需求

下面是根据数据流图抽象出的数据库需求：

- 数据库应该能存储部门的预计信息，包括预计抢修所需的物资种类和数量；
- 数据库应该能存储物资采购计划，包括采购的物资种类和数量；
- 数据库应该能存储物资入库信息，包括入库物资的种类、数量和时间；
- 数据库应该能存储设备抢修计划，包括抢修工程的名称、抢修工程内容、抢修所需物资和数量；
- 数据库应该能存储抢修计划所需物资偏差信息，包括工程名称、计划未列而实际所需的物资种类和数量、计划已列但实际未需的物资种类和数量；

- 数据库应该能存储抢修物资领用信息，包括领用的物资种类和数量。

以上 6 点归纳出的数据库需求是对用户需求概述进行分析，针对需求概述中每一个实际的存储要求而列出的数据库需求，它们是后续分析的基础。需要指出：并不是用户需求中每一个数据存储要求都需要给它建立一点数据库需求，有些用户需求可以合并。

8.3.2　概念模型

1. 识别实体

识别实体和实体间联系的原则在前面相关章节已经叙述过，纵览本例中整个数据库需求，有些需要存储的数据带有明显的静态特征描述，可以考虑为实体对象，如物资采购计划、设备抢修计划；有些需要存储的数据，虽然没有明显的静态特征，但经过动态特征静态化处理也可以列入实体考察对象，如预计信息、入库信息、偏差信息和领用信息。这样，在本例中可以考虑的候选实体是：抢修物资预计信息、物资采购计划、采购到货物资、抢修计划、抢修计划偏差和领用物资。

电力设备抢修物资预计信息是每个部门根据本部门管辖设备历年抢修计划数据而做出的本年度所需抢修物资种类和数量的预测，所以预计信息具有的属性是：预测年份、预测部门、设备类型、所需抢修物资种类、所需抢修物资数量等属性。

抢修物资采购计划是由电力物资部门汇总不同部门的预计信息而形成的整个公司本年度抢修物资采购计划，例如某电网公司有城东、城西、城南和城北四个供电所，每个供电所都预计本年度需要 500 个冷缩中间头作为抢修备用物资，全公司抢修物资计划中就有"冷缩中间头"这一类物资；所需数量为每次储备 500 个，分四次采购，全年累计储备 2000 个。这样既保证了下面各个供电所有足够的抢修储备，又不至于一次进货太多而导致资金和仓库面积的紧张。所以抢修物资采购计划具有的属性是：计划年份、计划名称、设备类型、所需物资种类、所需物资总数、采购次数、单次采购数量等属性。

采购到货物资信息是仓库在抢修物资每次入库时所做的台账纪录，首先要记录根据哪一年采购计划去完成物资采购的，其次要记录入库物资的种类和数量，还要记录物资放在哪些仓库中的哪些仓位中。还是以冷缩中间头为例，第一次采购的 500 个放在城东南的仓库中，第二次采购的 500 个放在城西北的仓库中，第三次、第四次采购的 500 个就要看城东南仓库和城西北的仓库各缺货多少，然后分别补满。所以，抢修物资入库信息包含的属性是：入库日期、采购计划、入库物资种类、仓库、仓位、入库物资数量（入库量）等。

设备抢修计划是每次设备发生故障缺陷时，需要技术部门尽快制订抢修计划。计划中主要包含抢修工程的名称、抢修工程的具体抢修内容、计划所需抢修物资种类和计划所需每一种抢修物资的数量，当计划审批通过后，工程队根据计划所列的内容进行物资和人员的配备，然后实施抢修工程。历年形成的设备抢修计划是设备管辖部门制订新一年度抢修物资计划的判断基础。所以设备抢修计划包含抢修工程名称、抢修工程内容、抢修所需物资种类、抢修所需物资数量等属性。

领用物资信息是抢修时具体发生的物资领用信息，包括哪一个抢修工程发生的物资领用信息、领用日期、领用物资的种类、领用物资的数量、从哪个仓库哪个仓位出的货。例如，城南供电所需要领用冷缩中间头 30 个，东南仓库里库存 20 个，西北仓库里库存 20 个，那就先从东南仓库中领用 20 个，再从西北仓库中领用 10 个。所以物资领用信息包含工程项目名称、领用物资种类、仓库、仓位领用物资数量（出库量）等属性。

当具体抢修打开设备时，有时会发生故障判断预测不准的情况，实际故障性质可能比预测的要严重，这时需要额外增加抢修物资，有时是抢修物资种类不增加，仅需要增加抢修物资的数量，有时会发现新问题，需要额外增加抢修物资的种类和数量；当然也可能发生实际故障比预测要轻的情况，此时计划所列的物资和数量就不一定全部用上。所以抢修计划偏差信息包含：工程项目名称、抢修偏差物资种类、抢修偏差物资数量、偏差类型（正偏差还是负偏差）等属性。

到此为止，前面所列的候选实体都具有与电力抢修物资相关的属性，所以它们都可以作为电力抢修数据库概念模型中的实体。但是在整个分析中还有一些十分重要的属性，例如每一种抢修物资的库存余额，入库时新的库存余额是原始库存余额加上入库量，而出库时，新的库存余额是原始库存余额减去出库量，而"库存余额"在已有的实体中没有反映。又如，到目前为止的所有分析都围绕着物资，仓库的信息很少，当入库时往往需要判断目前仓库是否有空，仓库仓位最大库容是多少；而出库时又要设定一条最低库存线，当实际库存低于最低库存时，需要报警启动补货流程。而仓库是否有空、仓位最大库存、最低库存量等这些属性并没有反映到概念模型中。所以还需要再识别一些实体，库存余额和最低库存量反映的是库存物资的重要特性，所以增加库存物资实体，它包含物资名称、存储数量和最低库存量等属性；而仓库是否有空、仓位最大库容反映的是仓库的重要特征，所以增加仓库实体，它包含仓库号、仓库名称、仓位编号、最大库容等属性。

2. 系统局部 E-R 图

总结以上概念设计，共得到抢修物资预计信息、物资采购计划、采购到货物资、抢修计划、抢修计划偏差、领用物资、库存物资、仓库这 8 个实体，它们描述了现实世界的电网抢修物资，但是单纯用实体来描述现实世界中的物资是不够的，实际上物资从采购计划到入库物资，从入库物资到库存物资，从库存物资到出库物资，它们之间必然是有联系的。所以当实体抽象出来后，接下来应该分析这些实体之间有什么联系。多个部门当年度的抢修物资预测信息生成一个年度的物资采购计划，物资预测信息实体和年度物资采购计划实体之间是一对多的联系，如图 8.17 所示。

一个年度采购计划可以确定多种采购到货物资，每种采购到货物资属于某一个年度采购计划，年度采购计划实体和采购到货物资实体之间是一对多的联系，如图 8.18 所示。

当采购到货物资入库后需要增加对应的总库存物资信息，采购到货物资和库存物资实体之间是一对一的联系；当物资出库后应减少对应的总库存信息，领用物资和库存物资实体之间是一对一的联系；一种采购到货物资可以存放在多个仓库里，一个仓库可以存放多种采购到货物资，采购到货物资和仓库实体之间是多对多的联系；一种抢修领用物资可以从多个仓库中出库，一个仓库可以出库多种抢修物资，领用物资和仓库实体之间是多对多的联系，如图 8.19 所示。

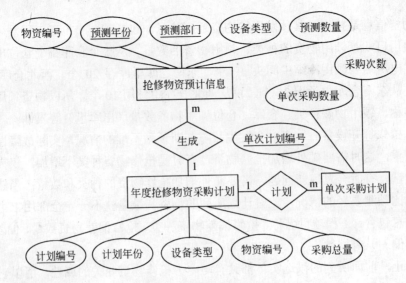

图 8.17　局部 E-R 图（1）

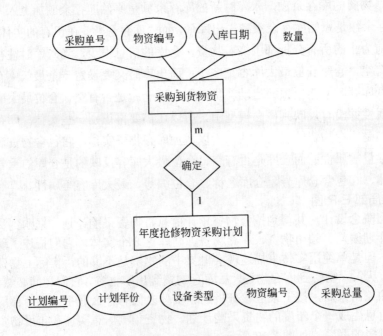

图 8.18　局部 E-R 图（2）

　　一个抢修计划对应一个抢修工程，一个抢修计划需要多次领用抢修物资，每次领用的物资对应某个抢修计划，抢修计划和领用物资实体之间是一对多的联系；一个抢修计划可以有多个计划偏差，但一个计划偏差对应一个抢修计划，抢修计划和抢修计划偏差实体之间是一对多的联系，如图 8.20 所示。

　　将以上的分析用 E-R 图表示，它表示了电网设备抢修过程中物资从计划到采购、从入库到出库的"数据化描述"。在后面的设计中会将这些"数据化描述"映射到数据库中去，从而完成"现实世界的物资"到"数据库世界的物资"的转换。

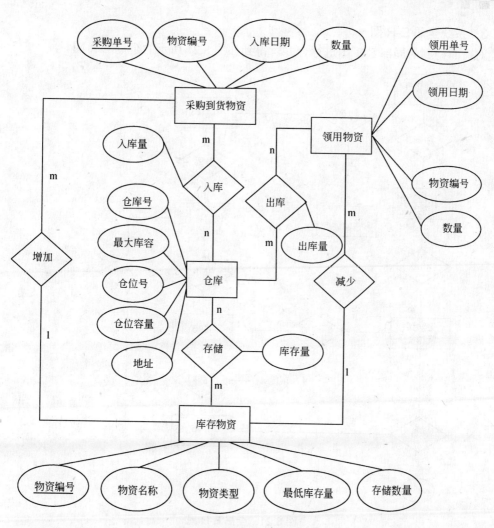

图 8.19 局部 E-R 图（3）

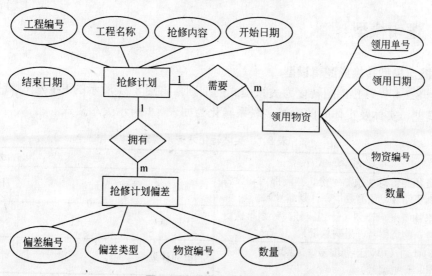

图 8.20 局部 E-R 图（4）

3. 系统全局 E-R 图

对前面得到的局部 E-R 图进行合并，得到如图 8.21 所示的全局 E-R 图。

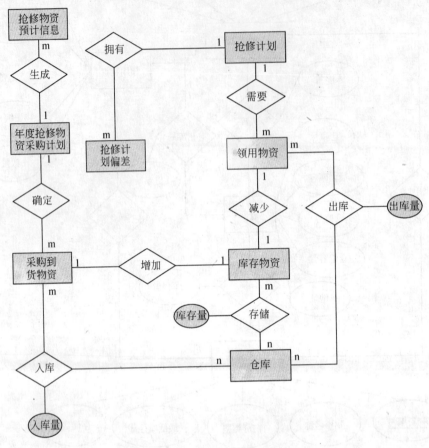

图 8.21　全局 E-R 图

8.3.3　逻辑模型

1. 概念模型转换成逻辑模型

根据 8.2.4 节中 E-R 图转化为关系模式的准则，将图 8.21 所示的 E-R 模型转换成相应的逻辑模型，实体及实体间的一对多联系转化为如表 8.1 所示关系模式。

表 8.1　实体转化为关系模式

关系模式	主　　码	外　　键
抢修物资预测信息（预测年份、预测部门、设备类型、物资编号、预测数量、计划编号）	预测年份+预测部门	计划编号
年度抢修物资采购计划（计划编号、计划年份、设备类型、物资编号、采购总量）	计划编号	
单次采购计划（单词计划编号、采购次数、单次采购数量、计划编号）	单词计划编号	计划编号

续表

关 系 模 式	主 码	外 键
采购到货物资（采购单号、入库日期、物资编号、计划编号、数量、入库日期）	采购单号	计划编号
抢修计划（工程编号、工程名称、抢修内容、开始日期、结束日期）	工程编号	
抢修计划偏差（偏差编号、工程编号、物资编号、数量、偏差类型）	偏差编号	工程编号
领用物资（领用单号、工程编号、物资编号、数量、领用日期）	领用单号	工程编号
库存物资（物资编号、物资名称、物资类型、存储数量、最低库存量）	物资编号	
仓库（仓库号、最大库容、仓位号、仓位容量、地址）	仓库号+仓位号	

当 E-R 图中的实体转换成关系模式后，接下来将 E-R 图中的多对多联系转换成关系模式，如表 8.2 所示。

表 8.2　多对多联系转换成关系模式

关 系 模 式	主 码	外 键
入库（采购单号、仓库号、仓位号、入库量）	采购单号+仓库号+仓位号	采购单号、仓库号+仓位号
存储（物资编码、仓库号、仓位号、存储量）	物资编号+仓库号+仓位号	物资编号、仓库号+仓位号
出库（领用单号、仓库号、仓位号、出库量）	领用单号+仓库号+仓位号	领用单号、仓库号+仓位号

2．规范化

当得到全部关系模式后，再检查一下它们是否都符合 3NF。关系模式"仓库"中，码是（仓库号、仓位号），非主属性最大库容及地址部分依赖于码，不属于 3NF。所以将该关系模式进行分解，得到两个关系模式：

仓库（<u>仓库号</u>,最大库存量,地址）
仓位（<u>仓位号</u>,仓库号,最大仓位容量）

3．关系模式优化

在本设计的所有关系模式中，多个关系涉及"物资编号"这个属性，而物资的具体信息（物资名称、类型）均在关系模式"库存物资"中，因此查询时必然会多次涉及这些关系和库存物资关系的连接查询操作。为了提高查询效率，将"库存物资"垂直分解为两个关系模式：

物资（物资编号，物资名称，物资类型）
库存物资（物资编号，最低库存量，存储数量）

4．设计关系模式的属性

对关系模式规范化以后，就可以设计每个关系模式的具体属性，设计内容主要包括属性名称、属性类型、属性长度和约束，如表 8.3 所示。

表 8.3 关系模式属性

关系模式	属　　　性	属性类型	长度	约　　　束
抢修物资预测信息	预测年份	日期型		主键
	预测部门	字符型	20	主键
	设备类型	字符型	20	
	物资编号	字符型	20	外键
	预测数量	整数		大于等于 0
	计划编号	字符型		外键
年度抢修物资采购计划	计划编号	整数		主键
	计划年份	日期型		
	设备类型	字符型	20	
	物资编号	字符型	20	外键
	采购总量	整数		大于等于 0 且小于等于部门预测数量
单次采购计划	单次计划编号	字符型	20	主键
	计划编号	字符型	20	外键
	采购次数	整数		大于 0
	单次采购数量	整数		大于等于 0，单次采购数量之和小于等于对应的计划采购总量
采购到货物资	采购单号	字符型	20	主键
	入库日期	日期型		
	物资编码	字符型	20	外键
	计划编号	字符型	20	外键
	入库量	整数		大于等于 0 且小于等于对应的单次采购数量
抢修计划	工程编号	整数		主键
	工程名称	字符型	60	
	抢修内容	备注型		
	物资编码	字符型	20	外键
	开始日期	日期型		
	结束日期	日期型		结束日期>=开始日期
抢修计划偏差	偏差编号	字符型	20	主键
	工程编号	字符型	20	外键
	物资编号	字符型	20	外键
	数量	整数		大于等于 0
	偏差类型	字符型	8	
领用物资	领用单号	字符型	20	主键
	工程编号	整数		外键
	物资编号	字符型	20	外键
	领用日期	日期型		
	数量	整数		大于等于 0 且小于等于对应物资的存储量

续表

关系模式	属　性	属性类型	长度	约　束
库存物资	物资编号	字符型	20	主键
	存储数量	整数		大于等于 0 且等于对应物资入库量和出库量之差
	最低库存量	整数		大于等于 0
仓库	仓库号	整数		主键
	地址	字符型	40	
	最大库容	整数		大于等于 0
仓位	仓位号	整数		主键
	仓库号	整数		主键、外键
	最大仓位容量	整数		大于等于 0
物资	物资编码	整数		主键
	物资名称	字符型	80	
	物资类型	字符型	20	
入库	采购单号	字符型	20	主键、外键
	仓库号	整数		主键、外键
	仓位号	整数		主键、外键
	入库量	整数		大于等于 0 且小于等于对应物资到货的入库量且小于等于对应仓位的最大容量
存储	物资编号	字符型	20	主键、外键
	仓库号	整数		主键、外键
	仓位号	整数		主键、外键
	存储量	整数		大于等于 0 且等于对应入库量和出库量之差且小于等于对应仓位的最大容量
出库	领用单号	字符型	20	主键、外键
	仓库号	整数		主键、外键
	仓位号	整数		主键、外键
	出库量	整数		大于等于 0 且小于等于对应物资的出库量且小于等于出库仓位的最大容量

设计约束时除了考虑数据库本身的一些约束（如主键、外键、唯一性等）外，还要考虑数据库具体应用的背景。如：某种物资的采购到货量可能存放在一个仓库的一个仓位里，也可能存储在不同仓库的不同仓位中，所以，关系模式"采购到货物资"中属性"入库量"的约束是：大于等于 0 且小于等于对应的单次采购数量，而关系模式"入库"中属性"入库量"是到货物资分别存在不同仓位中的入库量，它的约束是：大于等于 0 且小于等于对应物资到货的入库量且小于等于对应仓位的最大容量。

小　结

数据库设计包括六个阶段：需求分析、概念设计、逻辑设计、物理设计、数据库实现、数据库的运行与维护。其中重点是概念设计与逻辑设计。

数据库设计是一个很复杂的过程，掌握本章所介绍的基本理论，对在实际工作中设计用户所需要的数据库应用系统有着很重要的指导意义。

本章中的一些重要概念归纳总结如下：

- **数据库设计的基本任务**：根据一个单位的信息需求、处理需求和数据库的支撑环境（包括 DBMS、操作系统和硬件），设计出数据模式（包括外模式、逻辑（概念）模式和内模式）以及典型的应用程序。
- **需求分析**：设计一个数据库，首先必须确认数据库的用户和用途。由于数据库是一个单位的模拟，数据库设计者必须对一个单位的组织结构、各部门的联系、有关事物和活动以及描述它们的数据、信息流程、政策和制度、报表及其格式和有关的文档等有所了解。收集和分析这些资料的过程称为需求分析。
- **概念设计**：概念设计的任务包括数据库概念模式设计和事务设计两个方面。其中事务设计的任务是，考察需求分析阶段提出的数据库操作任务，形成数据库事务的高级说明。数据库概念模式设计的任务是，以需求分析阶段所识别的数据项和应用领域的未来改变信息为基础，使用高级数据库模型建立数据库概念模式。
- **逻辑设计**：数据库逻辑设计的任务是把数据库概念设计阶段产生的数据库概念模式转换为 DBMS 所支持的数据库逻辑模式。
- **物理设计**：数据库物理设计的任务是在数据库逻辑结构设计的基础上，为每个关系模式选择合适的存取方法和存储结构。最常用的存取方法是索引方法。在常用的连接属性和选择属性上建立索引，可显著提高查询效率。

习　题

选择题

1. 数据库物理设计不包括（　　）。
  A. 加载数据　　　B. 分配空间　　　C. 选择存取空间　　　D. 确定存取方法

2. 如果采用关系数据库实现应用，在数据库的逻辑设计阶段需将（　　）转换为关系数据模型。
  A. E-R 模型　　　B. 层次模型　　　C. 关系模型　　　D. 网状模型

3. 在数据库设计的需求分析阶段，业务流程一般采用（　　）表示。
  A. E-R 图　　　B. 数据流图　　　C. 程序结构图　　　D. 程序框图

4. 概念设计的结果是（　　）。
  A. 一个与 DBMS 相关的概念模式　　　B. 一个与 DBMS 无关的概念模式
  C. 数据库系统的公用视图　　　　　　D. 数据库系统的数据词典

5. 如果采用关系数据库来实现应用，在数据库设计的（　　）阶段将关系模式进行规范化处理。
  A. 需求分析　　　B. 概念设计　　　C. 逻辑设计　　　D. 物理设计

6. 在数据库设计中，当合并局部 E-R 图时，学生在某一局部应用中被当作实体，而另一局部应用中被当作属性，那么被称为（　　）冲突。
  A. 属性冲突　　　B. 命名冲突　　　C. 联系冲突　　　D. 结构冲突

7. 在数据库设计中，E-R 模型是进行（　　）的一个主要工具。

　　A．需求分析　　　B．概念设计　　　C．逻辑设计　　　D．物理设计

　　8. 在数据库设计中，学生的学号在某一局部应用中被定义为字符型，而另一局部应用中被定义为整型，那么被称为（　　）冲突。

　　　　A．属性冲突　　　B．命名冲突　　　C．联系冲突　　　　D．结构冲突

　　9. 如果两个实体之间的联系是多对多的，转换为关系时，（　　）。

　　　　A. 联系本身必须单独转换为一个关系

　　　　B. 联系本身不必单独转换为一个关系

　　　　C. 联系本身也可以不单独转换为一个关系

　　　　D. 将两个实体集合并为一个实体集

　　10. 下列关于数据库运行和维护的叙述中，（　　）是正确的。

　　　　A. 只要数据库正式投入运行，就标志着数据库设计工作的结束

　　　　B. 数据库的维护工作就是维护数据库系统的正常运行

　　　　C. 数据库的维护工作就是发现错误、修改错误

　　　　D. 数据库正式投入运行标志着数据库运行和维护工作的开始

问答题

　　1. 请简要阐述一个数据库设计的几个阶段。

　　2. 数据库设计的需求分析阶段是如何实现的？目标是什么？

　　3. 概念模型有哪些特点？

　　4. 概念设计的具体步骤是什么？

　　5. 试阐述采用 E-R 方法进行数据库概念设计的过程。

　　6. 在将局部 E-R 模型合并成全局 E-R 模型时，应消除哪些冲突？

　　7. 试阐述逻辑设计阶段的主要步骤和内容。

　　8. 规范化理论对数据库设计有什么指导意义？

　　9. 什么是数据库结构的物理设计？试述其具体步骤。

　　10. 数据库实现阶段主要做什么工作？

　　11. 数据库投入运行后，有哪些维护工作？

综合题

　　1. 请设计一个图书馆数据库，此数据库对每一个借阅者保持读者记录，包括：读者号、姓名、地址、性别、年龄、单位。对每本书有：书号、书名、作者、ISBN，对出版每本书的出版社有：出版社名、地址、电话、邮编，对每本被借出的书有：借出的日期、应还日期。要求给出 E-R 图，再将其转换为关系模型。

　　2. 某商业集团管理系统涉及两个实体类型。实体"商店"有商店编号、商店名、地址和电话属性；实体"顾客"有顾客编号、姓名、性别、出生年月和家庭地址属性。顾客与商店之间存在着消费联系。假定一位顾客可去多个商店购物，多位顾客可以前往同一商店购物，必须记下顾客每次购物的消费金额。

　　（1）请画出系统 E-R 图。

　　（2）将 E-R 图转换成关系模式。

　　（3）指出转换后的每个关系模式的关系键。

第9章

数据库安全

数据库是重要的共享信息资源，必须加以保护。在前面的章节中已经提到数据系统中的数据是由 DBMS 统一进行管理和控制的。数据库的安全保护就是为了保证数据库系统的正常运行，防止数据被非法访问，并保证数据的一致性以及当数据库遭受破坏后能迅速恢复正常。

9.1 安全性概述

数据库的安全性是指保护数据库以防止不合法的使用所造成的数据泄露、更改或破坏。安全性问题是多方面的问题，不是数据库系统所特有的。

所有计算机系统都有这个问题。只是在数据库系统中大量数据集中存放，而且为许多最终用户直接共享，从而使安全性问题更为突出。在计算机系统中，安全措施是一级一级层层设置，在图 9.1 所示的安全模型中，当用户登录操作系统时，系统首先根据用户标识进行鉴定，只允许合法用户登录。已登录系统的用户，DBMS 还要进行存取权限控制，只允许用户进行合法操作。

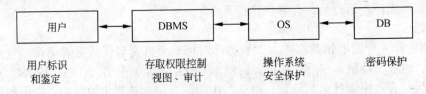

| 用户 | DBMS | OS | DB |

用户标识　　　　　　存取权限控制　　　　　操作系统　　　　　密码保护
和鉴定　　　　　　　视图、审计　　　　　　安全保护

图 9.1　计算机系统的安全模型

操作系统一级也会有自己的保护措施。数据最后还可以以密码形式存储到数据库中。操作系统一级的安全措施不在本节讨论之列。本节主要介绍数据库安全保护的常用方法：存取控制、视图机制、审计密码保护。现有的数据技术一般都涉及这些技术，以保证数据库的安全，防止未经许可的人员窃取、篡改或破坏数据库的内容。

9.1.1 用户标识与鉴别

数据库系统只允许合法的用户进行合法的操作，首先数据库会对用户进行标识，系统内部记录所有合法用户的标识，每次用户要求进入系统时，系统都将对该用户进行鉴定以确定用户的合法性。

用户标识和鉴定的方法有很多，而且往往是多种方法并用。常用的方法有：

- 用户标识。用一个用户标识（User ID）或用户名（User Name）来标明用户的身份。系统根据内部记录的合法用户的标识，鉴别此用户是否为合法用户，若是，则可以进入下一步的核实；若不是，则不能使用系统。
- 口令。用户标识或用户名往往是公开的，不足以成为用户鉴别的凭证，为了进一步核实用户，系统常要求用户输入用户标识（User ID）和口令（Password）进行用户真伪的鉴别。为了保密，通常口令是不显示在显示屏上的。

上述的方法简单易行，被大量使用。但是用户名和口令容易被人窃取，因此还可采用更复杂的方法。例如每个用户可预先约定一个计算函数，鉴别用户身份时，系统提供一个随机数，用户根据预先约好的计算函数计算出相应的数值，系统根据用户输入的数值鉴别用户身份。

9.1.2　存取控制

数据库安全性所关心的主要是 DBMS 的存取控制机制。数据库安全的最重要的一点就是确保每个用户只能访问他有权存取的数据并执行获权的操作，同时令所有未被授权的用户无法接近数据。这主要是通过数据库系统的存取控制机制实现的。

存取控制机制主要包括以下两部分：

1. 定义用户权限

用户存取权限指的是不同用户对于不同的数据对象允许执行的操作权限。系统将用户存取权限登记在数据字典中。定义用户的存取权限称为授权，为此，DBMS 提供了适当的语言来描述授权决定，该语言称为数据控制语言 DCL。

2. 合法权限检查

每当用户发出存取数据库的操作请求后（请求一般应包括操作类型、操作对象和操作用户等信息），DBMS 查找数据字典，根据安全规则进行合法权限检查，若用户的操作请求超出了定义的权限，系统将拒绝执行此操作。

当前 DBMS 一般采用两种访问控制策略：

- 自主存取控制。自主存取控制是目前数据库中使用最为普遍的访问手段。用户可以按照自己的意愿对系统的参数作适当的调整以决定哪些用户可以访问他们的资源，即一个用户可以有选择地与其他用户共享他的资源。

在自主存取控制方法中，用户对信息的控制基于对用户的鉴别和访问规则的确定。用户对于不同的数据库对象有不同的存取权限，不同的用户对同一对象也有不同的权限，而且在一定条件下，用户还可将其拥有的存取权限转授给其他用户。所以自主存取控制方法非常灵活。

- 强制存取控制。在强制存取控制为系统中的每个主体和客体标出不同的安全等级后，这些安全等级由系统控制并不能随意更改。如果系统认为具有某一等级安全属性的主体不能访问具有一定安全等级属性的客体，那么该主体将绝对不能访问客体。

9.1.3　自主存取控制方法

一般，大型数据库管理系统几乎都支持自主存取控制（DAC）方法，目前，SQL标准主要通过GRANT语句和REVOKE语句来实现。用户权限主要是由数据对象和操作类型两个要素组成。定义一个用户的存取权限就是要定义这个用户可以在哪些数据对象上进行哪些类型的操作。

在关系数据库系统，DBA可以把建立和修改基本表的权限授予用户，用户获得此权限后可以建立和修改基本表，还可以创建所建表的索引和视图。因此，关系数据库系统中，存取控制的数据对象不仅要包括数据本身（如表、属性列等），还有模式、外模式、内模式等数据字典中的内容。

自主存取控制能够通过授权机制有效地控制用户对敏感数据的存取，但是也存在着一定的缺陷。由于用户对数据的存取权限是"自主"的，用户可以自由地决定将数据的存取权限授予何人、决定是否将"授权"权限也授予别人，而系统对此无法控制。因此我们称这样的存取控制是自主存取控制。

9.1.4　强制存取控制方法

在自主存取控制中，由于用户对数据的存取权限是自主的，在这种授权机制下，可能存在数据的"无意泄露"。比如，甲将自己权限范围内的某些数据存取权限授予给乙，甲的意图是只允许乙本人操纵这些数据。但是大家的这种安全性要求并不能得到保证，因为乙一旦获得了对数据的权限，就可以将数据备份，获得自身权限内的副本，并可在不征得甲同意的前提下传播副本。造成这一问题的根本原因就是自主存取机制仅仅通过对数据的存取权限来进行安全控制，而数据本身并无安全性标记。而强制存取控制就能解决这一问题。

强制存取控制（MAC）方法是指系统按照TDI/TCSEC标准中安全策略的要求，为保证更高程度的安全性所采取的强制存取检查手段。它不是用户能直接感知或进行控制的。

MAC适用于那些对数据有严格且固定密级分类的部门，例如军事部门或政府部门。

在MAC中，DBMS所管理的全部实体被分为主体和客体两大类。

主体是系统中的活动实体，既包括DBMS所管理的实际用户，也包括代表用户的各进程。客体是系统中的被动实体，是受主体操纵的，包括文件、基本表、索引、视图等。对于主体和客体，DBMS为它们每个实例（值）指派一个敏感度标记（Label）。敏感度标记被分成若干级别，例如绝密（Top Secret）、机密（Secret）、可信（Confidential）、公开（Public）等。主体的敏感度标记称为许可证级别（Clearance Level），客体的敏感度标记称为密级（Classification Level）。MAC机制就是通过对比主体的Label和客体的Label，最终确定主体是否能够存取客体。

当某一用户（或一主体）以标记Label注册入系统时，系统要求他对任何客体的存取必须遵循如下规则：

- 仅当主体的许可证级别大于或等于客体的密级时，该主体才能读取相应的客体。
- 仅当主体的许可证级别等于客体的密级时，该主体才能写相应的客体。

第一条规则的意义是明显的，而第二条规则需要解释一下。在某些系统中，第二条规则与这里的规则有些差别。这些系统规定：仅当主体的许可证级别小于或等于客体的密级时，该主体才能写相应的客体，即用户可以为写入的数据对象赋予高于自己的许可证级别的密级。这样一旦数据被写入，该用户自己也不能再读该数据对象了。这两种规则的共同点在于它们均禁止了拥有高许可证级别的主体更新低密级的数据对象，从而防止了敏感数据的泄露。

强制存取控制是对数据本身进行密级标记，无论数据如何复制，标记与数据是一个不可分割的整体，只有符合密级标记要求的用户才可以操纵数据，从而提供了更高级别的安全性。

较高安全性级别提供的安全保护要包含较低级别的所有保护，因此在实现 MAC 时要首先实现 DAC，即 DAC 与 MAC 共同构成 DBMS 的安全机制。系统首先进行 DAC 检查，对通过 DAC 检查的允许存取的数据对象再由系统自动进行 MAC 检查，只有通过 MAC 检查的数据对象方可存取。

9.1.5 视图机制

视图是关系数据库系统提供给用户以多种角度观察数据库中数据的重要机制。视图是从一个或几个基本表（或视图）导出的表，它与基本表不同，是一个虚表。数据库中只存放视图的定义，而不存放视图对应的数据，这些数据依然存放在原来的基本表中。所以，基本表中的数据发生变化，从视图中查询出的数据也就随之改变了。从这个意义上讲，视图就像一个窗口，透过它可以看到数据库中自己感兴趣的数据及其变化。

视图在概念上与基本表等同，这样就可以为不同的用户定义不同的视图，把数据对象限制在一定的范围内，也就是说，可以指定表中的某些行、列，也可以将多个表中的列组合起来，使得这些列看起来就像一个简单的数据库表。

总之，有了视图机制，就可以在设计数据库应用系统时，对不同的用户定义不同的视图，使要保密数据对无权存取的用户隐藏起来，这样视图机制就自动提供了对机密数据的安全保护功能。

【例 9.1】 在前面提到的配电物资表 Stock 中如果指定 U1 用户只能查看第一仓库的物资时，可以先建立第一仓库的配电物资视图，然后在该视图上进一步定义存取权限。

```
CREATE VIEW View_Stock1
AS
SELECT * FROM STOCK
WHERE warehouse='第一仓库';

GRANT SELECT
ON View_Stock1
TO U1;
```

9.1.6 审计

因为任何系统的安全保护措施都不是完美无缺的，蓄意盗窃、破坏数据的人总是想方设法打破控制，审计功能是一种监视措施，它跟踪记录有关数据的访问活动。

使用审计功能把用户对数据的所有操作自动记录下来，存储在一个特殊的文件中，该文件称为审计日志。审计日志中的记录一般包括：请求，操作类型（例如修改、查询等），操作终端标识与操作者标识，操作日期时间，操作所涉及的相关数据（例如基本表、视图、记录、属性等），数据的前项和后项等。利用这些信息，可以进行分析，从中发现危及安全的行为，找出原因，追究责任，采取防范措施。

9.1.7　数据加密

数据加密是防止数据库中数据在存储和传输中失密的有效手段，加密的基本思想是根据一定的算法将原始数据（明文）加密成为不可直接识别的格式（密文），数据以密文的形式存储和传输。

加密方法主要有两种，一种是替换法，该方法使用密钥（Encryption Key）将明文中的每个字符转换为密文中的字符。另一种是转换方法，该方法将明文的字符按不同的顺序重新排列。单独使用这两种方法的任意一种都是不够安全的。通常将这两种方法结合起来使用，就可以达到相当高的安全程度。

由于加密和解密是比较费时的操作，而且数据加密与解密程序会占用大量的系统资源，因此，数据加密功能常常也作为可选功能。

9.2　SQL Server 的安全性

9.2.1　SQL Server 2005 的身份验证模式

当用户登录数据库系统时，如何确保只有合法的用户才能登录到系统中呢？这是一个最基本的安全性问题，也是数据库管理系统提供的基本功能。在 Microsoft SQL Server 系统中，这个问题是通过身份验证模式和主体解决的。

身份验证模式是 Microsoft SQL Server 2005 系统验证客户端和服务器之间连接的方式。Microsoft SQL Server 2005 系统提供了两种身份验证模式：Windows 身份验证模式和混合模式。在 Windows 身份验证模式中，用户通过 Microsoft Windows 与用户账户连接时，SQL Server 使用 Windows 操作系统中的信息验证账户名和密码。Windows 身份验证模式是默认的身份验证模式，它比混合模式安全。Windows 身份验证模式使用 Kerberos 安全协议，通过强密码的复杂性验证提供密码策略强制、账户锁定支持、支持密码过期等。在混合模式中，当客户端连接到服务器时，既可能采取 Windows 身份验证，也可能采取 SQL Server 身份验证。当设置为混合模式时，允许用户使用 Windows 身份验证和 SQL Server 身份验证进行连接。通过 Windows 用户账户连接的用户可以使用 Windows 验证的受信任连接。如果必须选择"混合模式"并要求使用 SQL Server 账户登录，则必须为所有的 SQL Server 账户设置强密码。

9.2.2　SQL Server 2005 的安全机制

SQL Server 2005 的安全机制主要通过 SQL Server 的安全性主体和安全对象来实现。SQL Server 的安全性主体主要有三个级别，分别是：服务器级别、数据库级别、架构级别。

1．服务器级别

服务器级别所包含的安全对象主要有登录名、固定服务器角色等，其中登录名用于登录数据库服务器，而固定服务器角色用于给登录名赋予相应的服务器权限。

SQL Server 2005 的登录名主要有两种，一种是 Windows 登录名，另一种是 SQL Server 登录名。

Windows 登录名对应 Windows 验证模式，该验证模式所涉及的账户类型主要有 Windows 本地用户账户、Windows 域用户账户、Windows 组。

SQL Server 登录名对应 SQL Server 验证模式，在该验证模式下，能够使用的账户类型主要是 SQL Server 账户。

2．数据库级别

数据库级别所包含的安全对象主要有用户、角色、应用程序角色、证书、对称密钥、非对称密钥、程序集、全文目录、DDL 事件、架构等。

用户安全对象是用来访问数据库的。如果某人只拥有登录名，而没有在相应的数据库中为其创建登录名对应的用户，则该用户只能登录数据库服务器，而不能访问相应的数据库。若此时为其创建登录名所对应的数据库用户，而没有赋予相应的角色，则系统默认为该用户自动具有 Public 角色。因此，该用户登录数据库后对数据库的资源只拥有一些公共的权限。如果想让该用户对数据库中的资源拥有一些特殊的权限，则应该将该用户添加到相应角色中。

3．架构级别

架构级别所包含的安全对象主要有表、视图、函数、存储过程、类型、聚合函数等。架构的作用简单地说就是将数据库中的所有对象分成不同的集合，这些集合没有交集，每一个集合就称为一个架构。数据库中的每一个用户都会有自己的默认架构，这个默认架构可以在创建数据库时由创建者设定，若不设定则系统默认架构为 dbo。数据库用户只能对属于自己架构中的数据库对象执行相应的数据操作。至于操作的权限则由数据库角色所决定。

一个数据库使用者，想要登录 SQL Server 服务器上的数据库，并对数据库中的表执行更新操作，则该使用者必须经过图 9.2 所示的安全验证。

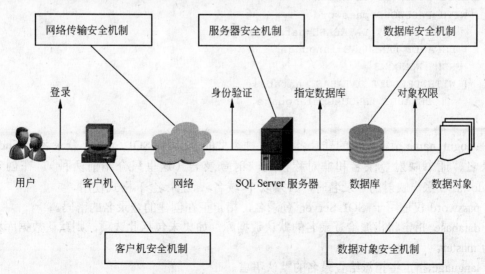

图 9.2　SQL Server 数据库安全验证

9.3 用户管理和角色管理

安全控制首先是用户管理，DBMS 通过用户账户对用户的身份进行识别，从而完成对数据资源的控制。

9.3.1 登录用户和数据库用户

在 SQL Server 中，有登录用户（login user）和数据库用户（database user）两个概念。一个用户必需首先是一个数据库系统的登录用户，然后才可以访问某一个具体的数据库。虽然有两道安全防线，但并不意味着要登录两次，一个登录用户只要登录成功，就可以直接访问授权使用的数据库。一个登录用户可以是多个数据库的用户。

登录用户由系统管理员管理，而数据库用户可以由数据库管理员管理。

9.3.2 用户管理

1. 登录用户的管理

不管用哪种验证方式，用户都必须具备有效的 Windows 用户登录名。SQL Server 有两个常用的默认登录名： sa（系统管理员，拥有操作 SQL Server 系统的所有权限，该登录名不能被删除）和 BUILTIN\Administrator（SQL Server 为每个 Windows 系统管理员提供的默认用户账户，在 SQL Server 中拥有系统和数据库的所有权限）。

（1）创建新的 SQL Server 登录用户

创建新的登录用户可以通过系统存储过程 CREATE LOGIN，语法如下：

```
CREATE LOGIN login_name
{ WITH PASSWORD=password
    [ , DEFAULT_DATABASE=database
  | DEFAULT_LANGUAGE=language]
  |FROM  WINDOWS
  [ WITH DEFAULT_DATABASE=database
    | DEFAULT_LANGUAGE=language]
}
```

其中：login_name 指定创建的登录名。有 4 种类型的登录名：SQL Server 登录名、Windows 登录名、证书映射登录名和非对称密钥映射登录名（这里只介绍前两种）。在创建从 Windows 域账户映射的登录名时，必须以 [<域名>\<登录名>] 格式使用。

password 仅适用于 SQL Server 登录名，指定正在创建的登录名的密码。

database 指定将指派给登录名的默认数据库。如果未包括此选项，则默认数据库将设置为 master。

language 指定将指派给登录名的默认语言。

- 创建 Windows 验证模式登录名：

使用 FROM 子句，WINDOWS 关键字指定将登录名映射到 Windows 登录名。

例如，假设本地计算机名为 student_1，S1 是一个已经创建的 Windows 用户，创建 Windows 验证模式下的登录名 S1，默认数据库是 master，命令如下：

```
USE master
Go
CREATE LOGIN  [student_1\S1]
FROM  WINDOWS  WITH  DEFAULT_DATABASE=master
```

- 创建 SQL Server 验证模式登录名：

例如，创建 SQL Server 登录名 S2，密码为 123456，默认数据库为 master，命令如下：

```
CREATE LOGIN  S2
WITH   PASSWORD='123456', DEFAULT_DATABASE=master
```

（2）删除登录名

删除登录名用 DROP LOGIN 命令，语法格式如下：

```
DROP LOGIN login_name
```

其中，login_name 为要删除的登录名。

例如，下列命令分别删除 Windows 登录名 S1 和 SQL Server 登录名 S2：

```
DROP LOGIN [student_1\S1]
DROP LOGIN  S2
```

2．数据库用户的管理

（1）创建数据库用户。

创建数据库用户使用 CREATE USER 语句，具体格式是：

```
CREATE USER user_name
[ { FOR | FROM } LOGIN login_name  | WITHOUT LOGIN ]
[ WITH DEFAULT_SCHEMA=schema_name ]
```

其中：user_name 用于指定数据库用户名。

login_name 指定要创建数据库用户的登录名，login_name 必须是服务器中有效的登录名。

例如，使用 SQL Server 登录名 S2（假设已经创建）在 sample 数据库中创建数据库用户 user1，默认架构为 dbo，命令如下：

```
USE sample
go
CREATE USER user1
FROM  LOGIN  S2
WITH DEFAULT_SCHEMA=dbo
```

（2）删除数据库用户。删除数据库用户采用 DROP USER 语句，格式如下：

```
DROP USER user_name
```

其中，user_name 为要删除的用户名。

例如，删除 sample 数据库的用户 user1，命令如下：

```
USE sample
Go
DROP USER user1
```

另外，为了向下兼容，SQL Server 2005 还可以使用系统存储过程来管理登录和用户，如 sp_grantlogin 可以创建 Windows 登录名，sp_addlogin 可以创建 SQL Server 登录名，sp_adduser 可以创建数据库用户等。

9.3.3　角色管理

角色是一个强大的工具，通过它可以将用户集中到一个"组"中，然后对该"组"应用权限。对一个角色授予、拒绝或废除的权限也适用于该角色的任何成员。例如可以建立一个角色来代表单位中一类工作人员所执行的工作，然后给这个角色授予适当的权限。当工作人员开始工作时，只须将他们添加为该角色成员，当他们离开工作时，将他们从该角色中删除，而不必在每个人接受或离开工作时，反复授予、拒绝和废除其权限。权限在用户成为角色成员时自动生效。

1．定义角色

数据库管理员可以为当前数据库创建新的角色，其格式是：

```
CREATE ROLE role_name [AUTHORIZATION  owner_name]
```

其中：role_name 是要创建的数据库角色名。

owner_name 用于指定该数据库角色的所有者。

例如，在 sample 数据库中创建角色 student_role，所有者为 dbo，命令如下：

```
USE  sample
Go
CREATE ROLE student_role
  AUTHORIZATION dbo
```

2．为用户指定角色

可以将数据库用户指定为数据库角色的成员，命令格式为：

```
sp_addrolemember  role_name,  user_account
```

其中：role_name 为当前数据库中 SQL Server 角色的名称；

user_account 为添加到角色的用户名称。

角色所有者可以执行 sp_addrolemember 为用户指定自己所拥有的任何角色。角色所有者实际上代执行了数据库管理员的部分职能。

例如：使用 Windows 验证模式的登录名 student\S1 创建 sample 数据库的用户 student\S1，并将该用户添加到角色 student_role 中，命令如下：

```
USE sample
Go
CREATE USER [student\S1]
FROM LOGIN [student\S1]
sp_addrolemember  'student_role' ,' student\S1'
```

3. 取消用户的角色

如果某个用户不再担当某个角色，可以取消用户的角色，或者说从角色中删除用户。命令格式为：

```
sp_droprolemember  role_name, user_name
```

其中：

role_name 为某个角色的名称，将要从该角色删除成员，role_name 必须已经存在于当前的数据库中；

user_name 为正在从角色中删除的用户的名称。当前数据库中必须存在 user_name。

例如，下列命令取消用户 S1 的 student_role 角色：

```
sp_droprolemember  'student_role' ,' student\S1'
```

4. 删除角色

如果当前数据库中的某个角色不再需要，则可以删除该角色。命令格式为：

```
DROP ROLE  role_name
```

其中，role_name 是将要从当前数据库中删除的角色的名称。

不能删除仍然带有成员的角色。在删除角色之前，首先必须从该角色中删除其所有的成员。另外，也不能删除固定角色及 public 角色。

例如，下列命令删除角色 student_role：

```
DROP ROLE  student_role
```

9.3.4 SQL Server 的固定角色

1. 固定服务器角色

系统管理员负责整个数据库系统的管理，而这种工作往往需要多人来承担，为此 SQL Server 将系统管理员的工作做了分解，并预定义了与之相关的各种角色，这些角色就是固定服务器角色。SQL Server 的固定服务器角色及其功能如表 9.1 所示。

表 9.1 固定服务器角色及其功能

固定服务器角色	功 能 描 述
sysadmin	可以在 SQL Server 中执行任何活动
serveradmin	可以设置服务器范围的配置选项，关闭服务器
setupadmin	可以管理连接服务器和启动过程

固定服务器角色	功 能 描 述
securityadmin	可以管理和登录 CREATE DATABASE 权限，还可以读取错误日志和更改密码
processadmin	可以管理在 SQL Server 中运行的进程
dbcreator	可以创建、更改和删除数据库
diskadmin	可以管理磁盘文件
bulkadmin	可以执行 BULK INSERT 语句

固定服务器角色的权限是固定不变的，既不能被删除，也不能增加。在这些角色中，sysadmin 固定服务器角色拥有的权限最多，可以执行系统中的所有操作。

在 SQL Server 中，可以把登录名添加到固定服务器角色中，使得登录名作为固定服务器角色的成员继承固定服务器角色的权限。如果希望指定的登录名成为某个固定服务器角色的成员，那么可以使用 sp_ addsrvrolemember 存储过程来完成这种操作。sp_addsrvrolemember 存储过程的语法如下：

```
sp_addsrvrolemember login, role
```

其中：login 是添加到固定服务器角色的登录名称。

role 是将要登录添加到的固定服务器角色的名称。

例如，下列命令将登录 JOHN 指定为 sysadmin 固定服务器角色的成员，那么以 JOHN 登录名登录系统的用户将自动拥有系统管理员权限：

```
sp_addsrvrolemember ' JOHN ', 'sysadmin'
```

如果要将固定服务器角色的某个成员删除，可以使用 sp_dropsrvrolemember 存储过程。删除固定服务器角色的登录名成员，只是表示该登录名成员不是当前固定服务器角色的成员，但是依然作为系统的登录名存在。sp_dropsrvrolemember 存储过程的语法如下：

```
sp_dropsrvrolemember login , role
```

其中：login 是将要从固定服务器角色删除的登录的名称。

role 是固定服务器角色的名称。

例如，下面的命令从 sysadmin 固定服务器角色中删除登录 JOHN：

```
sp_dropsrvrolemember JOHN, sysadmin
```

2. 固定数据库角色

就像固定服务器角色一样，固定数据库角色也具有了预先定义好的权限。使用固定数据库角色可以大大简化数据库角色权限管理工作。这些固定数据库角色及其权限如表 9.2 所示。

表 9.2　固定数据库角色及其权限

固定数据库角色	权 限 描 述
db_owner	在数据库中有全部权限
db_accessadmin	可以添加或删除用户 ID
db_securityadmin	可以管理全部权限、对象所有权、角色和角色成员资格
db_ddladmin	可以发出 ALL DDL 语句，但不能发出 GRANT、REVOKE 或 DENY 语句
db_backupoperator	可以发出 DBCC、CHECKPOINT 和 BACKUP 语句
db_datareader	可以选择数据库内任何用户表中的所有数据
db_datawriter	可以更改数据库内任何用户表中的所有数据
db_denydatareader	不能选择数据库内任何用户表中的任何数据
db_denydatawriter	不能更改数据库内任何用户表中的任何数据

　　每个数据库都有一系列固定数据库角色。虽然每个数据库中都存在名称相同的角色，但各个角色的作用域只是在特定的数据库内。例如，如果 Database1 和 Database2 中都有叫 UserX 的用户，将 Database1 中的 UserX 添加到 Database1 的 db_owner 固定数据库角色中，对 Database2 中的 UserX 是否是 Database2 的 db_owner 角色成员没有任何影响。如果某用户是 db_owner 固定数据库角色的成员，该用户就可以在数据库中执行所有的操作。

3. public 角色

　　除了前面介绍的固定角色之外，SQL Server 还有一个特殊的角色即 public 角色。public 角色有两大特点：第一，初始状态时没有权限；第二，所有的数据库用户都是它的成员。

　　固定角色都有预先定义好的权限，而且不能为这些角色增加或删除权限。虽然初始状态下 public 角色没有任何权限，但是可以为该角色授予权限。由于所有的数据库用户都是该角色的成员，并且这是自动的、默认的和不可改变的，因此数据库中的所有用户都会自动继承 public 角色的权限。

　　从某种程度上说，当为 public 角色授予权限时，实际上就是为所有的数据库用户授予权限。

9.4　权限管理

　　权限是执行操作、访问数据库的通行证。只有拥有了针对某种对象的指定权限，才能对该对象执行相应的操作。在 SQL Server 中，不同的对象有不同的权限。表 9.3 列出了常用数据库对象的权限。

表 9.3　数据库对象的常用权限

对　　象	常　用　权　限
数据库	BACKUP DATABASE、BACKUP LOG、CREATE DATABASE、CREATE DEFAULT、CREATE FUNCTION、CREATE PROCEDURE、CREATE RULE、CREATE TABLE、CREATE VIEW
表	SELECT、DELETE、INSERT、UPDATE、REFERENCES
视图	SELECT、DELETE、INSERT、UPDATE、REFERENCES

9.4.1　授予权限

1．授予语句权限

要创建数据库或数据库中的对象，必须有执行相应语句的权限。例如，如果一个用户要能够在数据库中创建表，则应该向该用户授予 CREATE TABLE 语句权限。

语句授权的命令格式是：

```
GRANT { ALL | statement [ ,…n ] }TO account [ ,…n ]
```

其中：ALL 表示授予所有可用的权限。只有 sysadmin 角色成员可以使用 ALL。

statement 是被授予权限的语句。

account 是权限将应用的用户或角色。

例如，系统管理员给用户 Mary 和 John 授予多个语句权限：

```
GRANT CREATE DATABASE, CREATE TABLE  TO Mary, John
```

2．授予对象权限

处理数据或执行存储过程中需要相应对象的操作或执行权限，这些权限可以划分为：

- SELECT、INSERT、UPDATE 和 DELETE 语句权限，它们可以应用到整个表或视图。
- SELECT 和 UPDATE 权限，它们可以有选择性地应用到表或视图中的某些列上。
- INSERT 和 DELETE 语句权限，它们会影响整行，因此只可以应用到表或视图中，而不能应用到单个列上。
- EXECUTE 语句权限，即执行存储过程和函数的权限。

数据库对象授权的命令格式如下：

```
GRANT { ALL [ PRIVILEGES ] | permission [ ,…n ] }
    { [ ( column [ ,…n ] ) ] ON { table | view }
      | ON { table | view } [ ( column [ ,…n ] ) ]
      | ON { stored_procedure | extended_procedure }
      | ON { user_defined_function }
  TO security_account [ ,…n ]
[ WITH GRANT OPTION ]
[ AS { group | role } ]
```

其中：ALL 表示授予所有可用的权限。sysadmin 和 db_owner 角色成员和数据库对象所有者都可以使用 ALL。

permission 是当前授予的对象权限。当在表、表值函数或视图上授予对象权限时，权限列表可以包括这些权限中的一个或多个：SELECT、INSERT、DELETE、REFENENCES 或 UPDATE。列表可以与 SELECT 和 UPDATE 权限一起提供。如果列表未与 SELECT 和 UPDATE 权限一起提供，那么该权限应用于表、视图或表值函数中的所有列。在存储过程上授予的对象权限只可以包括 EXECUTE。为在 SELECT 语句中访问某个列，该列上需要有 SELECT 权限；为使用 UPDATE 语句更新某个列，该列上需要有 UPDATE 权限；为创建引用某个表的 FOREIGN KEY 约束，该表上需要有 REFERENCES 权限；为使用引用某个对象的 WITH SCHEMA　BINDING 子句创建 FUNCTION 或 VIEW，该对象上需要有 REFERENCES 权限。

column 是当前数据库中授予权限的列名。

table 是当前数据库中授予权限的表名。

view 是当前数据库中被授予权限的视图名。

stored_procedure 是当前数据库中授予权限的存储过程名。

extended_procedure 是当前数据库中授予权限的扩展存储过程名。

user_defined_function 是当前数据库中授予权限的用户定义函数名。

WITH GRANT OPTION 表示给予了 security_account 将指定的对象权限授予其他安全账户的能力。WITH GRANT OPTION 子句仅对对象权限有效。

AS {group | role}指当前数据库中有执行 GRANT 语句权力的安全账户的可选名。当对象上的权限被授予一个组或角色时使用 AS，对象权限需要进一步授予不是组或角色的成员的用户。因为只有用户（而不是组或角色）可执行 GRANT 语句，组或角色的特定成员授予组或角色权力之下的对象的权限。

【例 9.2】 在电力工程抢修数据库中：

（1）将 out_stock 表的 SELECT 权限授予 public 角色

```
GRANT SELECT ON out_stock TO public
```

（2）将 out_stock 表的 INSERT，UPDATE，DELETE 权限授予用户 Mary、John

```
GRANT INSERT, UPDATE, DELETE ON out_stock  TO  Mary, John
```

（3）将对表 out_stock 的 get_date 列的修改权限授予用户 Tom

```
GRANT UPDATE ON out_stock (get_date) To Tom
```

【例 9.3】 用户 Jean 拥有表 Plan_Data。Jean 将表 Plan_Data 的 SELECT 权限授予 Accounting 角色（指定 WITH GRANT OPTION 子句）。用户 Jill 是 Accounting 的成员，他要将表 Plan_Data 上的 SELECT 权限授予用户 Jack，Jack 不是 Accounting 的成员。

因为对表 Plan_Data 用 GRANT 语句授予其他用户 SELECT 权限的权限是授予 Accounting 角色而不是显式地授予 Jill，不能因为已授予 Accounting 角色中成员该权限，而使 Jill 能够授予表的权限。Jill 必须用 AS 子句来获得 Accounting 角色的授予权限。

```
/* User Jean */
GRANT SELECT ON Plan_Data TO Accounting WITH GRANT OPTION
/* User Jill */
GRANT SELECT ON Plan_Data TO Jack AS Accounting
```

9.4.2　收回权限

授予的权限可以由 DBA 或其他授权者用 REVOKE 语句收回。收回语句权限的一般格式为：

```
REVOKE { ALL | statement [ ,…n ] } FROM account [ ,…n ]
```

其中各参数的含义同相应的 GRANT 命令。

收回对象权限的命令格式是：

```
REVOKE [ GRANT OPTION FOR ]
    { ALL [ PRIVILEGES ] | permission [ ,…n ] }
    {   [ ( column [ ,…n ] ) ] ON { table | view }
      | ON { table | view } [ ( column [ ,…n ] ) ]
      | ON { stored_procedure | extended_procedure }
      | ON { user_defined_function }        }
    { TO | FROM } account [ ,…n ]
    [ CASCADE ]
    [ AS { group | role } ]
```

其中，GRANT OPTION FOR 指定要删除的 WITH GRANT OPTION 权限。在 REVOKE 中使用 GRANT OPTION FOR 关键字可消除 GRANT 语句中指定的 WITH GRANT OPTION 设置的影响，用户仍然具有该权限，但是不能将该权限授予其他用户。

如果要废除的权限原先不是通过 WITH GRANT OPTION 设置授予的，则忽略 GRANT OPTION FOR（若指定了此参数）并照例废除权限。

如果要废除的权限原先是通过 WITH GRANT OPTION 设置授予的，则指定 CASCADE 和 GRANT OPTION FOR 子句；否则将返回一个错误。CASCADE 指定删除来自 security_account 的权限时，也将删除由 account 授权的任何其他安全账户。废除可授予的权限时使用 CASCADE。

如果要废除的权限原先是通过 WITH GRANT OPTION 设置授予 account 的，则指定 CASCADE 和 GRANT OPTION FOR 子句；否则将返回一个错误。指定 CASCADE 和 GRANT OPTION FOR 子句将只废除通过 WITH GRANT OPTION 设置授予 account 的权限以及由 account 授权的其他安全账户。

例如，下例命令废除已授予用户 Joe 的 CREATE TABLE 权限，它删除了允许 Joe 创建表的权限：

```
REVOKE CREATE TABLE FROM Joe
```

下例命令废除授予多个用户的多个语句权限：

```
REVOKE CREATE TABLE, CREATE DEFAULT
FROM Mary, John
```

用户 Mary 是 Budget 角色的成员，已给该角色授予了对 Budget_Data 表的 SELECT 权限。已对 Mary 使用 DENY 语句以防止 Mary 通过授予 Budget 角色的权限访问 Budget_Data 表。下例删除对 Mary 拒绝的权限，并通过适用于 Budget 角色的 SELECT 权限，允许 Mary 对该表使用 SELECT 语句：

```
REVOKE SELECT ON Budget_Data TO Mary
```

9.4.3 禁止权限

在权限管理中常常有这样的情况：一个部门的所有职工都具有相同的角色，但是不同职工的权限有一定的差异。例如，某一角色具备对 stock 表的 SELECT、INSERT、DELETE 和 UPDATE 权限，但是其中个别员工不具备 DELETE 和 UPDATE 的权限。这时可以采取禁止某些用户拥有某些权限的方法，相应的命令是 DENY。与 GRANT 命令相对应，DENY 命令也有两种格式。

禁止语句权限的命令格式如下：

```
DENY { ALL | statement [ ,…n ] } TO account [ ,…n ]
```

禁止对象权限的命令格式如下：

```
DENY
    { ALL [ PRIVILEGES ] | permission [ ,…n ] }
    {
    [ ( column [ ,…n ] ) ] ON { table | view }
    | ON { table | view } [ ( column [ ,…n ] ) ]
    | ON { stored_procedure | extended_procedure }
    | ON { user_defined_function }
    }
        TO account [ ,…n ]
        [ CASCADE ]
```

其中各项参数的含义和 GRANT 和 REVOKE 命令相同。

例如，禁止用户 Mary 和 John 对 out_stock 表的 UPDATE、DELETE 操作：

```
DENY UPDATE, DELETE ON out_stock TO Mary, John
```

而下列命令对所有 Accouting 角色成员拒绝 CREATE TABLE 权限：

```
DENY CREATE TABLE TO Accounting
```

如果使用 DENY 语句禁止用户获得某个权限，那么以后将该用户添加到已得到该权限的组或角色时，该用户仍然不能访问这个权限。如果要解除由于 DENY 语句产生的禁止效果，必须使用 GRANT 命令为禁止的用户或角色显式授予相应的权限。

适当运用 GRANT 和 DENY 可以形成层次安全系统，允许权限通过多个级别的角色和成员而得以应用，同时又能限制某些用户或角色的权限。

对用户和用户组的权限管理是典型的自主存取控制方式；而改用角色的概念，既可以从自主存取控制的角度管理用户权限，又可以间接实现强制存取控制的功能。

9.5 架构

数据库架构（SCHEMA）是一个独立于数据库用户的非重复命名空间，数据库中的对象都属于某一个架构，可以将架构视为对象的容器。一个架构只能有一个所有者，所有者可以是用户、数据库角色等。架构的所有者可以访问架构中的对象，并且还可以授予其他用户访问该架构的权限。一个架构有且只有一个所有者 Owner，但一个用户可以拥有多个架构。

1. 创建架构

创建架构的语法格式如下：

```
CREATE SCHEMA  schema_name  AUTHORIZATION  owner_name
```

其中：schema_name 是将要创建的架构的名称。

Owner_name 是架构的所有者。

例如，下列创建架构 test_schema，其所有者为 dbo：

```
CREATE SCHEMA  test_schema   AUTHORIZATION  dbo
```

需要指出的是，用户的默认架构与架构的所有者是不同的。用户的默认架构是指该用户所创建的对象，在默认情况下所有者是该默认架构；架构的所有者是指拥有和管理该架构的用户。

2. 删除架构

删除架构的语法格式如下：

```
DROP   SCHEMA   schema_name
```

例如，下列删除架构 test_schema：

```
DROP   SCHEMA   test_schema
```

小　结

随着计算机网络的发展，数据的贡献日益加强，数据的安全保密也越来越重要。DBMS 是管理数据的核心，因而其自身必须具有一套完整而有效的安全性机制。

实现数据库系统安全的技术和方法有多种，最重要的是存取控制技术、视图技术和审计技术。自主存取控制一般是通过 SQL 的 GRANT 语句和 REVOKE 语句来实现。对数据库模式的授权则由 DBA 在创建用户时通过 CREATE USER 语句来实现。数据库角色是一组权限的集合，使用角色来管理数据库权限可以简化授权的过程，在 SQL 中用 CREATE ROLE 语句创建角色。

SQL Server 的安全性主体主要有三个级别，分别是：服务器级别、数据库级别、架构级别。

习　题

选择题

1. "保护数据库，防止未经授权的或不合法的使用造成的数据泄露、更改破坏。"这是指数据的（　　）。

A．安全性　　　　B．完整性　　　C．并发控制　　　D．恢复

2．数据库管理系统通常提供授权功能来控制不同用户访问数据的权限，这主要是为了实现数据库的（　　）。

A．可靠性　　　　B．一致性　　　C．完整性　　　　D．安全性

3．在数据库的安全性控制中，为了保护用户只能存取他有权存取的数据。在授权的定义中，数据对象的（　　），授权子系统就越灵活。

A．范围越小　　　B．范围越大　　C．约束越细致　　D．范围越适中

4．在数据库系统中，授权编译系统和合法性检查机制一起组成了（　　）子系统。

A．安全性　　　　B．完整性　　　C．并发控制　　　D．恢复

5．在数据系统中，对存取权限的定义称为（　　）。

A．命令　　　　　B．授权　　　　C．定义　　　　　D．审计

6．SQL Server 中，为便于管理用户及权限，可以将一组具有相同权限的用户组织在一起，这一组具有相同权限的用户就称为（　　）。

A．账户　　　　　B．角色　　　　C．登录　　　　　D．SQL Server 用户

7．以下（　　）不属于实现数据库系统安全性的主要技术和方法。

A．存取控制技术　B．视图技术　　C．审计技术　　　D．出入机房登记和加锁

8．SQL 中的视图提高了数据库系统的（　　）。

A．完整性　　　　B．并发控制　　C．隔离性　　　　D．安全性

9．SQL 语言的 GRANT 和 REMOVE 语句主要是用来维护数据库的（　　）。

A．完整性　　　　B．可靠性　　　C．安全性　　　　D．一致性

简答题

1．什么是数据库的安全性？

2．数据库的安全性和计算机系统的安全性有什么关系？

3．试述实现数据库安全性控制的常用方法和技术。

4．简述 SQL Server 2005 的安全体系结构。

5．登录账号和用户账号的联系和区别是什么？

6．什么是角色？角色和用户有什么关系？当一个用户被添加到某一角色中后，其权限发生怎样的变化？

7．简述禁止权限和撤销权限的异同。

综合题

1．写出完成下列权限操作的 SQL 语句：

（1）将在数据库 MyDB 中创建表的权限授予用户 user1。

（2）将对表 books 的增、删、改的权限授予用户 user2，并允许其将拥有的权限再授予其他用户。

（3）将对表 books 的查询、增加的权限授予用户 user3。

（4）以 user2 登录后，将对表 books 的删除记录权限授予 user3。

（5）以 sa 身份重新登录，将授予 user2 的权限全部收回。

2．现有关系模式：学生（学号，姓名，性别，出生年月，所在系）

请用 SQL 的 GRANT 和 REVOKE 语句（加上视图机制）完成以下授权定义或存取控

制功能：

（1）用户王明对学生表有 SELECT 权力。

（2）用户李勇对学生表有 INSERT 和 DELETE 权力。

（3）用户刘星对学生表有 SELECT 权力，对所在系字段具有更新权力。

（4）用户张新具有修改学生表的结构的权力。

（5）用户周平具有对学生表的所有权力（读、插、改、删数据），并具有给其他用户授权的权力。

3．对综合题 2 中（1）～（5）的每一种情况，撤销各用户所授予的权力。

第10章 数据库保护

数据库是重要的共享信息资源，必须加以保护。在前面的章节中已经提到数据系统中的数据是由 DBMS 统一进行管理和控制的。通常 DBMS 对数据库的安全保护功能是通过四个方面实现的，即安全性控制、完整性控制、并发控制和数据库的备份与恢复。它们的每一方面都各自构成了 DBMS 的一个子系统。数据库的安全性控制和完整性控制已经在前面的章节介绍，本章介绍数据库的并发控制技术和备份恢复技术。

10.1 事务

通常，对数据库的几个操作合起来形成一个逻辑单元。例如，客户认为电子资金转账（从账号 A 转一笔款到账号 B）是一个独立的操作，而在 DBS 中这是由几个操作组成的：首先，从账号 A 将钱转出，然后，将钱转入账号 B。显然，这些操作要么全都发生，要么由于出错（可能账号 A 已透支）而全不发生，也就是说资金转账必须完成或根本不发生。保证这一点非常重要，我们决不允许发生下面的事情：在账号 A 透支的情况下继续转账；或者从账号 A 转出了一笔钱，而不知去向未能转入账号 B 中。这样就引出了事务的概念。

10.1.1 事务的定义

定义 10.1 事务（Transaction）是数据库应用中构成单一逻辑工作单元的操作集合。
事务通常由用户程序中的一组操作序列组成。 事务的开始和结束都可以由用户显式地控制，如果用户没有显式地定义事务，则由数据库系统按默认规定自动划分事务。在 SQL 中，定义事务的语句有以下三条：

```
BEGIN TRANSACTION
COMMIT
ROLLBACK
```

其中，**BEGIN TRANSACTION** 表示事务的开始；**COMMIT** 表示事务的提交，即将事务中所有对数据库的更新写回到磁盘上的物理数据库中去，此时事务正常结束；**ROLLBACK** 表示事务的回滚，即在事务运行过程中发生了某种故障，事务不能继续执行，系统将事务中对数据库的所有已完成的更新操作全部撤销，再回滚到事务开始时的状态。

10.1.2　事务的 ACID 性质

为了保证数据的一致性和正确性，数据库系统必须保证事务具有四个特征：

- 原子性。事务的原子性（Atomicity）保证事务包含的一组更新操作是原子不可分的，也就是说这些操作是一个整体。事务在执行时，应该遵守"要么不做，要么全做"。这一性质即使在系统崩溃之后仍能得到保证，在系统崩溃之后将进行数据库恢复，用来恢复或撤销系统崩溃时处于活动状态的事务对数据库的影响，从而保证事务的原子性。系统对磁盘上的任何实际数据的修改之前都会将修改操作信息本身的信息记录到磁盘上，当发生崩溃时，系统能根据这些操作记录当时该事务处于何种状态，以此确定是撤销该事务所做出的所有修改操作，还是将修改的操作重新执行。

- 一致性。一致性（Consistency）要求事务执行完成后，将数据库从一个一致状态转变到另一个一致状态。所谓数据库的一致状态是指数据库中的数据满足完整性约束，它是一种以一致性规则为基础的逻辑属性。例如，在银行中，"从账户 A 转移资金额 R 到账户 B"是一个典型的事务，这个事务包括两个操作，从账户 A 减去资金额 R 和在账户 B 中增加资金额 R，如果只执行其中一个操作，则数据库处于不一致状态，事务会出现问题。也就是说，两个操作要么全做，要么全不做，否则就不能成为事务。由此可见，一致性与原子性是密切相关的。事务的一致性属性要求事务在并发执行的情况下事务的一致性仍然满足。它在逻辑上不是独立的，由事务的隔离性来表示。

- 隔离性。隔离性（Isolation）意味着一个事务的执行不能被其他事务干扰，即一个事务内部的操作及使用的数据对并发的其他事务是隔离的，并发执行的各个事务之间不能互相干扰。它要求即使有多个事务并发执行，看上去每个成功事务按串行调度执行一样。这一性质的另一种称法为可串行性，也就是说系统允许的任何交错操作调度等价于一个串行调度。串行调度的意思是每次调度一个事务，在一个事务的所有操作没有结束之前，另外的事务操作不能开始。

- 持久性。系统提供的持久性（Durability）保证要求一旦事务提交，那么对数据库所做的修改将是持久的，无论发生何种机器和系统故障都不应该对其有任何影响。例如，自动柜员机（ATM）在向客户支付一笔钱时，就不用担心丢失客户的取款记录。事务的持久性保证事务对数据库影响是持久的，即使系统崩溃。

通过下面的例子，我们可以看到事务对数据库的访问，以及事务四个特性的体现。

【例 10.1】　设银行数据库中有一转账事务 T，从账号 A 转一笔款（\$50）到账号 B，其操作如下：

```
T: read(A);
A:=A-50;
write(A);
read(B);
B:=B+50;
write(B)
```

（1）**原子性**：从事务的原子性可以看出，事务中所有的操作作为一个整体，不可分割，要么全做，要么全不做。假设由于电源故障、硬件故障或软件出错等，造成事务 T 执行的结果只修改了 A 的值而未修改 B 的值，那么就违反了事务的原子性。

事务的原子性保证了事务的一致性。但是在事务 T 执行过程中，例如某时刻数据库中 A 值已减了 50，而 B 值尚未增加，显然这是一个不一致的状态。但是这个不一致状态将很快由于 B 值增加 50 而又改变成一致的状态。事务执行中出现的暂时不一致状态，是不会让用户知道的，用户也不用为此担忧。

（2）**一致性**：在事务 T 执行结束后，要求数据库中 A 的值减 50，B 值增加 50，也就是 A 与 B 的和不变，此时称数据库处于一致状态。如果 A 值减了 50，而 B 值未变，那么称数据库处于不一致状态。事务的执行结果应保证数据库仍然处于一致的状态。

（3）**隔离性**：多个事务并发执行时，相互之间应该互不干扰。例如事务 T 在 A 的值减 50 后，系统暂时处于不一致状态。此时若第二个事务插进来计算 A 与 B 之和，则得到错误的数据，甚至于第三个事务插进来修改 A、B 的值，势必造成数据库数据有错。DBMS 的并发控制尽可能提高事务的并发程度，而又不让错误发生。

（4）**持久性**：一旦事务成功地完成执行，并且告知用户转账已经发生，系统就必须保证以后任何故障都不会再引起与这次转账相关的数据的丢失。

在编写程序时，应把事务 T 用事务开始语句和结束语句加以限制：

```
T: BEGIN TRANSACTION
  read(A);
  A:=A-50;
  write(A);
  if(A<0) ROLLBACK;
  else {read (B);
     B:=B+50;
     write(B);
     COMMIT;}
```

ROLLBACK 语句表示在账号 A 扣款透支时，就拒绝这个转账操作，执行回退操作，数据库的值恢复到这个事务的初始状态。

COMMIT 语句表示转账操作顺利结束，数据库处于新的一致性状态。

10.1.3　事务的状态

为了精确地描述事务的工作，我们建立一个抽象的事务模型，事务的状态变迁如图 10.1 所示，下面分别介绍。

图 10.1　事务的状态变迁

1．活动状态

在事务开始执行时处于活动状态（Active），是初始状态。

2．局部提交状态

事务的最后一个语句执行之后，进入局部提交状态（Partially Committed）。事务是执行完了，但是对数据库的修改，很可能还留在内存的缓冲区中，所以还不能说事务真正的结束，只能先进入此状态。

3．失败状态

处于活动状态的事务还没到达最后一个语句就中止执行，此时称事务进入失败状态（Failed）；或者处于局部提交状态的事务，遇到故障（如发生干扰或未能完成对数据库的修改）也进入失败状态。

4．异常中止状态

处于失败状态的事务，很可能已对磁盘中的数据进行了一部分修改，为了保证事务的原子性，应该撤销（UNDO 操作）该事务对数据库已做的修改。对事务的撤销操作称为事务的回退（ROLLBACK），它由数据库管理系统的恢复子系统执行。

在事务进入异常中止状态（Aborted）时，系统有两种选择：

- 事务重新启动。由硬件或软件错误而不是由事务内部逻辑造成的异常中止时，可以重新启动事务，重新启动的事务是一个新的事务。
- 取消事务。如果发现事务的内部逻辑有错误，那么应该取消原事务，重新改写应用程序。

5．提交状态

事务进入局部提交状态后，并发控制系统将检查该事务与并发事务是否发生干扰现象（即是否发生错误）。在检查通过后，系统执行提交操作，把对于数据库的修改全部写在磁盘上，并通知系统，事务成功地结束，进入提交状态（COMMIT）。

事务的提交状态和异常中止状态都是事务的结束状态。

10.2 并发控制

数据库是一个共享资源。数据库系统在同一时刻可以并行运行很多个事务，即允许多个用户同时使用。但这样就会产生多个用户程序并发存取同一数据的情况，若对并发操作不加控制就可能会存取和存储不正确的数据，破坏数据库的一致性，所以数据库管理系统必须提供并发控制机制。并发控制机制的好坏是衡量一个数据库管理系统性能的重要标志之一。

10.2.1 并发操作与数据的不一致性

当同一数据库系统中有多个事务并发运行时，如果不加以适当控制，可能产生数据的不一致性。

1．丢失更新

【例 10.2】 飞机订票系统。假设某班次还剩下 16 张机票，甲售票点（事务 T1）卖掉一张票，乙售票点（事务 T2）卖掉一张票，如果正常操作，即事务 T1 执行完毕再执行事务 T2，则剩余 14 张机票。将两个事务进行拆分：

- T1(1)：T1 读取机票余额。
- T1(2)：T1 修改机票余额 R=R–1。
- T2(1)：T2 读取机票余额。
- T2(2)：T2 修改机票余额 R=R–1。

但上述 4 个步骤按照不同的操作顺序，则会有不同的结果，导致数据库不一致。如果按照 T1(1)→T2(1)→T1(2)→T2(2)的步骤执行，则剩余的机票额为 15 张，得到了错误的结果，原因在于 T2(2)执行时丢失了 T1 对数据库的更新，示例如图 10.2 所示。

2．不可重读

不可重读（Unrepeatable Read）是指事务 T1 读取数据后，事务 T2 执行更新操作，使 T1 无法再现前一次读取结果。具体地讲，不可重读包括三种情况：

- 事务 T1 读取某一数据后，事务 T2 对其做了修改，当事务 1 再次读该数据时，得到与前一次不同的值。例如，T1 读取 B=16 进行运算，T2 读取同一数据 B，对其进行修改后将 B=15 写回数据库。T1 为了对读取值校对重读 B，B 已为 15，与第一次读取值不一致，示例如图 10.3 所示。
- 事务 T1 按一定条件从数据库中读取了某些数据记录后，事务 T2 删除了其中部分记录，当 T1 再次按相同条件读取数据时，发现某些记录消失了。
- 事务 T1 按一定条件从数据库中读取某些数据记录后，事务 T2 插入了一些记录，当 T1 再次按相同条件读取数据时，发现多了一些记录。

3．污读

读"脏"数据是指事务 T1 修改某一数据，并将其写回磁盘，事务 T2 读取同一数据后，T1 由于某种原因被撤销，这时 T1 已修改过的数据恢复原值，T2 读到的数据就与数据库中的数据不一致，则 T2 读到的数据就为"脏"数据，即不正确的数据，示例如图 10.4 所示。

T1	T2		T1	T2		T1	T2
			读 B=16			读 B=16	
				读 B=16			B= B–1
	读 B=16			B= B–1			写回 B=15
B= B–1				写回 B=15		读 B=15	
写回 B=15			读 B=15				
			（验算不对）			事务回滚，	
	B= B–1					B 恢复为 16	
	写回 B=15						

图 10.2　丢失更新　　　　图 10.3　不可重读　　　　图 10.4　污读

10.2.2　封锁

实现并发控制的方法主要有两种：封锁（Lock）技术和时标（TimeStamping）技术。这里只介绍封锁技术。

所谓封锁就是事务 T 在对某个数据对象，例如表、记录等操作之前，先向系统发出请求，对其加锁。加锁后事务 T 就对该数据对象有了一定的控制，在事务 T 释放它的锁之前，其他的事务不能更新此数据对象。

1. 封锁类型

基本的封锁类型（Lock Type）有两种：排他锁（Exclusive locks，X 锁）和共享锁（Share locks，S 锁）。

- 排他锁。排他锁又称为写锁。若事务 T 对数据对象 A 加上 X 锁，则只允许 T 读取和修改 A，其他任何事务都不能再对 A 加任何类型的锁，直到 T 释放 A 上的锁。这就保证了其他事务在 T 释放 A 上的锁之前不能再读取和修改 A。
- 共享锁。通过对事务访问数据操作类型的大量统计和分析发现，绝大多数事务对数据的操作都局限于读的操作，如果所有事务都对要读取的数据加 X 锁，则必然极大地降低了系统的执行效率。共享锁就是针对此类问题而提出的一种加锁方法。

共享锁又称为读锁。若事务 T 对数据对象 A 加上 S 锁，则其他事务只能再对 A 加 S 锁，而不能加 X 锁，直到 T 释放 A 上的 S 锁。这就保证了其他事务可以读 A，但在 T 释放 A 上的 S 锁之前不能对 A 做任何修改。

2. 封锁的相容矩阵

排他锁和共享锁的控制方式如表 10.1 所示的相容矩阵。

表 10.1　封锁类型的相容矩阵

T1＼T2	X	S	—
X	N	N	Y
S	N	Y	Y
—	Y	Y	Y

注：① N＝NO，不相容；Y＝YES，相容的请求；② X、S、—：分别表示 X 锁，S 锁，无锁；③ 如果两个封锁是不相容的，则后提出封锁的事务要等待。

在表 10.1 的封锁类型相容矩阵中，最左边一列表示事务 T1 已经获得数据对象上的锁类型，其中横线表示没有加锁。最上面一行表示事务 T2 对同一数据对象发出的封锁请求。T2 的封锁请求能否被满足用矩阵中的 Y（可满足）和 N（拒绝）表示。

在正常情况下，DBMS 会自动锁住需要加锁的资源以保护数据，这种锁是隐含的，叫做隐含锁。然而，在一些条件下，这些自动的锁在实际应用时往往不能满足需要，必须人工加一些锁，这类锁叫显式锁。

3. 封锁的粒度

X 锁和 S 锁都是加在某一个数据对象上的。封锁的对象可以是逻辑单元，也可以是物理单元。例如，在数据库中，封锁对象可以是属性值、属性值集合、元组、关系、索引项、整个索引、整个数据库等逻辑单元；也可以是页（数据页或索引页）、块等物理单元。封锁对象可以很大，比如对整个数据库加锁，也可以很小，比如只对某个属性值加锁。

封锁对象的大小称为封锁的粒度（Granularity）。封锁粒度与系统的并发度控制的开销密切相关。封锁的粒度越大，系统中能够被封锁的对象越少，并发度也就越小，但同时系统的开销也就越小；相反，封锁的粒度越小，并发度越高，但系统开销也就越大。因此，在一个系统中，同时存在不同大小的封锁单元供不同的事务选择使用是比较理想的。而选择封锁粒度时必须同时考虑封锁机构和并发度两个因素，对系统开销与并发度进行权衡，以求得最佳的效果。一般说来，需要处理大量元组的用户事务可以以关系为封锁单元；而对于一个处理少量元组的用户事务，可以以元组为封锁单位以提高并发度。

4．封锁协议

在运用 X 锁和 S 锁这两种基本封锁，对数据对象加锁时，还需要约定一些规则，例如应何时申请 X 锁或 S 锁、持锁时间、何时释放等。称这些规则为封锁协议（Locking Protocol）。对封锁方式规定不同的规则，就形成了各种不同的封锁协议。下面介绍保证一致性的三级封锁协议。三级封锁协议分别在不同程度上解决了丢失的修改、不可重读和读"脏"数据等不一致性问题，为并发操作的正确调度提供一定的保证。

- 一级封锁协议。一级封锁协议是：事务 T 在修改数据 R 之前必须先对其加排他锁（X锁），直到事务结束才释放。事务结束包括正常结束（COMMIT）和非正常结束（ROLLBACK）。一级封锁协议可防止丢失修改，并保证事务 T 是可恢复的。在一级封锁协议中，如果仅仅是读数据不对其进行修改，是不需要加锁的，所以它可防止丢失更新问题的出现，图 10.5 表示的飞机售票例子中由于多个事物的并发调度遵守了一级封锁协议，从而防止了丢失更新问题，但不能保证可重读和不读"脏"数据。

- 二级封锁协议。二级封锁协议是：一级封锁协议加上事务 T 在读取数据 R 之前必须先对其加 S 锁，读完后即可释放 S 锁。二级封锁协议除了防止丢失修改，还可进一步防止读"脏"数据。图 10.6 表示该协议解决了图 10.4 的污读问题，但是二级协议不能解决不可重读问题，主要原因是对数据对象的共享锁在读完数据后就释放了。

三级封锁协议就是在二级封锁协议基础上规定共享锁必须在事务结束时才释放的要求。

- 三级封锁协议。三级封锁协议是：一级封锁协议加上事务 T 在读取数据 R 之前必须先对其加 S 锁，直到事务结束才释放。三级封锁协议除防止了丢失修改和不读"脏"数据外，还进一步防止了不可重复读。图 10.7 利用三级封锁协议解决了图 10.3 所示的不可重读的问题。

上述三级协议的主要区别在于什么操作需要申请封锁，以及何时释放锁（即持锁时间）。

5．活锁和死锁

1）活锁

如果事务 T1 锁定了数据库对象 A，事务 T2 又请求已被 T1 锁定的 A，但失败而需要等待，此时事务 T3 也请求已被 T1 锁定的 A，也失败而需要等待。当 T1 释放 A 上的锁时，系统批准了 T3 的请求，使得 T2 依然等待，此时事务 T4 请求已被 T3 锁定 A，但失败而需要等待。当 T3 释放 A 上的锁时，系统批准了 T4 的请求，使得 T2 依然等待……。这就有可能使 T2 总是在等待而无法锁定 A，但总还是有锁定 A 的希望的。这就是活锁的情况。

T1	T2
Xlock(B)	
读 B=16	Xlock(B)
B=B-1	等待
写回 B=15	等待
Unclock(B)	等待
	Xlock(B)
	读 B=15
	B=B-1
	写回 B=14
	Unlock(B)

图 10.5　无丢失更新问题

T1	T2
Xlock(B)	
读 B=16	
B=B-1	
写回 B=1	Slock(B)
	等待
	等待
	等待
事务卷回,	等待
Unlock(B)	Slock(B)
	读 B=16
	Unlock(B)

图 10.6　无污读问题

T1	T2
Slock(B)	
读 B=16	Xlock(B)
	等待
	等待
读 B=16	等待
Unlock(B)	Xlock(B)
	读 B=16
	B=B-1
	写回 B=15

图 10.7　防止不可重读

简单地说就是多个事务并发执行过程中，可能存在某个有机会获得锁的事务却永远无法获得锁，这种现象称为活锁。对于这种问题可以采用"先来先服务"的策略预防活锁的发生。

2）死锁

系统中有两个或两个以上的事务都处于等待状态，并且每个事务都在等待其中另一个事务解除封锁，它才能继续执行下去，结果造成任何一个事务都无法继续执行，这种现象称系统进入了死锁（Dead Lock）状态。

图 10.8 中，事务 T1 和 T2 分别锁住数据对象 A 和 B，而后 T1 又申请对数据 B 加锁，T2 也申请对数据对象 A 加锁，而这两个数据对象都被对方事务所控制未释放，所以双方事务只能相互等待。这样双方因为得不到想要的锁而进入等待，同时也造成双方事务也没有机会释放所持有的数据对象 A 和 B 的锁，所以双方事务的等待是永久性的，这就是死锁。

3）死锁的预防

在数据库中，产生死锁的原因是两个或多个事务都

T1	T2
Xlock(A)	Xlock(B)
	申请 Xlock(A)
申请 Xlock(B)	不成功，等待
不成功，等待	

图 10.8　死锁示列

已封锁了一些数据对象，然后又都请求对已为其他事务封锁的数据对象加锁，从而出现死等待。防止死锁的发生其实就是要破坏产生死锁的条件。预防死锁通常有两种方法。

- 一次封锁法。一次封锁法要求每个事务必须一次将所有要使用的数据全部加锁，否则事务不能继续执行。例如对图 10.8，如果 T1 在执行时首先对数据 A 和 B 进行加锁，T1 就可以执行下去，而 T2 只能等待。当 T1 执行完毕释放对数据 A 和 B 的锁后，T2 继续执行，这样就可以避免死锁的发生。

- 顺序封锁法。顺序封锁法是预先对数据对象规定一个封锁顺序，所有事务都按这个顺序实行封锁。例如对图 10.8 中的数据对象 A 和 B，规定顺序为 A、B。则事务 T1 和事务 T2 则必须先申请对数据对象 A 进行加锁，当事务 T1（或 T2）获得对 A 的锁后，则事务 T2（或 T1）申请时，只能等待，只有事务 T1（或 T2）释放了对 A 的锁后，事务 T2（或 T1）才能继续执行。这样也不会发生死锁。

4）死锁的诊断与解除

- 超时法。如果一个事务的等待时间超过了规定的时限，就认为发生了死锁。超时法实现简单，但其不足也很明显。一是有可能误判死锁，事务因为其他原因使等待时间超过时限，系统会误认为发生了死锁。二是时限若设置得太长，死锁发生后不能及时发现。

- 等待图法。事务等待图是一个有向图 G=(T，U)。T 为结点的集合，每个结点表示正运行的事务；U 为边的集合，每条边表示事务等待的情况。若 T1 等待 T2，则 T1、T2 之间划一条有向边，从 T1 指向 T2。事务等待图动态地反映了所有事务的等待情况。如图 10.9 所示，在图中列出了死锁的两种情况，左图表示事务 T1 等待事务 T2，而事务 T2 又在等待事务 T1；右图表示事务 T1 在等待事务 T3，事务 T3 在等待事务 T2，而事务 T2 又在等待事务 T1，从而构成死锁。并发控制子系统周期性地（比如每隔 1 分钟）检测事务等待图，如果发现图中存在回路，则表示系统中出现了死锁。

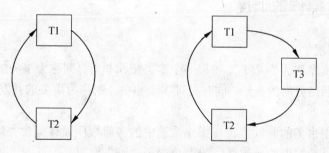

图 10.9　事务等待图示

　　DBMS 中有一个死锁测试程序，每隔一段时间检查并发的事务之间是否发生死锁。如果发生死锁，那么只能抽取某个事务作为牺牲品，把它撤销，做回退操作，解除它的所有封锁，恢复到该事务的初始状态。释放出来的资源就可以分配给其他事务，使其他事务有可能继续下去，这就有可能消除死锁现象。理论上，系统进入死锁状态时可能会有许多事务在相互等待，但是 System R 的实验表明，实际上绝大部分的死锁只涉及两个事务，也就是事务依赖图中的循环里只有两个事务。有时，死锁也被形象地称为"死死拥抱"（Deadly Embrace）。

6. SQL Server 中与封锁有关的命令

SQL Server 的封锁操作是在相关语句的 " WITH（<table_hint>）" 子句中完成的，该子句可以在 SELECT、INSERT、UPDATE 和 DELETE 等语句中指定表级锁定的方式和范围。常用的封锁关键词有：

- HOLDLOCK：将共享锁保留到事务完成，而不是在相应的表、行或数据页不再需要时就立即释放锁。
- NOLOCK：不要发出共享锁，并且不要提供排他锁。当此选项生效时，可能会读取未提交的事务或一组在读取中间回滚的页面。有可能发生"脏"读。仅应用于 SELECT 语句。
- ROWLOCK：使用行级锁，而不使用粒度更粗的页级锁和表级锁。
- TABLOCK：使用表锁代替粒度更细的行级锁或页级锁。在语句结束前，SQL Server 一直持有该锁。但是，如果同时指定 HOLDLOCK，那么在事务结束之前，锁将被一直持有。
- TABLOCKX：使用表的排他锁。该锁可以防止其他事务读取或更新表，并在语句或事务结束前一直持有。
- UPDLOCK：读取表时使用更新锁，而不使用共享锁，并将锁一直保留到语句或事务的结束。UPDLOCK 的优点是允许您读取数据（不阻塞其他事务）并在以后更新数据，同时确保自从上次读取数据后数据没有被更改。
- XLOCK：使用排他锁并一直保持到由语句处理的所有数据上的事务结束时。

例如，对 stock 关系实施一个排他锁，相应地命令为：

```
select * from stock with (TABLOCKX)
```

10.2.3　并发操作的调度

1. 事务的调度

事务的执行次序称为"调度"。如果多个事务依次执行，则称为事务的串行调度（Serial Schedule）。如果利用分时的方法，同时处理多个事务，则称为事务的并发调度（Concurrent Schedule）。

数据库技术中事务的并发执行与操作系统中的多道程序设计概念类似。在事务并发执行时，有可能破坏数据库的一致性，或用户读了"脏"数据。

如果有 n 个事务串行调度，可能有 n! 种不同的有效调度。事务串行调度的结果都是正确的，至于依何次序执行，视外界环境而定，系统无法预料。

如果有 n 个事务并发调度，可能的并发调度数目远远大于 n!。但其中有的并发调度是正确的，有的是不正确的。如何产生正确的并发调度，是 DBMS 的并发控制子系统实现的。如何判断一个并发调度是正确的，这个问题可以用下面的"并发调度的可串行化"概念解决。

2. 并发调度的可串行化

如果多个事务在某个调度下的执行结果与这些事务在某个串行调度下的执行结果相

同，那么这个调度就一定正确，因为所有事务的串行调度策略一定是正确调度策略。虽然以不同的顺序串行执行事务可能会产生不同的结果，但都不会将数据库置于不一致的状态，因此串行调度的执行结果都是正确的。

多个事务的并发执行是正确的，当且仅当其结果与按某一顺序的串行执行的结果相同，则称这种调度为可串行化的调度。

可串行性是判断并发事务是否正确的准则，根据这个准则可知，对于一个给定的并发调度，当且仅当它是可串行化的，才认为它是正确的调度。

例如，假设有两个事务，分别包含如下操作：

事务 T1：读 B,A=B-1,写回 A
事务 T2：读 A,B=A+1,写回 B

假设 A、B 的初值为 5，若按 T1→T2 的顺序执行，其结果为 A=4，B=5；若按 T2→T1 的顺序执行，其结果为 A=5，B=6。虽然这两种串行调度执行结果不同，但都属于正确的调度，如果其他任何一种并行调度的执行结果属于上述的任一结果，则都属于正确的调度。

图 10.10 列出了几种调度策略。

为了保证并发操作的正确性，数据库管理系统的并发控制机制必须提供一定的手段来保证调度的可串行化。

从理论上讲，在某一事务执行时禁止其他事务执行的调度策略一定是可串行化的调度，这也是最简单的调度策略，但这种方法实际上是不可行的，因为它使用户不能充分共享数据库资源。

T1	T2		T1	T2
Slock(B)				Slock(A)
Y=B=5				X=A=5
Unclock(B)				Unclock(A)
Xlock(A)				Xlock(B)
A=Y-1				B=X+1
写回 A=4				写回 B=6
Unlock(A)				Unlock(B)
	Slock(A)		Slock(B)	
	X=A=4		Y=B=6	
	Unclock(A)		Unclock(B)	
	Xlock(B)		Xlock(A)	
	B=X+1		A=Y-1	
	写回 B=5		写回 A=5	
	Unlock(B)		Unlock(A)	

（a）串行调度 1　　　　　　　　　　　（b）串行调度 2

图 10.10　调度策略

T1	T2		T1	T2
			Slock(B)	
			Y=B=5	
Slock(B)			Unclock(B)	
Y=B=5			Xlock(A)	
	Slock(A)			Slock(A)
	X=A=5			等待
Unclock(B)			A=Y−1	等待
	Unclock(A)		写回 A=4	等待
			Unlock(A)	
Xlock(A)				X=A=4
A=Y−1				Unclock(A)
写回 A=4				Xlock(B)
	Xlock(B)			B= X+1
	B= X+1			写回 B=5
	写回 B=6			Unlock(B)
Unlock(A)	Unlŏck(B)			

（c）可串行调度 3　　　　　　　（d）可串行调度 4

图 10.10　（续）

3．并发操作调度正确性的方法

- 时标方法。时标和封锁技术之间的基本区别是封锁是使一组事务的并发执行（即交叉执行）同步，使用它等价于这些事务的某一串行操作；时标法也是使用一组事务的交叉执行同步，但是使它等价于这些事务的一个特定的串行执行，即由时标的时序所确定的一个执行。如果发生冲突，是通过撤销并重新启动一个事务解决的。事务重新启动，则赋予新的时标。

- 乐观方法。在乐观并发控制中，用户读数据时不锁定数据。在执行更新时，系统进行检查，查看另一个用户读过数据后是否更改了数据。如果另一个用户更新了数据，将产生一个错误。一般情况下，接收错误信息的用户将回滚事务并重新开始。该方法主要用在数据争夺少的环境内，以及偶尔回滚事务的成本超过读数据时锁定数据的成本的环境内，因此称该方法为乐观并发控制。

- 封锁方法。可串行性是并行调度正确性的唯一准则，两段锁（two-phase locking，2PL）协议是为保证并行调度可串行性而提供的封锁协议。

两段封锁协议规定：

① 在对任何数据进行读、写操作之前，事务首先要获得对该数据的封锁。

② 在释放一个封锁之后，事务不再获得任何其他封锁。

所谓两段封锁的含义是，事务分为两个阶段，第一阶段是获得封锁，也称为扩展阶段，该阶段不允许释放任何锁；第二阶段是释放封锁，也称为收缩阶段，该阶段不允许申请任何锁。

例如，事务 1 的封锁序列是：

Slock A… Slock B… Xlock C… Unlock B… Unlock A… Unlock C;

事务 2 的封锁序列是：

Slock A…Unlock A…Slock B…Xlock C…Unlock C…Unlock B;

则事务 1 遵守两段封锁协议，而事务 2 不遵守两段封锁协议。

可以证明，若并行执行的所有事务均遵守两段封锁协议，则对这些事务的所有并行调度策略都是可串行化的。因此我们得出如下结论：所有遵守两段封锁协议的事务，其并行的结果一定是正确的。

需要说明的是，事务遵守两段封锁协议是可串行化调度的充分条件，而不是必要条件。即可串行化的调度中，不一定所有事务都必须符合两段封锁协议。例如，对于图 10.10 所示的两个事务的例子，图 10.11（a）和（b）都是可串行化的调度，但图 10.11（a）的 T1 和 T2 都遵循了两段封锁协议，而图 10.11（b）则没有遵循，但它也是可串行化调度。

T1	T2	T1	T2
Slock(B)		Slock(B)	
Y=B=5		Y=B=5	
	Slock(A)	Unclock(B)	
	等待	Xlock(A)	
Xlock(A)	等待		Slock(A)
A=Y−1	等待	A=Y−1	等待
写回 A=4	等待	写回 A=4	等待
Unclock(B)	等待	Unlock(A)	等待
Unlock(A)	等待		X=A=4
	Slock(A)		Unclock(A)
	X=A=5		Xlock(B)
	Xlock(B)		B= X+1
	B= X+1		写回 B=5
	写回 B=6		Unlock(B)
	Unclock(A)		
	Unlock(B)		

（a）遵守两段封锁协议　　　　　　　　　（b）不遵守两段封锁协议

图 10.11　可串行化调度

10.3　数据库的恢复

在 DBS 运行时，可能会出现各式各样的故障，例如磁盘损坏、电源故障、软件错误、机房火灾和恶意破坏等。在发生故障时，很可能丢失数据库中的数据。DBS 的恢复管理系统采取一系列措施保证在任何情况下保持事务的原子性和持久性，确保数据不丢失、不破坏。

系统能把数据库从被破坏、不正确的状态恢复到最近一个正确的状态，DBMS 的这种能力称为数据库的可恢复性（Recovery）。

本节先介绍存储器的结构，然后再介绍有关恢复的概念和实现技术。

10.3.1　存储器的结构

1．存储器的类型

从存储器的访问速度、容量和恢复能力角度考察，计算机系统的存储介质可分成三类。

- 易失性存储器（Volatile Storage）：指内存和 Cache。在系统发生故障时，存储的信息会立即丢失。但这一类存储器的访问速度非常快。
- 非易失性存储器（Nonvolatile Storage）：指磁盘和磁带。在系统发生故障时，存储的信息不会丢失。磁盘用于联机存储，磁带用于档案存储。这一类存储器受制于本身的故障，会导致信息的丢失。在当前的技术中，非易失性存储器的访问速度要比易失性存储器慢几个数量级。
- 稳定存储器（Stable Storage）：这是一个理论上的概念。存储在稳定存储器中信息是决不会丢失的。这可以通过对易失性存储器进行技术处理，可达到稳定存储器的目标。

2．稳定存储器的实现

可以通过数据备份和数据银行方法实现稳定存储器的目标。

（1）数据备份

数据备份是指将计算机系统中硬盘上的数据通过适当的形式转录到可脱机保存的介质（如磁带、光盘）上，以便需要时再写入到计算机系统中使用。数据库的备份不是简单地做复制，它有一套备份和恢复机制。

目前采用的备份措施在硬件一级有磁盘镜像、磁盘阵列（RAID）、双机容错等；在软件一级有数据复制。

（2）数据银行

现在可利用计算机网络把数据传输到远程的计算机存储系统（即数据银行，Data Bank）。对数据的写操作，既要写到本地的存储器中，也要写到远程的数据库中，以防止数据的丢失。

3．数据访问

数据在磁盘上以称为"块"的定长存储单位形式组织。块是内、外存数据交换的基本单位。磁盘中的块称为"物理块"，内存中临时存放物理块内容的块称为"缓冲块"，所有的缓冲块组成了"磁盘缓冲区"。

数据从物理块到缓冲块，称为输入（Input）操作；数据从缓冲块到物理块，称为输出（Output）操作。执行这两个操作的命令如下（如图 10.12 所示）。

Input（A）：把物理块 A 的内容传到内存的缓冲块中。

Output（B）：把缓冲块 B 的内容传送到磁盘中恰当的物理块中。

每个事务 T_i 有一个专用工作区，存放它访问和修改的数据项值。在事务开始时，产生这个工作区；在事务结束（提交或中止）时，工作区被撤销。事务 T_i 工作区中数据项 X 用 x_i 表示。

在工作区和缓冲区之间的数据传送，用 read 和 write 命令实现：

（1）**read(X)**：把数据项 X 的值送到工作区中的局部变量 x_i。这个操作的执行过程如下：

① 如果包含 X 的块 B_x 不在内存，那么发出 input(B_x) 命令；

② 从缓冲块中把 X 值送到 x_i。

（2）**write(X)**：把局部变量 x_i 的值送到缓冲块中 X 数据项。这个操作的执行过程如下：

① 如果包含 X 的块 B_x 不在内存，那么发出 input(B_x) 命令；

② 把 x_i 值送到缓冲块 B_x 中 X 处。上述操作模式如图 10.13 所示。

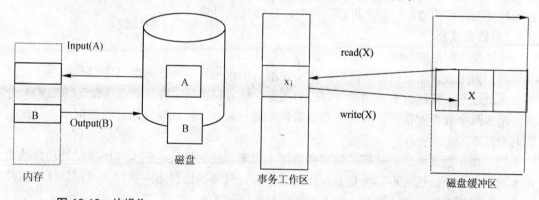

图 10.12　块操作　　　　图 10.13　数据的 read 和 write 操作

应注意到，在上述两个操作中都只是提到数据块从磁盘到内存的传递，而未提及从内存到磁盘的传送。在缓冲区管理系统需要内存空间或者 DBS 希望改变磁盘中的值时，系统才把缓冲块的内容写到磁盘上，也就是发出 output 命令。这是因为块 B_x 中可能还有其他数据项需要访问，所以不必急于写回磁盘，这样，实际的输出操作推迟了。

如果系统在 write(X) 之后 output(B_x) 之前发生故障，那么新的 X 值实际上还未写进磁盘，已经丢失了。可见，write 语句的执行还不一定能保证把值写到磁盘。这个问题是由 DBMS 的恢复子系统解决的。

4．恢复与原子性的联系

在银行转账系统中，事务 T_i 把账号 A 中的 \$100 转到账号 B，设 A，B 的初值分别为 2000 和 1000，A、B 所在的块为 B_A 和 B_B。假定事务 T_i 在执行 output(B_A) 之后 output(B_B) 之前，系统发生故障，内存内容丢失。

在系统重新启动时，可能采取下列两种操作之一：

- 重新执行事务 T_i，此时将导致数据库中 A 的值为 1800，而不是 1900。
- 不重新执行事务 T_i，此时将导致数据库中 A 的值为 1900，B 的值为 1000。

显然，这两种操作方式都使系统进入不一致状态，因此都是错误的操作。原因是破坏了事务的原子性。事务的原子性要求每个事务对数据库的修改要么全做，要么全不做。要达到这个目标，我们必须首先要把描述修改的信息输出到稳定存储器中，但此时不修改磁盘中的数据。这个过程直到事务的 COMMIT 操作为止。有两种方式可实现这个过程，即"日志"和"阴影"技术。

10.3.2　恢复的原则和实现方法

要使数据库具有可恢复性，基本原则很简单，就是"冗余"，即数据库的重复存储。数据库恢复具体实现方法如下：

1. 转储和建立日志

（1）周期地（比如一天一次）对整个数据库进行复制，转储到另一个磁盘或磁带一类存储介质中。

（2）建立日志数据库。记录事务的开始、结束标志，记录事务对数据库的每一次插入、删除和修改前后的值，写到"日志"库中，以便有案可查。

2. 数据恢复

一旦发生数据库故障，分两种情况进行处理：

（1）如果数据库已被破坏，例如磁头脱落、磁盘损坏等，这时数据库已不能用了，就要装入最近一次复制的数据库备份到新的磁盘，然后利用日志库执行"重做"（REDO）处理，将这两个数据库状态之间的所有更新重新做一遍。这样既恢复原有的数据库，又没丢失对数据库的更新操作。

（2）如果数据库未被破坏，但某些数据不可靠，受到怀疑。例如程序在批处理修改数据库时异常中断。这时不必去复制存档的数据库。只要通过日志库执行"撤销"（UNDO）处理，撤销所有不可靠的修改，把数据库恢复到正确的状态。

恢复的原则很简单，实现的方法也比较清楚，但做起来相当复杂。

10.3.3　故障类型和恢复方法

在 DBS 引入事务概念以后，数据库的故障可以用事务的故障表示。也就是数据库的故障具体体现为事务执行的成功与失败。常见的故障可分为下面三类。

1. 事务故障

事务故障又分为两种：

- 可以预期的事务故障，即在程序中可以预先估计到的错误，如存款余额透支，商品库存量达到最低量等，此时继续取款或发货就会出现问题。这种情况可以在事务的代码中加入判断 ROLLBACK 语句。当事务执行到 ROLLBACK 语句时，由系统对事务进行回退操作，即执行 UNDO 操作。

- 非预期的事务故障，即在程序中发生的未估计到的错误，如运算溢出、数据错误、并发事务发生死锁而被撤销该事务等，此时由系统直接对该事务执行 UNDO 处理。

2．系统故障

引起系统停止运转随之要求重新启动的事件称为"系统故障"。例如硬件故障、软件（DBMS、OS 或应用程序）错误或掉电等几种情况，都称为系统故障。系统故障会影响正在运行的所有事务，并且使内容丢失，但不破坏数据库。由于故障发生时正在运行的事务都非正常终止，从而造成数据库中某些数据不正确。DBMS 的恢复子系统必须在系统重新启动时，对这些非正常终止的事务进行处理，把数据库恢复到正确的状态，而不需要用户干预。

系统恢复步骤是：

（1）正向扫描日志文件，找出在故障发生前已经提交的事务（这些事务既有 BEGIN TRANSACTION 记录，也有 COMMIT 记录），将其事务标识记入重做（REDO）队列。同时找出故障发生时尚未完成的事务（这些事务只有 BEGIN TRANSACTION 记录，没有对应的 COMMIT 记录），将其事务标识记入撤销（UNDO）队列。

（2）对撤销队列中的事务进行撤销（UNDO）处理

进行 UNDO 处理的方法是反向扫描日志文件，对每个 UNDO 事务的更新操作执行逆操作，即将日志记录中"更新前"的值写入数据库。

（3）对重做队列中的事务进行重做（REDO）处理

进行 REDO 处理的方法是：正向扫描日志文件，对每个 REDO 事务重新执行日志文件登记的操作。即将日志记录中"更新后"放入值写入数据库。

3．介质故障

在发生介质故障和遭受病毒破坏时，磁盘上的物理数据库遭到毁灭性破坏，此时恢复的过程如下：

（1）重新转储后备副本到新的磁盘，使数据库恢复到最近一次转储时的一致状态。

（2）在日志中找出转储以后所有已提交的事务。

（3）对已提交的事务进行 REDO 处理，将数据库恢复到故障前某一时刻的一致状态，如图 10.14 所示。

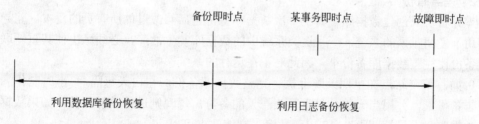

图 10.14　备份和恢复阶段

事务故障和系统故障的恢复由系统自动进行，而介质故障的恢复需要 DBA 配合执行。在实际中，系统故障通常称为软故障（Soft Crash），介质故障通常称为硬故障（Hard Crash）。

10.4　SQL Server 数据库备份与恢复

数据库管理员的一项重要工作是执行备份和还原操作，确保数据库中数据的安全和完整。计算机技术的广泛应用，一方面大大提高了人们的工作效率，另一方面又为人们和组织的正常工作带来了巨大的隐患。无论是计算机硬件系统的故障，还是计算机软件系统的瘫痪，都有可能对人们和组织的正常工作带来极大的冲击，甚至出现灾难性的后果，备份和还原是解决这种问题的有效机制。备份是还原的基础，还原是备份的目的。

10.4.1　数据库备份方法

数据库备份包括完整备份、差异备份和日志文件备份。

1.　完整备份

包含数据库中全部数据和日志文件信息，也被称为是全库备份或者海量备份。对文件磁盘量较小时，完全备份的资源消耗并不能显现，但是一旦数据库文件的磁盘量非常大的时候，就会明显地消耗服务器的系统资源。因此对于完全备份一般需要停止数据库服务器的工作，或在用户访问量较少的时间段进行此项操作。

当执行全库备份时，SQL Server 将备份在备份过程中发生的任何活动，以及把任何未提交的事务备份到事务日志。在恢复备份的时候，SQL Server 利用备份文件中捕捉到的部分事务日志来确保数据一致性。

备份整个数据库的一般命令格式是：

```
BACKUP DATABASE database_name
    TO { DISK | TAPE }='physical_backup_device_name'
```

其中，database_name 指定了一个数据库，从该数据库中对事务日志、部分数据库或完整的数据库进行备份，physical_backup_device_name 指定备份操作时要使用的物理备份设备或物理文件名。

2.　差异备份

差异备份只创建数据库中自上一次数据库备份之后修改过的所有页的复本。差异日志主要用于使用频繁的系统，一旦这类系统中的数据库发生故障，必须尽快使其重新联机。差异备份比完整数据库备份小，因此对正在运行的系统影响较小。

例如，某个站点在星期天晚上执行完整数据库备份。在白天每隔 4 小时制作一个事务日志备份集，并用当天的备份重写头一天的备份。每晚则进行差异备份。如果数据库的某个数据磁盘在星期四上 9：12 出现故障，则该站点可以：

备份当前事务日志。

还原从星期天晚上开始的数据库备份。

还原从星期三晚上开始的差异备份，将数据库前滚到这一时刻。

还原从早上 4 点到 8 点的事务日志备份，这将数据库前滚到早上 8 点。

还原故障之后的日志备份。这将使数据库前滚到故障发生的那一刻。

特别要注意的是，差异备份必须基于完整备份，因此差异备份的前提是进行至少一次的完全数据备份。在还原差异备份之前，必须先还原其完全数据备份。如果按给定备份的要求进行一系列差异备份，则在还原时只需还原一次完全数据备份和最近的差异备份即可。

差异备份数据库的一般命令格式是：

```
BACKUP DATABASE  database_name
TO { DISK | TAPE }='physical_backup_device_name'
WITH  DIFFERENTIAL
```

3．日志文件备份

日志文件备份是指当数据库文件发生信息更改时候，其基本的操作记录将通过日志文件进行记录，对于这一部分操作信息进行的备份就是日志文件备份。

执行日志文件备份的前提和基本条件是要求一个完全数据备份，备份日志文件的语法形式是：

```
BACKUP LOG { database_name | @database_name_var }
TO { DISK | TAPE }='physical_backup_device_name'
```

【例 10.3】 对 Sample 做备份工作如下：

（1）在某一个时间点，对数据库 Sample 做一个完全备份，备份到文件 D:\backup\Sample_full.bak，命令如下：

```
BACKUP DATABASE Sample TO  DISK='D:\backup\Sample_full.bak'
```

（2）若干时间过去了，Sample 数据库的内容发生一些变化，需要做一个差异备份，下列命令将数据库 Sample 差异备份到 D:\backup\Sample_1.bak，命令如下：

```
BACKUP DATABASE Sample TO  DISK='D:\backup\Sample_1.bak'
WITH  DIFFERENTIAL
```

（3）再过了若干时间，下列命令将数据库 Sample 的日志备份到 D:\backup\Sample_log.bak，命令如下：

```
BACKUP LOG Sample TO  DISK='D:\backup\Sample_log.bak'
```

4．备份前的计划工作

为了将系统安全完整地备份，应该在具体执行备份之前，根据具体的环境和条件制订一个完善可行的备份计划，以确保数据库系统的安全。为了制订备份计划，应该着重考虑下列八项内容。

- 确定备份的频率。备份的频率就是每隔多长时间备份一次。这要考虑两种因素：一是系统还原时的工作量，二是系统活动的事务量。对于数据库的完全备份，可以是每一个月、每一周甚至每一天，相对于完全备份而言，事务日志备份可以是每一周、每一天甚至每一小时。
- 确定备份的内容。备份的内容就是要保护的对象，包括系统数据库中的数据和用户数据库中的数据。每次备份的时候，一定要将应该备份的内容完整地备份。

- 确定使用的介质。备份的介质一般选用磁盘或磁带，具体使用哪一种介质，要考虑用户的成本承受能力、数据的重要程度、用户的现有资源等因素。在备份中使用的介质确定以后，一定要保持介质的持续性，一般不要轻易改变。
- 确定备份工作的负责人。备份负责人负责备份的日常执行工作，并且要经常进行检查和督促，这样可以明确责任，确保备份工作得到人力保障。
- 确定使用在线备份还是脱机备份。在线备份就是动态备份，允许用户继续使用数据库。脱机备份就是在备份时不允许用户使用数据库。虽然备份是动态的，但是用户的操作也会影响数据库备份的速度。
- 确定是否使用备份服务器。在备份时，如果有条件，最好使用备份服务器，这样可以在系统出现故障时，迅速还原系统的正常工作。当然，使用备份服务器会增大备份的成本。
- 确定备份存储的地方。备份是非常重要的内容，一定要保存在安全的地方。在保存备份时应该实行异地存放，并且每套备份的内容应该有两份以上的备份。
- 确定备份存储的期限。对于一般性的业务数据可以确定一个比较短的期限，但是对于重要的业务数据，需要确定一个比较长的期限。期限愈长，需要的备份介质就愈多，备份成本也随之增大。

10.4.2　数据库恢复

数据库恢复（还原）就是指加载数据库备份到系统中的进程。针对不同的数据库备份类型，可以采取不同的数据库还原方法。

1. 根据数据库完全备份进行恢复

任何磁盘故障或磁盘错误引起的数据库混乱或崩溃，都需要利用备份进行恢复，并且首先需要利用数据库完全备份进行恢复，然后再进行增量恢复或日志恢复。

恢复数据库完全备份的命令是 RESTORE DATABASE，常用格式如下：

```
RESTORE DATABASE  database_name
FROM {DISK | TAPE }='physical_backup_device_name'
   [WITH [{NORECOVERY| RECOVERY}]]
```

其中，NORECOVERY 指示还原操作不回滚任何未提交的事务；RECOVERY 指示还原操作回滚任何未提交的事务，在恢复进程后即可随时使用数据库。

当使用完全数据库备份还原数据库时，系统将自动重建原来的数据库文件，并且把这些文件放在备份数据库时的这些文件所在的位置。这种进程是系统自动提供的，因此用户在执行数据库还原工作时，不需要重新建立数据库模式结构。

2. 根据差异备份进行恢复

如果存在差异备份，则一般需要进行相应的恢复操作。

恢复差异备份的数据库的命令也是 RESTORE DATABASE，但是在根据增量备份之前需要注意：

- 已经使用 RESTORE DATABASE 命令完成了完全备份的恢复，同时指定了

NORECOVERY 子句；

- 在进行差异备份恢复时需要指定 NORECOVERY 或 RECOVERY；
- 如果有多个差异备份，则一定要按照备份的先后顺序进行恢复。

3．根据日志文件进行恢复

利用日志可以将数据库恢复到最新的一致状态或任意的事务点。

利用事务日志进行恢复之前必须注意：

- 在恢复事务日志备份前需首先恢复数据库完全备份或差异备份；
- 如果有多个日志备份，则按先后顺序进行恢复。

利用日志进行恢复的命令是 RESTORE LOG，常用格式如下：

```
RESTORE LOG  database_name
 FROM  {DISK | TAPE }='physical_backup_device_name'
 [WITH  [{ NORECOVERY | RECOVERY}]
      [ [ , ] STOPAT=date_time
      | [ , ] STOPATMARK='mark_name' [ AFTER datetime ]
      | [ , ] STOPBEFOREMARK='mark_name' [ AFTER datetime ]
 ]
 ]
```

其中，STOPAT=date_time 指定将数据库还原到其在指定的日期和时间时的状态；STOPATMARK='mark_name' [AFTER datetime]指定恢复到指定的标记,包括包含该标记的事务；STOPBEFOREMARK = 'mark_name' [AFTER datetime]指定恢复到指定的标记，但不包括包含该标记的事务。

注意：所有中间恢复步骤都选择 NORECOVERY 选项，最后一个事务恢复选择 RECOVERY 选项。

【例 10.4】针对例 10.3 中的备份，下面的命令将数据库还原到其在 2011 年 4 月 15 日中午 12 点时的状态。

第一步：还原完全备份的数据库。

```
RESTORE DATABASE Sample
FROM DISK='D:\backup\Sample_full.bak'
    WITH NORECOVERY
```

第二步：还原差异备份的数据库。

```
RESTORE DATABASE Sample
FROM DISK='D:\backup\Sample_1.bak'
    WITH NORECOVERY
```

第三步：还原日志文件备份，并且只还原到 2011 年 4 月 15 日中午 12 点时的状态。

```
RESTORE LOG Sample
FROM DISK='D:\backup\Sample_log.bak'
WITH RECOVERY, STOPAT='Apr 15, 2011 12:00 AM'
```

小　结

并发控制子系统和恢复子系统是 DBMS 的重要组成部分,本章介绍了这两个子系统的基本原理。

事务是数据库系统运行的基本工作单元,由一组操作序列组成,具有 ACID 性质,即原子性、一致性、隔离性和持久性。

为了保证多个用户同时正确操作数据库,保证事务的隔离性,并能够保证数据的一致性和正确性,需要对数据库进行并发控制。

恢复是保证数据库安全可靠的重要手段,是数据库可以连续运行的可靠保证,利用恢复可以保证事务的原子性、一致性和持久性。

习　题

选择题

1. 事务的原子性是指(　　)。

A. 事务中包括的所有操作要么都做,要么都不做

B. 事务一旦提交,对数据库的改变是永久的

C. 一个事务内部的操作及使用的数据对并发的其他事务是隔离的

D. 事务必须是使数据库从一个一致性状态变到另一个一致性状态

2. 对并发操作若不加控制,可能会带来(　　)问题。

A. 不安全　　　　B. 死锁　　　C. 死机　　　D. 不一致

3. 事务的一致性是指(　　)。

A. 事务中包括的所有操作要么都做,要么都不做

B. 事务一旦提交,对数据库的改变是永久的

C. 一个事务内部的操作及使用的数据对并发的其他事务是隔离的

D. 事务必须使数据库从一个一致性状态变到另一个一致性状态

4. 事务的隔离性是指(　　)。

A. 事务中包括的所有操作要么都做,要么都不做

B. 事务一旦提交,对数据库的改变是永久的

C. 一个事务内部的操作及使用的数据对并发的其他事务是隔离的

D. 事务必须使数据库从一个一致性状态变到另一个一致性状态

5. 事务的持久性是指(　　)。

A. 事务中包括的所有操作要么都做,要么都不做

B. 事务一旦提交,对数据库的改变是永久的

C. 一个事务内部的操作及使用的数据对并发的其他事务是隔离的

D. 事务必须使数据库从一个一致性状态变到另一个一致性状态

6. 多用户数据库系统的目标之一是使它的每个用户好像正在使用一个单用户数据库，为此，数据库系统必须进行（　　）。

  A．安全性控制   B．完整性控制

  C．并发控制   D．可靠性控制

7. 若事务 T 对数据 R 已加 X 锁，则其他事务对数据 R（　　）。

  A．可以加 S 锁不能加 X 锁   B．不能加 S 锁可以加 X 锁

  C．可以加 S 锁也可以加 X 锁   D．不能加任何锁

8. 关于"死锁"，下列说法中正确的是（　　）。

  A．死锁是操作系统中的问题，数据库操作中不存在

  B．在数据库操作中防止死锁的方法是禁止两个用户同时操作数据库

  C．当两个用户竞争相同资源时不会发生死锁

  D．只有出现并发操作时，才有可能出现死锁

9. 数据库系统并发控制的主要方法是采用（　　）机制。

  A．拒绝   B．改为串行 C．封锁   D．不加任何控制

10. 数据库运行过程中发生的故障通常有三类，即（　　）。

  A．软件故障、硬件故障、介质故障 B．程序故障、操作故障、运行故障

  C．数据故障、程序故障、系统故障 D．事务故障、系统故障、介质故障

简答题

1. 什么是数据库的完整性？数据库的完整性包括哪几种？

2. 数据库的完整性概念与数据库的安全性概念有什么区别和联系？

3. 简述事务的概念和事务的四个特性，并解释每一个性质由 DBMS 的哪个子系统实现，每一个性质对 DBS 有什么益处。

4. 并发操作可能会产生哪几类数据不一致性？分别用什么方法可以避免各种不一致的情况？

5. 简述封锁的概念以及基本的封锁类型。

6. 什么是封锁协议？简述不同级别的封锁协议的主要区别。

7. 数据库恢复的基本原则是什么？具体实现方法是什么？

8. 什么是"脏"数据？如何避免读取"脏"数据？

9. 什么是活锁？试述活锁产生的原因及解决办法。

10. 什么是死锁？试述死锁产生的原因及解决办法。

第11章

数据库技术新进展

了解当前数据库技术的进展，研究数据库发展的动向，分析各种新型数据库的特点，对数据库技术的研究和应用具有重大的意义。

数据库技术从 20 世纪 80 年代中期产生到今天仅仅几十年的历史，其发展速度之快，使用范围之广是其他技术所远不及的。数据库系统已从第一代的网状、层次数据库系统和第二代的关系数据库系统发展到第三代以面向对象模型为主要特征的数据库系统。

数据库技术与网络通信技术、人工智能技术、面向对象程序设计技术、并行计算技术等互相渗透、互相结合，成为当前数据库技术发展的主要特征。

11.1 数据仓库

随着企事业单位信息化建设的逐步完善，各单位信息系统将产生越来越多的历史数据信息。如何处理这些历史数据呢？现各单位至少有如下三种做法：

- 将已经失效的历史数据简单地删除，以便节约磁盘空间并提高系统性能。
- 备份历史数据，然后删除，待需要时再恢复。
- 建立一个数据仓库系统，将对系统分析有用的历史数据按时间顺序存储到数据仓库中，进而可综合利用这些数据，建立分析模型。

数据仓库（data warehouse）通常指一个数据库环境，而不是指一件产品，它提供用户用于决策支持的当前和历史数据，这些数据在传统的数据中通常不方便得到。

11.1.1 数据仓库的概念、特点与组成

数据仓库的提出是以关系数据库、并行处理和分布式技术的飞速发展为基础的，目的是解决在信息技术（IT）发展中存在的虽然拥有大量数据、然而有用信息却非常贫乏（Data rich-Information poor）的问题。

目前数据仓库还没有一个统一的、标准的定义，比较公认的定义是：数据仓库是支持管理决策过程的、面向主题的、集成的、随时间而增长的、持久的数据集合。

从不同的角度对数据仓库还有其他几种定义，但有一点是一致的，即数据仓库是为决策支持服务的，它是一个企业决策支持系统必不可少的一部分。因此，数据仓库的用户不是类似营业厅的终端操作人员，而是面向各个业务部门和有关决策人员的。

1. 数据仓库的特点

① 面向主题

业务系统是以优化事务处理的方式来构造数据结构的，对于某个主题的数据常常分布在不同的业务数据库中，这对于商务分析和决策支持来说是极为不利的，因为这意味着访问某个主题的数据实际上需要去访问多个分布在不同数据库中的数据集合。

数据仓库将这些数据集中于一个地方，在这种结构中，对应某个主题的全部数据被存放在同一数据表中，这样决策者可以非常方便地在数据仓库中的一个位置检索包含某个主题的所有数据。

② 集成

操作型数据库通常与某些特定的应用相关，数据库之间相互独立，并且往往是异构的；而数据仓库中的数据是在对原有分散的数据库数据作抽取、清理的基础上经过系统加工、汇总和整理得到的。所以，必须在某一个主题的统帅下，需要将数据进行提取、净化、转换和装载等集成操作。

比如在客户主题中，对于客户名称，业务数据库的设计中有的字段名为 user_name，类型为 char(10)，有的字段名是 name，类型是 varchar(12)，但在进入分析数据库时必须使用同一字段的命名和格式。这在 SQL Server 2005 中实际上是通过 SSIS 来完成的，但在数据库设计阶段也需要把数据的集成方案设计出来，而具体的操作则主要体现在对 SSIS 的操作上。

③ 稳定

业务系统一般只需要当前数据，在数据库中一般也存储短期数据，因此在数据库系统中数据是不稳定的，它记录的是系统中每一个变化的瞬态。但对于决策分析而言，历史数据是相当重要的，许多分析方法必须以大量的历史数据为依托。没有历史数据的详细分析是难以把握企业的发展趋势的，因此，数据仓库对数据在空间和时间的广度上都有了更高的要求。

一般情况下，数据仓库的数据一旦加载，将作为数据档案长期保存，几乎不再做修改和删除操作。数据仓库可以看成是一个虚拟的只读数据库系统。在数据集成性中已经说明了数据仓库在数据存储方面是分批进行的，定期执行提取过程为数据仓库增加记录，但是这些记录一旦加入，就不再从系统中删除。正是由于数据仓库的这个显著特点，使得数据仓库不需要在并发读写控制上投入过多的精力，因为所有的用户只是以只读的方式访问数据仓库。

④ 随时间变化

业务数据库主要关心当前某一个时间段内的数据，而数据仓库中的数据通常包含较久远的历史数据，因此总是包括一个时间维，以便可以研究趋势和变化。数据仓库系统通常记录了一个单位从过去某一时期到目前的所有时期的信息，通过这些信息，可以对单位的发展历程和未来趋势作出定量分析和预测。

2. 数据仓库的主要部分

① 元数据

元数据是描述数据仓库内数据的结构和建立方法的数据，可将其按用途的不同分为两类，技术元数据和业务元数据。

技术元数据是数据仓库的设计和管理人员用于开发和日常管理数据仓库时用的数据，包括数据源信息、数据转换的描述、数据仓库内对象和数据结构的定义、数据清理和数据更新时用的规则、源数据到目的数据的映射、用户访问权限、数据备份历史记录、数据导入历史记录和信息发布历史记录等。

业务元数据从单位业务的角度描述了数据仓库中的数据，包括业务主题的描述、包含的数据、查询、报表等信息。

元数据为访问数据仓库提供了一个信息目录（information directory），这个目录全面描述了数据仓库中都有什么数据、这些数据怎么得到的和怎么访问这些数据，是数据仓库运行和维护的中心。数据仓库服务器利用它来存储和更新数据，用户通过他来了解和访问数据。

元数据一般包含以下内容：

- 数据仓库数据源的信息，包括现有的操作型数据、历史数据以及外部数据。
- 数据模型信息，如仓库中的表名、关键字、属性、仓库模式、视图、维等。
- 操作型环境到数据仓库环境的映射关系，包括源数据及其内容、完整性规则和安全性等。
- 操作元数据，如抽取历史、访问模式、仓库使用统计等。
- 汇总用的算法，包括度量和维定义算法，数据粒度、聚集、汇总、预定义的查询和报告。
- 商业元数据，包括商业术语和定义、数据所有者信息和收费策略。

② 数据集市

为了特定的应用目的或应用范围，而从数据仓库中独立出来的一部分数据，也可称为部门数据或主题数据（subject area）。在数据仓库的实施过程中往往可以从一个部门的数据集市着手，以后再用几个数据集市组成一个完整的数据仓库。需要注意的就是在实施不同的数据集市时，同一含义的字段定义一定要相容，这样在以后实施数据仓库时才不会造成大麻烦。

11.1.2　数据的技术

数据仓库技术就是基于数学及统计学严谨逻辑思维的，并达成"科学的判断、有效的行为"的一个工具。数据仓库技术也是一种达成"数据整合、知识管理"的有效手段，是为了有效地把业务型数据集成到统一的环境中以提供决策性数据访问的各种技术和模型的总称。

数据处理通常分成两大类：联机分析处理（online analytical procession，OLAP）和联机事务处理（online transaction processing，OLTP）。

联机分析处理（OLAP）的概念最早是由关系数据库之父 E. F. Codd 于 1993 年提出的，他同时提出了关于 OLAP 的 12 条准则。OLAP 的提出引起了很大的反响，OLAP 作为一类产品同联机事务处理（OLTP）明显区分开来。

联机事务处理（OLTP），也称为面向交易的处理系统，其基本特征是顾客的原始数据可以立即传送到计算中心进行处理，并在很短的时间内给出处理结果。这样做的最大优点是可以即时地处理输入的数据，及时地回答。也称为实时系统（Real time System，RTS），主要是日常事务处理，如供电系统设备安装系统、银行柜台存取款、股票交易和商场 POS 系统等。

OLAP 是基于数据仓库的信息分析处理过程，是数据仓库的用户接口部分。OLAP 系统是跨越部门、面向主题的，其基本特点是：基础数据来源于信息系统中的操作数据（Operation Data）；响应时间合理；用户数量相对较少，其用户主要是业务决策与管理人员；数据库的各种操作不能完全基于索引进行。

OLAP 工具是整个数据仓库解决方案中不可缺少的一部分，当前市场上有许多这类成熟的产品，如 NCR 公司的 QueryMan、Andyne 软件公司的 GQL（Graphic Query Language）、Brio Technology 公司的 Brio Query 及青岛海尔青大软件有限公司的 HDC 系列产品等。这些产品大都运行在 Windows 环境下，具有友好的用户界面，通过 ODBC 驱动程序和 TCP/IP 协议与数据库相连，是一种典型的 Client/Server 结构。这些 OLAP 工具的特点是，用户不需要掌握很深的 SQL 知识就可使用。用户提出问题后，这些工具能自动加以分析，根据数据库模型产生 SQL 语句，通过 ODBC 接口对服务器数据库提出交易请求，然后将主机返回的结果以用户指定的方式显示出来。它们一般在本地维护一个多维数据库，把结果保存在本地库中，因此可以离线工作。

OLAP 支持最终用户进行动态多维分析，其中包括跨维、在不同层次之间跨成员的计算和建模；在时间序列上的趋势分析、预测分析；切片和切块，并在屏幕上显示，从宏观到微观，对数据进行深入分析；可查询到底层的细节数据；在观察区域中旋转，进行不同维间的比较。OLAP 的体系结构如图 11.1 所示。

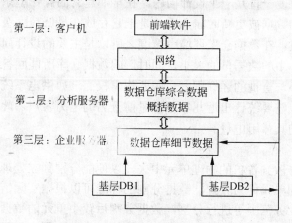

图 11.1　OLAP 系统的体系结构

OLAP 属于数据仓库应用，它以数据仓库为基础。根据 E. F. Codd 的观点，OLAP 采用客户机/服务器体系结构。因为它要对来自基层的操作数据（如果企业已建立了数据仓库，那么操作历史数据可由数据仓库提供）进行多维化或预综合处理，因此它不同于传统 OLAP 软件的两层客户机/服务器结构，而是三层客户机/服务器结构，如图 11.1 所示。其中第一层为客户机，实现最终用户功能，能够方便地浏览数据仓库中的数据，生成数据立方体，支持各种 OLAP 操作，如切片、切块、旋转、趋势分析、比较等处理，实施决策。第二层为分析服务器，存储数据仓库中的综合数据，形成多维分析模型。第三层为企业服务器，存储数据仓库中的细节数据，它来自基层数据库。

表 11.1 列出了 OLTP 与 OLAP 之间的区别。

表 11.1　OLTP 与 OLAP 的比较

	OLTP	OLAP
用户	操作人员，低层管理人员	决策人员，高级管理人员
功能	日常操作处理	分析决策
DB 设计	面向应用	面向主题
数据	当前的、最新的、细节的、二维的、分立的	历史的、聚集的、多维的、集成的、统一的
存取	读/写数十条记录	读上百万条记录
工作单位	简单的事务	复杂的查询
用户数	上千个	上百个

11.1.3　数据仓库的几个重要概念

本节介绍数据仓库中的几个重要概念：粒度、分割、维。

1. 粒度

粒度问题是设计数据仓库的一个最重要方面。粒度是指数据仓库的数据单位中保存数据的细化或综合程度的级别。细化程度越高，粒度级就越小；相反，细化程度越低，粒度级就越大。数据的粒度一直是一个设计问题。在早期建立的操作型系统中，粒度是用于访问授权的，当详细的数据被更新时，几乎总是把它存放在最低粒度级上。但在数据仓库环境中对粒度不作假设。在数据仓库环境中粒度之所以是主要的设计问题，是因为它深深地影响存放在数据仓库中的数据量的大小，同时影响数据仓库所能回答的查询类型。在数据仓库中的数据量大小与查询的详细程度之间要作出权衡。如供电系统中经常需要对用电大客户的需求作评估，需要统计出近几年用电量前五名的电力客户，此时需要的是排名，而不是每个电力客户的具体用电量。

2. 分割

分割是将数据分散到各自的物理单元中去，以便能分别独立处理，以提高数据处理的效率。数据分割后的单元称为分片。数据分割的标准可以根据实际情况来确定，通常可按日期、地理分布、业务范围等进行分割，数据分割后较小单元的数据处理相对独立，使数据更易于重构、索引、恢复和监控，处理起来更快。如客户用电量可以按照客户行业进行分割，也可以按照不同月份来分割。

3. 维

维是人们观察数据的特定角度，是考虑问题时的一类属性。此类属性的集合构成一个维度（如时间维、产品维等）。维可以有细节程度的不同描述方面，这些不同描述方面称为维的层次，维层次中维的一个取值称为维的一个成员，不同的多个维成员的组合组成了该维的不同维层次。最常用的维是时间维，时间维的维层次可以有日、周、月、季、年等。数据仓库中数据按照不同的维组织起来形成了一个多维立方体。如客户的用电量是事实表，维度表就是不同行业客户用电量。多个维的每一维都去一个维成员就组成一个数据单元，如"2011 年 1 月，某公司，用电量 1 万千瓦时"。维的概念使用户能够从多个角度观察数据仓库中的数据，以深入了解包含在数据中的信息。

11.1.4 数据仓库的结构

数据仓库是不同数据源数据的集成，不同的数据可能存放在不同的地点或不同的操作系统，数据模式也可能不同。数据仓库就是要将这些数据以统一的模式，按照主题进行重组。存放在数据仓库中的数据通常不再修改，用于做进一步的分析处理。

数据仓库系统的建立和开发是以现有的业务系统和大量业务数据的积累为基础的。数据仓库不是一个静态的概念，只有把信息适时地交给需要这些信息的使用者，供他们做出改善其业务经营的决策，信息才能发挥作用，才有意义。因此，把信息加以整理归纳和重组，并及时提供给相应的管理决策人员是数据仓库的根本任务。数据仓库的开发通常是一个循环迭代开发过程。

图 11.2 给出了一个数据仓库系统的结构。一个数据仓库系统至少有数据源、数据后端处理、数据仓库及其管理、数据集市、基于数据仓库的应用和数据展示。

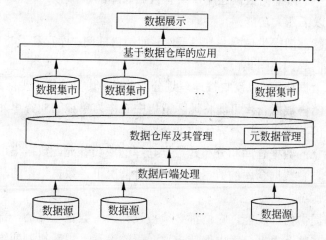

图 11.2　数据仓库系统的结构

1. 数据源

数据源为数据仓库提供数据来源。一个数据仓库可以有多个数据源，而且这些数据源可以有多种不同的数据结构类型，可以是关系数据库如 DB2、Oracle 等，也可以是各种数据文件如 Excel、Word、Lotus 以及 HTML、XML 等文件格式。数据源一般是分布在网络中，通过网络中的数据接口与数据仓库连接。

2. 数据后端处理

数据后端处理是数据源与数据仓库间的数据接口层，也叫抽取层。它的功能是将数据源的数据进行提取、清洗、转换，最终构建成数据仓库所需的数据。所谓的 ETL 就在这一层。

3. 数据仓库及其管理

数据仓库及其管理包括数据仓库、数据仓库管理和元数据管理。

数据仓库负责存储、分析、决策数据。数据仓库中的数据组织一般分为四级：早期细节级、当前细节级、轻度综合级和高度综合级。源数据经过综合后首先进入当前细节级，根据需要进一步综合后进入轻度综合级，再进行高度综合后进入高度综合级，而老化的数据将进入早期细节级。综合的级别称为"粒度"，级别的划分根据粒度进行。

数据仓库管理则负责管理数据仓库，包括数据的刷新、更新和复制，数据源的同步化，故障恢复，访问控制和安全性，数据仓库的增强和扩充等。

元数据管理负责对元数据进行管理。元数据描述了数据仓库的数据和存储环境，数据仓库设计运行、维护与使用的基本参数，是整个数据仓库的核心。元数据是关于数据的数据，数据仓库中的元数据有两种：一种是从业务型环境转换到数据仓库环境而建立的元数据，包含元数据的结构定义如数据项名、数据域的定义、创建日期、数据来源等；另一种元数据用来与终端用户的多维业务模型/前端工具间建立映射，这类元数据常用来开发更先进的决策支持工具。

4．数据集市

一般说来，数据集市是指数据仓库的一个部门子集，是针对特定部门范围的主题。可以将数据集市看成一个微型的数据仓库，或者数据仓库的一部分。

数据集市具有以下几大功能：

- 为单位的职能部门提供信息。典型示例，如销售部门、库存和发货部门、财务部门、高级管理部门等的数据集市。
- 将数据仓库数据分段，以反映按地理划分的业务，其中的每个地区都是相对自治的。例如，大型销售数据仓库可能将地区销售中心作为单独的业务单元，每个这样的单元都有自己的数据集市以补充主数据仓库。
- 作为完全独立的数据仓库和分布式数据仓库的成员补充，数据集市可以通过定期更新，接受来自主数据仓库的数据。但在这种情况下，数据集市的功能经常受限于客户端的显示服务。

无论数据集市提供何种功能，它们都必须被设计为主数据仓库的一部分，以使数据的组织、格式和架构在整个数据仓库内保持一致。表的设计、更新机制或维度的层次结构如果不一致，可能会使数据难以在整个数据仓库内被复用，并可能出现相同的数据在不同报表中不一致的现象。但是，也没有必要为获得一致性，而将一个数据视图强加在所有数据集市上，通常可以设计一致的架构和数据格式，使得可以有很多不同的数据视图同时保持互操作性。例如，使用时间、客户和产品数据的标准格式及组织方式不会妨碍数据集市以库存、销售额或财务分析等不同的角度显示信息。应从作为数据仓库一部分的角度设计数据集市，而无须考虑它们各自的功能或构造，从而使得信息在整个单位内保持一致和可用。

5．基于数据仓库的应用

基于数据仓库的应用主要包括分析、决策应用，如 OLAP、数据挖掘等。

6．数据展示

数据展示是将应用结果，特别是分析、决策结果以多种媒体形式表示。目前市场上有多种数据展示工具，如 BRIO、BO 等。

11.1.5 数据仓库的多维数据模型

数据模型是数据仓库研究的重要内容之一，关系数据库的关系数据模型难以表达数据仓库的数据结构和语义，数据仓库需要简明的、面向主题的以及便于联机数据分析的数据模式。

数据仓库一般是基于多维数据模型（Multidimensional Data Model）构建的。该模型将数据看成数据立方体（Data Cube）形式，由维和事实构成。维是人们观察主题的特定角度，每一个维分别用一个表来描述，称为维表，它是对维的详细描述。事实表示所关注的主题，也由表来描述，称为事实表，其主要特点是包含数值数据（事实），而这些数值数据可以进行汇总以提供有关操作历史的信息。

每个事实表包括一个由多个字段组成的索引，该索引由相关维表的主键组成，维表的主键也可称为维标识符。事实表一般不包含描述性的信息，维表包含描述事实表中事实记录的信息。多个维表之间形成的多维数据结构体现了数据在空间上的多维性，也可称为多维立方体，它为各种不同决策需求提供分析的结构基础。

例如，电力客户用电数据仓库用来记录客户用电量的情况，可以用时间维以及客户维构成。

多维数据建模以直观的方式组织数据，并支持高性能的数据访问。每一个多维数据模型由多个多维数据模式表示，每一个多维数据模式都是由一个事实表和一组维表组成的。多维模型最常见的是星形模式。在星形模式中，事实表居中，多个维表呈辐射状分布于其四周，并与事实表连接。在星形的基础上，发展出雪花模式，下面就二者的特点做比较。

1. 星形模式

星形模式是一个事实表同时连接很多多维表，类似星形状。位于星形中心的指标实体是一个含大量而无冗余数据的事实表，完成一项指定的功能，是用户最关心的基本实体和查询活动的中心，为数据仓库的查询活动提供定量数据。位于星形图星角上的实体是维度实体，其作用是限制用户的查询结果，将数据过滤，使得从事实表查询返回较少的行，从而缩小访问范围。每个维表有自己的属性，维表和事实表通过关键字相关联。

星形模式虽然是一个关系模型，但是它不是一个规范化的模型。在星形模式中，维度表被故意地非规范化了，这是星形模式与 OLTP 系统中关系模式的基本区别。

使用星形模式主要有两方面的原因：①提高查询的效率。采用星形模式设计的数据仓库的优点是由于数据的组织已经过预处理，主要数据都在庞大的事实表中，所以只要扫描事实表就可以进行查询，而不必把多个庞大的表连接起来，查询访问效率较高。同时由于维表一般都很小，甚至可以放在高速缓存中，与事实表作连接时其速度较快。②便于用户理解。对于非计算机专业的用户而言，星形模式比较直观，通过分析星形模式，很容易组合出各种查询。

如图 11.3 所示是一个设备维修数据仓库的星形模式。其中，有一个设备维修事实表，4 个维表：设备维表、维修员维表、时间维表、安装点维表。事实表的索引包含设备编号、时间编号、维修员编号、安装点编号等字段，这些字段是事实表的外键，也是相应维表的主键。通过这种引用关系，构成了多维联系。在每张维表中，除包含每个维的主键外，还需要描述该维的一些其他属性字段。如设备维表包含有关该设备的基本数据，安装点维表包含有关安装点的信息。

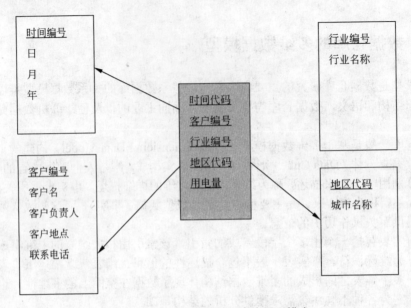

图 11.3　客户用电量数据仓库星形模式

2. 雪花模式

雪花模式是对星形模式的扩展，每个维都可以沿半径向外连接到多个维。雪花模式对星形模式的维表进一步标准化，维表分解成与事实表直接关联的主维表和与主维表关联的次维表。它的优点是通过最大限度地减少存储量以及将较小的标准化表而不是大的非标准化表联合在一起来改善查询性能。由于采用标准化及维的较低的粒度，雪花模式增加了应用程序的灵活性。但由于雪花模式增加了用户必须处理表的数量，因而也增加了查询的复杂性。图 11.4 是在图 11.3 基础上扩展而得到的雪花模式，其中客户地点可能存在多个地点，某大型客户可能在不同地区的不同城市有分公司，如果该类客户需合并统计时，需要对星形模式进行扩充。

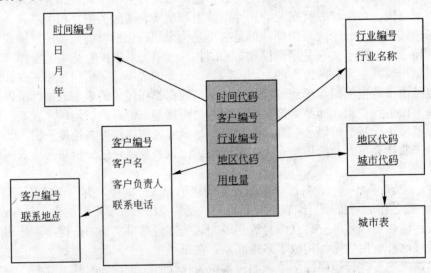

图 11.4　客户用电量数据仓库雪花模式

3. 事实星座模式

事实星座模式是指存在多个事实表，而这些事实表共享某些维表，也称为星系模式。譬如某公司从其他公司商场采购商品，然后分配到自己的一些商场销售，于是就有了两个事实表：销售事实表和采购事实表。

11.1.6 数据仓库系统设计

1. 数据仓库设计方法

数据仓库是面向主题的、集成的、不可更新的、随时间的变化而不断变化的，这些特点决定了数据仓库的系统设计不能采用同开发传统的 OLTP 数据库一样的设计方法。

设计数据仓库一般采用的方法有：自顶向下方法、自底向上方法和自顶向下与自底向上的联合方法。

1）自顶向下方法

自顶向下方法是从商业需求出发直接构建全局数据仓库，即从原来分散存储的已有的企业 OLTP 数据库中通过数据提取、净化、转换和聚集等处理建立全局数据仓库。这种方法需要对商业需求有全面了解，能够清楚地描绘出数据仓库的视线范围。

其优点如下：

- 数据来源固定，可以确保数据的完整性。
- 数据格式与单位一致，可以确保跨越不同数据集市进行分析的正确性。
- 数据集市可以保证有共享的字段。因为都是从数据仓库中分离出来。

2）自底向上方法

自底向上的方法是从实验和基于技术的原型入手，选择一个部门或特定商业问题的数据集市开始，全局数据仓库则建立在数据集市的基础上。采用这种方法初期投资少、见效快，因为解决的商业问题范围很小，只需要少量的人进行较少的决策。

自底向上方法适用于商业目标不明确或还未确定数据仓库技术，但希望进行技术和收益评估，以及需要了解实现和试运行数据仓库所需费用的情况。

其优点如下：

- 首先构建数据集市的工作相对简单，易成功。
- 这种模式也是实现快速数据传送的原型。

3）自顶向下与自底向上的联合方法

构建数据仓库也可以将自顶向下或自底向上的方法相结合，对难以达到的商业方案可以采用自底向上的方法建立一个集中的小范围的数据集市，同时利用自顶向下的方法进行整体规划和决策。

2. 数据仓库的设计步骤

数据仓库系统的原始需求不明确，且不断变化与增加，开发者最初不能确切了解到用户的明确而详细的需求，用户所能提供的无非是需求的大的方向以及部分需求，更不能较准确地预见到以后的需求。因此，采用原型法来进行数据仓库的开发是比较合适的，因为原型法的思想是从构建系统的简单的基本框架着手，不断丰富与完善整个系统。但是，数据仓库的设计开发又不同于一般意义上的原型法，数据仓库的设计是数据驱动的。这是因为数据仓库是在现存数据库系统基础上进行开发，它着眼于有效地抽取、综合、集成和挖掘已有数据库的数据资源，服务于企业高层领导管理决策分析的需要。但需要说明的是，数据仓库系统开发是一个经过不断循环、反馈而使系统不断增长与完善的过程，这也是原型法区别于系统生命周期法的主要特点。因此，在数据仓库开发的整个过程中，自始至终要求决策人员和开发者的共同参与和密切协作，要求保持灵活的头脑，不做或尽量少做无效工作或重复工作。

数据仓库的设计大体上可以分为以下几个步骤：

（1）需求分析；

（2）概念模型设计；

（3）逻辑模型设计；

（4）物理模型设计；

（5）数据仓库的生成；

（6）数据仓库的运行与维护。

下面以六个主要设计步骤为主线，介绍在各个设计步骤中设计的基本内容。

（1）需求分析

需求分析阶段的主要任务是：

- 了解用户建立数据仓库的商业目标、范围、使用数据仓库的操作环境、数据仓库应具有的功能和特征、开发数据仓库的总投资等；
- 对已有数据库内容、数据组织、数据分布及操作环境等有一个较全面完整的了解和认识。

（2）概念模型设计

- 深入了解和分析企业现有数据库，界定系统边界；
- 确定主要的主题域及其内容，包括确定各个主题域的属性组、属性组的公共键、各个主题域间的联系。

概念模型设计的成果是，在原有数据库的基础上建立了一个较为稳固的概念模型。因为数据仓库是对原有数据库系统中的数据进行集成和重组而形成的数据集合，所以数据仓库的概念模型设计，首先要对原有数据库系统加以分析理解，看在原有的数据库系统中"有什么"、"怎样组织的"和"如何分布的"等，然后再来考虑应当如何建立数据仓库系统的概念模型。一方面，通过原有的数据库的设计文档以及在数据字典中的数据库关系模式，可以对企业现有的数据库中的内容有一个完整而清晰的认识；另一方面，数据仓库的概念模型是面向企业全局建立的，它为集成来自各个面向应用的数据库的数据提供了统一的概念视图。概念模型的设计是在较高的抽象层次上的设计，因此建立概念模型时不用考虑具体技术条件的限制。

（3）逻辑模型设计

逻辑模型设计阶段的主要任务是如何将概念模型转换为逻辑模型，上节介绍了星形模式、雪花模式和事实星座模式，可以用这些技术建立逻辑模型。

- 分析主题域。数据仓库的设计方法是一个逐步求精的过程，在进行设计时，一般是一次一个主题或一次若干个主题地逐步完成的。所以，必须对概念模型设计步骤中确定的几个基本主题域进行分析，并选择首先要实施的主题域。选择第一个主题域所要考虑的是它要足够大，以便使得该主题域能建设成为一个可应用的系统；它还要足够小，以便于开发和较快地实施。如果所选择的主题域很大并且很复杂，我们甚至可以针对它的一个有意义的子集来进行开发。在每一次的反馈过程中，都要进行主题域的分析。

- 粒度层次划分。数据仓库逻辑设计中要解决的一个重要问题是决定数据仓库的粒度划分层次，粒度层次划分适当与否直接影响到数据仓库中的数据量和所适合的查询类型。确定数据仓库的粒度划分，可以使用在粒度划分一节中介绍的方法，通过估算数据行数和所需的直接存取设备（DASD）数来确定是采用单一粒度还是多重粒度，以及粒度划分的层次。

- 确定数据分割策略。在这一步里，要选择适当的数据分割标准，一般要考虑以下几方面因素：数据量（而非记录行数）、数据分析处理的实际情况、简单易行以及粒度划分策略等。数据量的大小是决定是否进行数据分割和如何分割的主要因素；数据分析处理的要求是选择数据分割标准的一个主要依据，因为数据分割是跟数据分析处理的对象紧密联系的；我们还要考虑到所选择的数据分割标准应是自然的、易于实施的；同时也要考虑数据分割的标准与粒度划分层次是适应的。

- 关系模式定义。数据仓库的每个主题都是由多个表来实现的，这些表之间依靠主题的公共码键联系在一起，形成一个完整的主题。在概念模型设计时，我们就确定了数据仓库的基本主题，并对每个主题的公共码键、基本内容等做了描述。在这一步里，需要对选定的当前实施的主题进行模式划分，形成多个表，并确定各个表的关系模式。

（4）物理模型设计

这一步所做的工作是确定数据的存储结构、确定索引策略、确定数据存放位置和确定存储分配。

- 确定数据的存储结构。一个数据库管理系统往往都提供多种存储结构供设计人员选用，不同的存储结构有不同的实现方式，各有各的适用范围和优缺点，设计人员在选择合适的存储结构时应该权衡三个方面的主要因素：存取时间、存储空间利用率和维护代价。

- 确定索引策略。数据仓库的数据量很大，因而需要对数据的存取路径进行仔细的设计和选择。由于数据仓库的数据都是不常更新的，因而可以设计多种多样的索引结构来提高数据存取效率。

在数据仓库中，设计人员可以考虑对各个数据存储建立专用的、复杂的索引，以获得最高的存取效率，因为在数据仓库中的数据是不常更新的，也就是说每个数据存储是稳定的，因而虽然建立专用的、复杂的索引有一定的代价，但一旦建立就几乎不需要维护索引。

- 确定数据存放位置。一般的，同一个主题的数据并不要求存放在相同的介质上。在物理设计时，需要按数据的重要程度、使用频率以及对响应时间的要求进行分类，并将不同类的数据分别存储在不同的存储设备中。重要程度高、经常存取并对响应时间要求高的数据就存放在高速存储设备上，如硬盘；存取频率低或对存取响应时间要求低的数据则可以放在低速存储设备上，如磁盘或磁带。

数据存放位置的确定还要考虑到其他一些方法，如：决定是否进行合并表；是否对一些经常性的应用建立数据序列；对常用的、不常修改的表或属性是否冗余存储。如果采用了这些技术，就要记入元数据。

- 确定存储分配。许多数据库管理系统提供了一些存储分配的参数供设计者进行物理优化处理，如：块的尺寸、缓冲区的大小和个数等都要在物理设计时确定。这同创建数据库系统时的考虑是一样的。

（5）数据仓库的生成

数据仓库的生成所要做的工作是接口编程和数据装入。

- 接口编程。将业务型环境下的数据装载进入数据仓库环境，需要在两个不同环境的记录系统之间建立一个接口。一般认为建立和设计这个接口只要编制相应抽取程序。在这一阶段的工作中，的确对数据进行了抽取，但抽取并不是全部的工作，这一接口还应具有以下的功能：

◇ 从面向应用和操作的环境生成完整的数据；
◇ 数据的基于时间的转换；
◇ 数据的凝聚；
◇ 对现有记录系统的有效扫描，以便日后进行追加。

- 数据装入。在这一步里所进行的就是运行接口程序，将数据装入到数据仓库中。主要的工作是：

◇ 确定数据装入的次序；
◇ 清除无效或错误数据；
◇ 数据"老化"；
◇ 数据粒度管理；
◇ 数据刷新等。

最初只使用一部分数据来生成第一个主题域，使得设计人员能够轻易且迅速地对已做工作进行调整，而且能够尽早地提交到下一步骤，即数据仓库的使用和维护。这样既可以在经济上最快地得到回报，又能够通过最终用户的使用，尽早发现一些问题并提出新的需求，然后反馈给设计人员，设计人员继续对系统进行改进、扩展。

（6）数据仓库的运行与维护

这一步主要工作有首先建立 DSS 应用，即使用数据仓库理解需求、调整和完善系统、维护数据仓库。建立企业的体系化环境，不仅包括建立起操作型和分析型的数据环境，还应包括在这一数据环境中建立起企业的各种应用。其次，在数据仓库装入数据之后，主要有两方面的工作：一方面，使用数据仓库中的数据服务于决策分析的目的，也就是在数据仓库中建立起 DSS 应用；另一方面，根据用户使用情况和反馈来的新的需求，开发人员进一步完善系统，并管理数据仓库的一些日常活动，如刷新数据仓库的当前详细数据、将过时的数据转化成历史数据、清除不再使用的数据、调整粒度级别等。我们把这一步骤称为数据仓库的使用与维护。

11.1.7　数据仓库的未来

数据仓库是数据管理技术和市场上一个方兴未艾的领域，有着良好的发展前景。数据仓库技术的发展自然包括数据抽取、存储管理、数据表现和方法论等方面。在数据抽取方面，未来的技术发展将集中在系统集成化方面。它将互连、转换、复制、调度、监控纳入标准化的统一管理，以适应数据仓库本身或数据源可能的变化，使系统更便于管理和维护。

在数据管理方面，未来的发展将使数据库厂商明确推出数据仓库引擎作为服务器产品与数据库服务器并驾齐驱。在这一方面，带有决策支持扩展的并行关系数据库将最具发展潜力。在数据表现方面，数理统计的算法和功能将普遍集成到联机分析产品中，同时与 Internet/Web 技术紧密结合，推出适用于 Intranet、终端免维护的数据仓库访问前端。

软件产品的发展日新月异，作为数据管理市场的热点，数据仓库必定会占据越来越广的市场。为了在市场中占据有利的竞争地位，各个数据仓库的主流厂商也必定会不断发展完善自己的产品。

11.2　数据挖掘

数据挖掘（data mining）就是从大量的、不完全的、有噪声的、模糊的、随机的数据集中识别有效的、新颖的、潜在有用的，以及最终可理解的模式的非平凡过程。它是一门涉及面很广的交叉学科，包括机器学习、数理统计、神经网络、数据库、模式识别、粗糙集、模糊数学等相关技术。

广义地说，数据挖掘是半自动地分析大型数据库以找出有用的模式的过程。

简单地说，数据挖掘就是从大量的、不完全的、有噪声的、模糊的、随机的实际应用数据中，提取隐含在其中的、人们事先不知道的、但又是潜在有用的信息和知识的过程，又被称为数据库中的知识发现（knowledge discovery in database，KDD）。

11.2.1　支持数据挖掘的基础

数据挖掘技术是人们长期对数据库技术进行研究和开发的结果。起初各种商业数据是存储在计算机的数据库中的，然后发展到可对数据库进行查询和访问，进而发展到对数据库的即时遍历。数据挖掘使数据库技术进入了一个更高级的阶段，它不仅能对过去的数据进行查询和遍历，并且能够找出过去数据之间的潜在联系，从而促进信息的传递。

现今，海量数据搜集、强大的多处理器计算机和数据挖掘算法对数据挖掘技术进行支持的三种基础技术已经发展成熟。

数据挖掘其实是一个逐渐演变的过程，电子数据处理的初期，人们就试图通过某些方法来实现自动决策支持，当时机器学习成为人们关心的焦点。机器学习的过程就是将一些已知的并已被成功解决的问题作为范例输入计算机，机器通过学习这些范例总结并生成相应的规则，这些规则具有通用性，使用它们可以解决某一类的问题。随后，随着神经网络技术的形成和发展，人们的注意力转向知识工程，知识工程不同于机器学习那样给计算机输入范例，让它生成出规则，而是直接给计算机输入已被代码化的规则，而计算机是通过使用这些规则来解决某些问题。专家系统就是这种方法所得到的成果，但它有投资大、效果不甚理想等不足。20 世纪 80 年代人们又在新的神经网络理论的指导下，重新回到机器学习的方法上，并将其成果应用于处理大型商业数据库。随着在 20 世纪 80 年代末一个新的术语，它就是数据库中的知识发现，简称 KDD（Knowledge discovery in database）。它泛指所有从源数据中发掘模式或联系的方法，人们接受了这个术语，并用 KDD 来描述整个数据发掘的过程，包括最开始的制定业务目标到最终的结果分析，而用数据挖掘（data mining）来描述使用挖掘算法进行数据挖掘的子过程。但最近人们却逐渐开始使用数据挖掘中有许多工作可以由统计方法来完成，并认为最好的策略是将统计方法与数据挖掘有机地结合起来。

数据仓库技术的发展与数据挖掘有着密切的关系。数据仓库的发展是促进数据挖掘越来越热的原因之一。数据挖掘和数据仓库作为决策支持新技术，在近十年来得到迅速发展。作为数据挖掘对象，数据仓库技术的产生和发展为数据挖掘技术开辟了新的战场，同时也提出了新的要求和挑战。数据仓库和数据挖掘是相互结合起来一起发展的，二者是相互影响，相互促进的。但是，数据仓库并不是数据挖掘的先决条件，因为有很多数据挖掘可直接从操作数据源中挖掘信息。

11.2.2　数据挖掘的分析方法

数据挖掘的分析方法可以分为直接数据挖掘与间接数据挖掘两类。

直接数据挖掘的目标是利用可用的数据建立一个模型，这个模型对剩余的数据，对一个特定的变量（可以理解成数据库中表的属性，即列）进行描述，包括分类（classification）、估值（estimation）和预言（prediction）等分析方法。

间接数据挖掘的目标中没有选出某一具体的变量，用模型进行描述；而是在所有的变量中建立起某种关系，如相关性分组（affinity grouping）、聚集（clustering）等。

1. 关联规则

在数据挖掘技术中，基于关联规则的挖掘是应用较广的一种方法。

在描述有关关联规则的一些细节之前，我们先来看一个有趣的故事："尿布与啤酒"的故事。在一家超市里，有一个有趣的现象：尿布和啤酒赫然摆在一起出售。但是这个奇怪的举措却使尿布和啤酒的销量双双增加了。

这不是一个笑话，而是发生在美国沃尔玛连锁店超市的真实案例，并一直为商家所津津乐道。沃尔玛拥有世界上最大的数据仓库系统，为了能够准确了解顾客在其门店的购买习惯，沃尔玛对其顾客的购物行为进行购物篮分析，想知道顾客经常一起购买的商品有哪些。沃尔玛数据仓库里集中了其各门店的详细原始交易数据。在这些原始交易数据的基础上，沃尔玛利用数据挖掘方法对这些数据进行分析和挖掘。一个意外地发现是：跟尿布一起购买最多的商品竟是啤酒！经过大量实际调查和分析，揭示了一个隐藏在"尿布与啤酒"背后的美国人的一种行为模式：在美国，一些年轻的父亲下班后经常要到超市去买婴儿尿布，而他们中有 30%～40%的人同时也为自己买一些啤酒。产生这一现象的原因是：美国的太太们常叮嘱她们的丈夫下班后为小孩买尿布，而丈夫们在买尿布后又随手带回了他们喜欢的啤酒。

按常规思维，尿布与啤酒风马牛不相及，若不是借助数据挖掘技术对大量交易数据进行挖掘分析，沃尔玛是不可能发现数据内在这一有价值的规律的。

　　数据关联是数据库中存在的一类重要的可被发现的知识。若两个或多个变量的取值之间存在某种规律性，就称为关联。也就是说关联规则表示了数据库中一组数据项间的相关性。关联可分为简单关联、时序关联、因果关联。关联分析的目的是找出数据库中隐藏的关联网。有时并不知道数据库中数据的关联函数，即使知道也是不确定的。

　　因此关联规则有相应的置信度（confidence）和支持度（support）。置信度是指规则的前件为真时后件有多大可能为真的测度。支持度是指同时满足规则前件和后件的数据项占数据项总数的百分比的测度。置信度和支持度高的规则称为强规则，一般只有强规则才有研究价值。例如假设有这几件物品，[面包｜牛奶｜尿布｜啤酒｜鸡蛋｜可乐]，有以下几个客户的一次购买数据，0 表示没有买，1 表示买了：

　　第一个客户：[1, 1, 0, 0, 0, 0]

　　第二个客户：[1, 0, 1, 1, 1, 0]

　　第三个客户：[0, 1, 1, 1, 0, 1]

　　第四个客户：[1, 1, 1, 1, 0, 0]

　　第五个客户：[1, 1, 1, 0, 0, 1]

　　比如第一项就表示，一个客户同时购买了面包和牛奶，第二个客户同时购买了面包，尿布，啤酒和鸡蛋，以此类推。考虑规则 {牛奶，尿布} → 啤酒。其中 {牛奶，尿布，啤酒} 的支持度是 2（就是说，这三个物品同时出现的次数有两次，也就是上面的第 3 和第 4 条），而事务的总数是 5，所以规则的支持度是 2 / 5＝0.4。而置信度是 {牛奶，尿布，啤酒} 的支持度记数与项集 {牛奶，尿布} 的支持度记数的商。上面 {牛奶，尿布} 的支持度是 3，（第 3，4，5 项）。所以这条规则 {牛奶，尿布} → 啤酒的置信度为 2 / 3＝0.67。或者我们可以更通俗地讲，如果一个用户同时买了"牛奶和尿布"，那么他有 67% 的概率也会买啤酒。

　　从上述的例子中可以看出：

- 支持度很低的规则可能只是偶尔出现，支持度通常用来删去那些不令人感兴趣的规则。
- 置信度通过规则进行推理的可靠性。

2．分类

　　分类就是找出一个类别的概念描述，它代表了这类数据的整体信息，即该类的内涵描述，并用这种描述来构造模型，一般用规则或决策树模式表示。描述可以是显式的（特征概念描述或清晰的概念描述），也可以是说分类是利用训练数据集通过一定的算法而求得分类规则。分类可被用于规则描述和预测。根据不同类对象特征的描述可以得出辅助决策信息。例如，电力部门将电力客户分为 VIP 客户、重要客户、普通客户，然后对不同类客户的用电情况进行跟踪。已有许多分类算法和模型，如决策树模型、神经网络模型、线性回归模型等。

3．聚类

　　聚类是把数据按照相似性归纳成若干类别，同一类中的数据彼此相似，不同类中的数据相异。聚类分析可以建立宏观的概念，发现数据的分布模式，以及可能的数据属性之间的相互关系。其目的是使属于同一类别的对象之间的距离尽可能小，而不同类别的对象间的距离尽可能地大。与分类方法不同的是，聚类没有预先的分类特征，而是根据一定的规则将对象归类，对分类后的对象类显式或隐式的描述其共同特征。有多种聚类算法，对相同的一组对象运用不同聚类算法可以生成不同的划分，分类方法中的许多算法也适用于聚类方法。

4．预测

预测是利用历史数据找出变化规律，建立模型，并由此模型对未来数据的种类及特征进行预测。预测关心的是精度和不确定性，通常用预测方差来度量。

5．时序模式

时序模式是指通过时间序列搜索出的重复发生概率较高的模式。与回归一样，它也是用已知的数据预测未来的值，但这些数据的区别是变量所处时间的不同。

6．偏差分析

在偏差中包括很多有用的知识，数据库中的数据存在很多异常情况，发现数据库中数据存在的异常情况是非常重要的。偏差检验的基本方法就是寻找观察结果与参照之间的差别。

11.2.3　数据挖掘常用的基本技术

一般而言，数据挖掘的理论技术可分为传统技术与改良技术两支。传统技术以统计分析为代表，在改良技术方面，应用较普遍的有决策树理论（Decision Trees）、类神经网络（Neural Network）以及规则归纳法（Rules Induction）等。

1．统计学

统计学虽然是一门"古老的"学科，但它依然是最基本的数据挖掘技术，特别是多元统计分析，如判别分析、主成分分析、因子分析、相关分析、多元回归分析等。

2．聚类分析和模式识别

聚类分析主要是根据事物的特征对其进行聚类或分类，即所谓物以类聚，以期从中发现规律和典型模式。这类技术是数据挖掘的最重要的技术之一。除传统的基于多元统计分析的聚类方法外，近些年来模糊聚类和神经网络聚类方法也有了长足的发展。

3．决策树分类技术

决策树分类是根据不同的重要特征，以树型结构表示分类或决策集合，从而产生规则和发现规律。

4．人工神经网络和遗传基因算法

人工神经网络是一个迅速发展的前沿研究领域，对计算机科学人工智能、认知科学以及信息技术等产生了重要而深远的影响，而它在数据挖掘中也扮演着非常重要的角色。人工神经网络可通过示例学习，形成描述复杂非线性系统的非线性函数，这实际上是得到了客观规律的定量描述，有了这个基础，预测的难题就会迎刃而解。目前在数据挖掘中，最常使用的两种神经网络是 BP 网络和 RBF 网络。不过，由于人工神经网络还是一个新兴学科，一些重要的理论问题尚未解决。

5．规则归纳

规则归纳相对来讲是数据挖掘特有的技术。它指的是在大型数据库或数据仓库中搜索和挖掘以往不知道的规则和规律，这大致包括以下几种形式：IF…THEN…

6. 可视化技术

可视化技术是数据挖掘不可忽视的辅助技术。数据挖掘通常会涉及较复杂的数学方法和信息技术，为了方便用户理解和使用这类技术，必须借助图形、图像、动画等手段形象地指导操作、引导挖掘和表达结果等，否则很难推广普及数据挖掘技术。

11.2.4　数据挖掘技术实施的步骤

数据挖掘的过程可以分为 6 个步骤：

（1）**确定业务对象**：从商业的角度理解项目目标和需求，将其转换成一种数据挖掘的问题定义，设计出达到目标的一个初步计划，认清数据挖掘的目的是数据挖掘的重要一步，挖掘的最后结构是不可预测的，但要探索的问题应是有预见的，为了数据挖掘而数据挖掘则带有盲目性，是不会成功的。

（2）**数据的选择**：收集初步的数据，进行各种熟悉数据的活动。包括数据描述，数据探索和数据质量验证等。

（3）**数据的预处理**：将最初的原始数据构造成最终适合建模工具处理的数据集。包括表、记录和属性的选择，数据转换和数据清理等。

（4）**建模**：选择和应用各种建模技术，并对其参数进行优化。

（5）**模型评估**：对模型进行较为彻底的评价，并检查构建模型的每个步骤，确认其是否真正实现了预定的商业目的。

（6）**模型部署**：创建完模型并不意味着项目的结束，即使模型的目的是为了增进对数据的了解，所获得的知识也要用一种用户可以使用的方式来组织和表示。通常要将活动模型应用到决策制订的过程中去。该阶段可以简单到只生成一份报告，也可以复杂到在企业内实施一个可重复的数据挖掘过程。控制得到普遍承认。

11.2.5　数据挖掘技术发展

数据挖掘技术是一个年轻且充满希望的研究领域，商业利益强大驱动力将会不停地促进它的发展。

每年都有新的数据挖掘方法和模型问世，人们对它的研究正日益广泛和深入。尽管如此，数据挖掘技术仍然面临着许多问题和挑掘，如数据挖掘方法的效率有待提高，尤其是超大规模数据集中数据挖掘效率，开发适应多数据类型、容噪的挖掘方法，以解决异质数据集的数据挖掘问题；动态数据和知识的数据挖掘；网络与分布式环境下的数据挖掘数据等。

11.3　数据库技术的研究及发展

数据库技术从诞生到现在，在不到半个世纪的时间里，形成了坚实的理论基础、成熟的商业产品和广泛的应用领域，吸引了越来越多的研究者加入，使得数据库成为一个研究者众多且被广泛关注的研究领域。随着信息管理内容的不断扩展和新技术的层出不穷，数据库技术面临着前所未有的挑战。面对新的数据形式，人们提出了丰富多样的数据模型（层次模型、网状模型、关系模型、面向对象模型、半结构化模型等），同时也提出了众多新的数据库技术（XML数据管理、数据流管理、Web数据集成、数据挖掘等）。

11.3.1 数据库技术的研究热点

数据库技术的广泛应用，不断地刺激了新的数据库应用需求的产生。各种学科技术与数据库技术的有机结合，使数据库领域中新内容、新应用、新技术层出不穷，形成了各种新型的数据库系统。如面向对象数据库系统、分布式数据库系统、知识数据库系统、模糊数据库系统、并行数据库系统、多媒体数据库系统等。

数据库技术与特定应用领域结合，又出现了工程数据库、演绎数据库、时态数据库、统计数据库、空间数据库、科学数据库、文献数据库等。它们都继承了传统数据库的理论和技术，但已经不是传统意义上的数据库了，它们已为数据库技术增添新的技术内涵。

1. 面向对象数据库

面向对象的方法和技术，对数据库发展的影响最为深远。它起源于程序设计语言，把面向对象的相关概念与程序设计技术相结合，是一种认识事物和世界的方法论。它以客观世界中一种稳定的客观存在——实体对象为基本元素，并以"类"和"继承"来表达事物间具有的共性和它们之间存在的内在关系。

面向对象数据库系统将数据作为能自动重新得到和共享的对象存储，包含在对象中的是完成每一项数据库事务的处理指令，这些对象可能包含不同类型的数据，包括传统的数据和处理过程，也包括声音、图形和视频信号，对象可以共享和复用。面向对象的数据库系统能够利用它的这些特性，通过复用和建立新的多媒体应用能力，使软件开发变得容易，这些应用可以将不同类型的数据结合起来。

面向对象数据库系统的好处是支持WWW应用能力。然而，面向对象的数据库是一项相对较新的技术，尚缺乏理论支持。它可能在处理包含大量事务的数据方面，比关系数据库系统慢得多，但人们已经开发了混合关系对象数据库，这种数据库将关系数据库管理系统处理事务的能力，与面向对象数据库系统处理复杂关系和新型数据的能力结合起来。

2. 主动数据库

随着计算机应用的扩大，在许多应用领域不仅希望数据库系统像传统数据库那样被动地接受请求而进行服务，而且希望数据库系统能主动地向用户提供服务。数据库技术和人工智能技术相结合产生了主动数据库（Active Database）。它是相对传统数据库的被动性而言的，能根据应用系统的当前状况，主动适时地作出反应，执行某些操作向用户提供相关信息。

主动数据库强调主动性、快速性和智能性，其主要目标是提供对紧急情况的及时反应能力，同时提高数据库管理系统的模块化程度。通常采用的方法是在数据库系统中嵌入ECA（事件-条件-动作）规则，设置触发器，在某一事件发生时引发数据库管理系统检测数据库当前状态，只要条件满足，就触发规定动作的执行。

3．模糊数据库系统

模糊性是客观世界的一个重要属性，传统的数据库系统描述和处理的是精确或确定的客观事物，但不能描述和处理模糊性和不完全性的概念，这是一个很大的不足。为此，出现了对模糊数据库理论和实现技术的研究，其目标是能够存储以各种形式表示的模糊数据。数据结构和数据联系、数据上的运算和操作、对数据约束（包括完整性和安全性）、用户使用的数据库窗口用户视图、数据的一致性和无冗余性的定义等都是模糊的，精确数据可以看成是模糊数据的特例。

模糊数据库系统是模糊技术与数据库技术的结合，由于理论和实现技术上的困难，模糊数据库技术近年来发展不是很理想，但仍在模式识别、过程控制、案情侦破、医疗诊断、工程设计、营养咨询、公共服务以及专家系统等领域得到较好的应用，显示了广阔的应用前景。

4．知识数据库系统

知识数据库系统的功能是把由大量的事实、规则、概念组成的知识存储起来，进行管理，并向用户提供方便快速的检索、查询手段。因此，知识数据库可定义为：知识、经验、规则和事实的集合。

5．空间数据库

空间数据库是以描述空间位置和点、线、面、体特征的拓扑结构位置数据及描述这些特征性能的属性数据为对象的数据库。其中，位置数据为空间数据，属性数据为非空间数据。空间数据用于表示空间物体的位置、形状、大小和分布特征等信息，描述所有二维、三维和多维分布的关于区域的信息，它不仅具有表示物体本身的空间位置及状态信息，还具有表示物体的空间关系的信息。非空间信息主要包含表示专题属性和质量描述数据，用于表示物体的本质特征，以区别地理实体，对地理物体进行寓意定义。

由于传统数据库在空间数据的表示、存储和管理上存在许多问题，从而形成了空间数据库多学科交叉的数据库研究领域。目前的空间数据库成果，大多数以地理信息系统的形式出现，主要应用于环境和资源管理、土地利用、城市规划、森林保护、人口调查、交通、税收、商业网络等领域的管理与决策。

空间数据库的目的是利用数据库技术实现空间数据的有效存储、管理和检索，为各种空间数据库用户服务。目前，空间数据库的研究，主要集中于空间关系与数据结构的形式定义，空间数据的表示与组织，空间数据查询语言，空间数据库管理系统。

6．科学统计数据库

统计数据是人类对现实社会各行各业、科技教育、国情国力的大量调查数据。采用数据库技术实现对统计数据的管理，对于充分发挥统计信息的作用具有决定性的意义。统计数据库是一种用来对统计数据进行存储、统计（如求数据的平均值、最大值、最小值、总和等）、分析的数据库系统。

统计数据库具有以下特点：

- 多维性。
- 统计数据是在一定时间（年度、月度、季度）期末产生大量数据，故入库时总是定时地大批量加载，经过各种条件下的查询以及一定的加工处理，通常又要输出一系列结果报表，这就是统计数据的"大进大出"特点。

- 统计数据的时间属性是一个最基本的属性，任何统计量都离不开时间因素，而且经常需要研究时间序列值，所以统计数据又有时间向量性。
- 随着用户对所关心问题的观察角度的不同，统计数据查询出来后常有转置的要求。

7．工程数据库

工程数据库是一种能存储和管理各种工程图形，并能为工程设计提供各种服务的数据库。工程数据库是适合于 CAD/CAM、CIM、地理信息处理、军事指挥、控制通信等工程应用领域的数据库。工程数据库针对工程应用领域的需求，对工程对象进行处理，并提供相应的管理功能及良好的设计环境。

工程数据库管理系统是用于支持工程数据库的数据库管理系统，其主要功能如下：

- 支持复杂多样工程数据的存储和集成管理。
- 支持复杂对象（如图形数据）的表示和处理。
- 支持变长结构数据实体的处理。
- 支持多种工程应用程序。
- 支持模式的动态修改和扩展。
- 支持设计过程中多个不同数据库版本的存储和管理。
- 支持工程长事务和嵌套事务的处理和恢复等。

在工程数据库的设计工程中，由于传统的数据模型难以满足应用对数据模型的要求，需要运用当前数据库研究中的一些新的模型技术，如扩展的关系模型、语义模型、面向对象的数据模型。

8．时态数据库

区别于传统的关系型数据库（RDBMS），时态数据库（Temporal Database）主要用于记录那些随着时间而变化的值的历史，而这些历史值对某些应用领域而言常常又是非常重要的，这类应用有：金融、保险、预订系统、决策支持系统等。

时态数据库理论提出了三种基本时间：用户自定义时间、有效时间和事务时间。同时把数据库分为四种类型：快照数据库、回滚数据库、历史数据库和双时态数据库。 时态数据库理论提出了三种基本时间：用户自定义时间、有效时间和事务时间。同时把数据库分为四种类型：快照数据库、回滚数据库、历史数据库和双时态数据库。

目前时态数据库还没有像 Oracle、SQL Server 等大型关系数据库那样的产品。在当前时态数据库技术尚未完全成熟的情况下，DBMS 提供商不会轻易把时态处理功能引入现有的 DBMS 中，因此，利用成熟的 RDBMS 数据库，建立时态数据库，在现阶段是一个较好的选择，因此就应运而生了 TimeDB 和 TempDB。

11.3.2 数据库技术的发展方向

数据库技术主要研究如何存储、使用和管理数据，是计算机技术中发展最快、应用最广的技术之一。随着研究工作的继续深入和数据库技术在实践工作中的应用，数据库技术正在向更多朝着专门应用领域发展。

1．XML 数据管理

从近几年看，各大数据库厂商几乎无一例外地在数据库内支持 XML（eXtensible Markup Language，可扩展的置标语言）。所谓 XML 是定义文档结构的机制，XML 规范定义了一个对文档进行标记的标准。目前 XML 已是各种数据特别是文档的首选格式，国际主流的数据库厂商们自然也随行就市，全都推出了兼容传统关系型数据与层次型数据（XML 数据）混合应用的新一代数据库产品。

2. 数据流管理

近年来，在金融服务、电信数据管理、网络监控等领域中出现了一类新的数据密集型应用，这类应用都有类似的特征：数据是瞬时的、连续的、随时间变化的，数据不宜用持久稳定的关系建模，而适合用瞬态的数据流来建模，把这类连续到达的数据放到传统的关系数据库中进行管理是不可行的，研发新型的数据库管理系统成了迫切的需求。

3. 网格数据管理

商业计算的需求使用户需要高性能的计算方式，而超级计算机的价格却阻挡了高性能计算的普遍能力。于是造价低廉而数据处理能力超强的计算模式——网格计算应运而生。

从 IT 行业的趋势来看，企业也正在向网格计算转移，这在很大程度上是低成本的刀片服务器驱动的。同时，共享存储技术也简化了硬件的虚拟化和供应，硬件供应商也开始提供实现硬件虚拟化和供应的管理软件。

一般认为网格数据库系统具有很好的前景，会给数据库技术带来巨大的冲击，但它面临一些新的问题需要解决。厂商网格数据库系统要注意结合网格应用的新需求来展开自己的研究。网格数据库管理系统应该可以根据需要来组合完成数据库管理系统的部分或者全部功能，这样做的好处除了可以降低资源消耗，更重要的是使得在整个系统规模的基础上优化使用数据库资源成为可能。

4. 移动数据管理

目前，蜂窝通信、无线局域网以及卫星数据服务等技术的迅速发展，使得人们可以随时随地访问信息的愿望成为可能。在不久的将来，越来越多的人将会拥有一台掌上型或笔记本电脑，或者个人数字助理（PDA）甚至智能手机，这些移动计算机都将装配无线联网设备，从而能够与固定网络甚至其他的移动计算机相连。用户不再需要固定地连接在某一个网络中不变，而是可以携带移动计算机自由地移动，这样的计算环境，我们称为移动计算（mobile computing）。

移动计算技术将使计算机或其他信息智能终端设备在无线环境下实现数据传输及资源共享。它的作用是将有用、准确、及时的信息提供给任何时间、任何地点的任何客户。这将极大地改变人们的生活方式和工作方式。移动计算是一个多学科交叉、涵盖范围广泛的新兴技术，是当前计算技术研究中的热点领域，并被认为是对未来具有深远影响的四大技术方向之一。

研究移动计算环境中的数据管理技术，已成为目前分布式数据库研究的一个新的方向，即移动数据库技术。

与基于固定网络的传统分布计算环境相比，移动计算环境具有以下特点：移动性、频繁断接性、带宽多样性、网络通信的非对称性、移动计算机的电源能力、可靠性要求较低和可伸缩性等。移动计算环境的出现，使人们看到了能够随时随地访问任意所需信息的希望。但是，移动计算以及它所具有的独特特点，对传统的数据库技术，如分布式数据库技术和客户/服务器数据库技术，提出了新的要求和挑战。移动数据库系统要求支持移动用户在多种网络条件下都能够有效地访问所需数据，完成数据查询和事务处理。通过移动数据库的复制/缓存技术或者数据广播技术，移动用户即使在断接的情况下也可以继续访问所需的数据，从而继续自己的工作，这使得移动数据库系统具有高度的可用性。此外，移动数据库系统能够尽可能地提高无线网络中数据访问的效率和性能。而且，它还可以充分利用无线通信网络固有的广播能力，以较低的代价同时支持大规模的移动用户对热点数据的访问，从而实现高度的可伸缩性，这是传统的客户/服务器或分布式数据库系统所难以比拟的。

目前，移动数据管理的研究主要集中在以下几个方面：首先是数据同步与发布的管理。数据发布主要是指在移动计算环境下，如何将服务器上的信息根据用户的需求有效地传播到移动客户机上。数据同步则是指在移动计算环境下，如何将移动客户机的数据更新同步到中央服务器上，使之达到数据的一致性。目前面临的一个主要问题是持续查询(continuous query)。持续查询是指用户只需向服务器提交一次查询请求，当用户查询所涉及的信息内容发生变化时，服务器自动将新的查询结果发布给用户。

5. BI 商业智能数据库

为应对日益加剧的商业竞争，企业不断增加内部 IT 及信息系统，使企业的商业数据成几何数量级不断递增，如何能够从这些海量数据中获取更多的信息，以便分析决策将数据转化为商业价值，就成为目前数据库厂商关注的焦点，这其中离不开商业智能。

而从用户对数据管理需求的角度看，可分为两类：联机事务处理（OLTP）应用、联机分析处理（OLAP）与辅助决策（BI）两大类，也就是说，数据库不仅要支持 OLTP，还应该为业务决策、分析提供支持。目前，主流的数据库厂商都已经把支持 OLAP、商业智能作为关系数据库发展的一大趋势。

6. 微小型数据库技术

数据库技术一直随着计算的发展而不断进步，随着移动计算时代的到来，嵌入式操作系统对微小型数据库系统的需求为数据库技术开辟了新的发展空间。微小型数据库技术目前已经从研究领域逐步走向应用领域。随着智能移动终端的普及，人们对移动数据实时处理和管理要求也不断提高，嵌入式移动数据库越来越体现出其优越性，从而被学界和业界所重视。

一般说来，微小型数据库系统（a small-footprint DBMS）可以定义为：一个只需很小的内存来支持的数据库系统内核。微小型数据库系统针对便携式设备其占用的内存空间大约为 2MB，而对于掌上设备和其他手持设备，它占用的内存空间只有 50KB 左右。内存限制是决定微小型数据库系统特征的重要因素。

微小型数据库系统与操作系统和具体应用集成在一起，运行在各种智能型嵌入设备或移动设备上。其中，嵌入在移动设备上的数据库系统涉及数据库技术、分布式计算技术，以及移动通信技术等多个学科领域。

随着电子银行、电子政府以及移动商务应用的增加，需要处理的移动数据也迅速地增大。应用中对移动数据的管理要求也越来越高，开始涉及一些复杂的查询如连接和聚集，并且为了保证数据的一致性，提出了原子性和持久性的要求，同时对移动设备上数据访问的安全性也提出了较高的要求，如视图和聚集函数等复杂访问权限的管理。因此，为满足日益增长的数据处理需求及方便应用的开发，对移动设备上的微小型数据库管理系统的需求也越来越大。

　　传统的数据库系统其结构和算法都是基于磁盘的，它需要大量的 RAM 和磁盘存储空间，并且使用了缓冲及异步 I/O 技术来减少磁盘存取的开销。然而，移动设备大多只有很小的存储空间、较低的处理速度以及很低的网络带宽，因此需要对传统数据库进行裁减以适应移动设备的需求。

　　移动设备所具有的计算能力小、存储资源不多、带宽有限以及 Flash 存储上写操作速度慢等特性，影响了微小型数据库系统的设计。要考虑诸如压缩性、RAM 的使用、读写规则、存取规则、基本操作系统和硬件的支持及稳定存储等因素。

　　微小型数据库技术目前已经从研究领域向应用领域广泛的发展，各种微小型数据库产品纷纷涌现。尤其是对移动数据处理和管理需求的不断提高，紧密结合各种智能设备的嵌入式移动数据库技术已经得到了学术界、工业界、军事领域和民用部门等各方面的重视并不断实用化。

11.4　结语

　　在应用领域，Internet 是目前主要的驱动力，特别是在支持"跨企业"的应用上。在历史上，应用都是企业内部的，可以在一个行政领域内进行完善的指定和优化。但是现在，大部分企业感兴趣的是如何与供应商、客户进行更密切的交流以便共享信息，以便提供更好的客户支持。这类应用从根本上说是跨企业的，需要安全和信息集成的有力工具。由此产生的数据库相关的新的问题。

　　除了在信息管理领域遇到的这些挑战之外，在传统的 DBMS 相关的问题上，诸如数据模型、访问方法、查询处理代数、并发控制、恢复、查询语言和 DBMS 的用户界面等主题也面临着巨大的变化。这些问题过去已经得到充分的研究，但是技术的发展不断改变其应用规则。比如说，磁盘和 RAM 容量的不断变大，存储每个比特数据的花费不断降低。虽然访问次数和带宽也在不断提高，但是他们不像前者发展得那样快，不断变化的比率要求重新评估存储管理和查询处理代数。除此之外，处理器高速缓存的规模和层次的提高，要求 DBMS 算法能够适应 Cache 大小的变化。上述只是由于技术改变而对原有算法重新评价的两个例子。

　　另一个推动数据库研究发展的动力是相关技术的成熟。比如说，在过去的几十年里，数据挖掘技术已经成为数据库系统重要的一个组成部分。Web 搜索引擎导致了信息检索的商品化，并需要和传统的数据库查询技术集成。许多人工智能的领域的研究成果也和数据库技术融合起来，这些新的组件使得我们处理语音，自然语言，进行不确定性推理和机器学习等。许多新的应用、技术趋势和与影响信息管理的相关领域的协作。整体上，这些都要求一个和现今我们所拥有的完全不同的信息管理架构并需重新考虑信息存储、组织、管理和访问等方面的问题。

　　在近 40 年中，数据库研究工作集中在数据库管理系统开发的核心领域上，而数据管理的研究范畴远比这宽的多。如果忽视一些新的应用领域面临的数据管理问题，就会使数据库研究局限于传统的数据管理应用上，而失去活力。因此数据库领域已经开始拓宽并且不断地与新技术、新应用融合。

　　众多新技术应用中，对数据库研究最具影响力，推动数据库研究进入新纪元的无疑是

Internet 的发展。Internet 中的数据管理问题从深度和广度两方面对数据库技术都提出了挑战。从深度上讲，在 Internet 环境中，一些数据管理的基本假设不再成立，数据库研究者需要重新考虑在新情况下对传统技术的改进。从广度上讲，新问题的出现需要我们开拓思路，寻求创新性的技术突破。

小　结

本章的目的是介绍数据库技术发展的动态，详细描述了数据仓库、数据挖掘的相关知识，并从数据库的技术发展角度介绍了现有数据库的研究热点，以及未来数据库的发展方向。

数据仓库（Data Warehouse）：从大量的事务型数据库中抽取数据，并将其清理、转换为新的存储格式，即根据决策目标把数据聚集在一种特殊的格式中，这种支持决策的、特殊的数据存储称为数据仓库。数据仓库是建立决策支持系统的基础。数据仓库系统的层次结构可以采用两层结构，即客户机/服务器结构；也可以采用三层结构，即在两层体系结构基础上，增加一个 OLAP 服务器作为应用服务器，执行数据过滤、聚集以及数据访问，支持元数据和提供多维视图等功能。OLAP 实现了解释模型和思考模型，主要功能是深入了解事务，并做出总结性分析，以可视化的方式呈现给用户。OLAP 属于数据仓库应用，以数据仓库为基础，同样也采用客户机/服务器体系结构。数据仓库与数据挖掘有着紧密的联系，它为数据挖掘提供了广泛的数据源，提供了支持平台，为使用数据挖掘工具提供了方便；同时数据挖掘为数据仓库提供了决策，为数据仓库的数据组织提出了更高的要求，为数据仓库提供了广泛的技术支持。

数据挖掘（Data Mining）：从大量的、不完全的、有噪声的、模糊的、随机的数据集中识别有效的、新颖的、潜在有用的，以及最终可理解的模式的非平凡过程。它是一门涉及面很广的交叉学科，包括机器学习、数理统计、神经网络、数据库、模式识别、粗糙集、模糊数学等相关技术。广义地说，数据挖掘是半自动地分析大型数据库以找出有用的模式的过程。简单地说，数据挖掘就是从大量的、不完全的、有噪声的、模糊的、随机的实际应用数据中，提取隐含在其中的、人们事先不知道的、但又是潜在有用的信息和知识的过程，又被称为数据库中的知识发现（Knowledge Discovery in Database，KDD）。

习　题

1．请解释下列名词：
数据仓库、粒度、分割、维、星形模式、雪花模式
2．简述 OLAP 与 OLTP 的异同点。
3．简述数据仓库与数据挖掘的关系。
4．简述你对数据仓库未来发展趋势的看法。
5．简述数据仓库的特点。
6．什么是空间数据库？简述空间数据库的特点及用途。

附录A
SQL Server 2005 的安装及使用

A.1 SQL Server 简介

A.1.1 SQL Server 的发展历程

SQL Server 是 Microsoft 公司的一个关系数据库管理系统，一经推出后，很快得到了广大用户的积极响应并迅速成为数据库市场上的一个重要产品。SQL Server 最早起源于 1987 年的 Sybase SQL Server，最初是由 Microsoft、Sybase 和 Aston-Tate 三家公司共同开发的。1988 年，Microsoft 公司、Sybase 公司和 Aston-Tate 公司把该产品移植到 OS/2 上。后来 Aston-Tate 公司退出了该产品的开发，而 Microsoft 公司、Sybase 公司则签署了一项共同开发协议，这两家公司的共同开发结果是发布了用于 Windows NT 操作系统的 SQL Server。1992 年，将 SQL Server 移植到了 Windows NT 平台上。下面简单列出了 SQL Server 的重要发展历程：

- 1988 年：SQL Server 问世，由 Microsoft、Sybase 和 Aston-Tate 三家公司共同开发，运行于 OS/2 平台。
- 1993 年：SQL Server 4.2 发布，一种功能较少的桌面数据库系统。
- 1994 年：Microsoft 与 Sybase 在数据库开发方面的合作中止。
- 1995 年：SQL Server 6.05 发布，重写了核心数据库系统，是一种小型商业数据库。
- 1996 年：SQL Server 6.5 发布，SQL Server 逐渐突显实力，以至于 Oracle 推出了运行于 NT 平台上的 7.1 版本作为直接的竞争。
- 1998 年：SQL Server 7.0 发布，这是一种 Web 数据库，对核心数据库引擎进行了重大改写，提供中小型商业应用数据库方案。
- 2000 年：SQL Server 2000 发布，该版本继承了 SQL Server 7.0 的优点，同时又增加了许多更先进的功能，具有使用方便、可伸缩性好、与相关软件集成程度高等优点。
- 2005 年：SQL Server 2005 发布，引入了.NET Framework，允许构建.NET SQL Server 专有对象，使 SQL Server 具有灵活的功能。
- 2008 年：SQL Server 2008 发布，推出了许多新的特性和关键改进，也使得它成为迄今为止最强大和最全面的 SQL Server 版本。

A.1.2　SQL Server 2005 的版本与功能

SQL Server 2005 扩展了 SQL Server 2000 的性能、可靠性、可用性、可编程性和易用性，又包含了许多新功能，其中最值得关注的特性包括对 XML 存储于查询的本地支持，以及与.NET 公共语言运行时的集成，使其成为大规模联机事务处理（OLTP）、数据仓库和电子商务应用程序的优秀数据平台。

SQL Server 2005 的常见版本如下：

- 企业版（Enterprise Edition）：适用于 32 位和 64 位系统，功能最全面的 SQL Server 版本，支持所有的 SQL Server 特性，但只可以安装在 Windows 2003 Server（或者是其他 Server 上），适合作为大型企业以及数据仓库等产品的数据库服务器。
- 标准版（Standard Edition）：适用于 32 位和 64 位系统，适合中小型企业的数据管理和分析平台。
- 工作组版（Workgroup Edition）：仅适用于 32 位系统，包括 SQL Server 产品系列的核心数据库功能，适合那些在大小和用户数量上没有限制的数据库的小型企业。
- 开发版（Develop Edition）：适用于 32 位和 64 位系统，包括企业版的所有功能，但有许可限制，只能用于开发和测试系统，而不能用作生产服务器。
- 简易版（Express Edition）：仅适用于 32 位系统，它是 SQL Server 2005 数据库引擎中免费的和可再分发的版本，适合新手程序员学习、开发和部署小型数据驱动应用程序。但需要注意的是，该版本需要与 SQL Server Management Studio Express（SSMSE）配合使用才能具有更高级的服务。

A.2　SQL Server 2005 的安装

A.2.1　系统需求

1. 硬件环境

- 显示器：SQL Server 图形工具需要 VGA 或更高分辨率，分辨率至少为 1024×768 像素。
- 处理器：Pentium Ⅲ 600MHz 以上。
- 内存：SQL Server 2005 Express Edition 最小内存为 192MB，其他版本最小内存为 512MB。
- 硬盘空间：实际硬盘空间要求取决于系统配置和选择安装的应用程序和功能。表 A.1 显示了 SQL Server 2005 各组件对磁盘空间的要求。

表 A.1　硬盘空间要求

功　　能	磁盘空间要求
数据库引擎和数据文件复制以及全文检索	150MB
Analysis Services 和数据文件	35KB

续表

功　　能	磁盘空间要求
Reporting Services 和报表管理器	40MB
Notification Services 引擎组件、客户端组件和规则组件	5MB
Integration Serveces	9MB
客户端组件	12MB
管理工具	70MB
开发工具	20MB
SQL Server 联机丛书和 SQL Server Mobile 联机丛书	15MB
示例和示例数据库	390MB

2. 软件环境

- Internet 浏览器：所有 SQL Server 2005 的安装都需要 Microsoft Internet Explorer 6.0 SP1 或更高版本，因为 Microsoft 管理控制台（MMC）和 HTML 帮助需要它。
- Internet 信息服务（IIS）：安装 Microsoft SQL Server 2005 Reporting Services（报表服务）需要 IIS 5.0 或更高版本。
- ASP.NET 2.0：Reporting Services 需要 ASP.NET 2.0。安装 Reporting Services 时，如果尚未启用 ASP.NET，SQL Server 安装程序将自动启用 ASP.NET。

SQL Server 安装程序需要 Microsoft Windows Installer 3.1 或更高版本以及 Microsoft 数据访问组件（MDAC）2.8 SP1 或更高版本。SQL Server 安装程序需要安装 Microsoft Windows .NET Framework 2.0、Microsoft SQL Server 本机客户端及 Microsoft SQL Server 安装程序支持文件等软件组件，这些组件在前面的准备安装的步骤中已经安装上了。但是，简易版不安装.NET Framework 2.0，因此在安装简易版之前，必须单独下载并安装.NET Framework 2.0。

- 操作系统要求：SQL Server 2005 各版本可运行的操作系统是不同的，可根据自己计算机系统的情况以及使用要求，选择合适的版本，表 A.2 列出了对常用操作系统的具体支持情况。

表 A.2　操作系统要求

操 作 系 统	企业版	标准版	工作组版	开发版	简易版
Windows 2000 Professional SP4	否	是	是	是	是
Windows 2000 Server SP4	是	是	是	是	是
Windows 2000 Advanced Server SP4	是	是	是	是	是
Windows XP Home Edition SP2	否	否	否	是	是
Windows XP Professional Edition SP2	否	是	是	是	是
Windows 2003 Server SP1	是	是	是	是	是
Windows 2003 Enterprise Edition SP1	是	是	是	是	是

A.2.2　安装过程

SQL Server 2005 的安装过程同其他 Microsoft Windows 产品类似，虽然存在系统环境和安装版本的不同，但是安装过程基本相同，只要符合微软要求的软硬件环境，就应该可以顺利安装。下面将以 SQL Server 2005 标准版为例介绍其在 Windows XP 下的安装过程。

（1）首先找到光驱或者安装目录下的 setup.exe 文件，双击出现许可证界面，如图 A.1 所示。

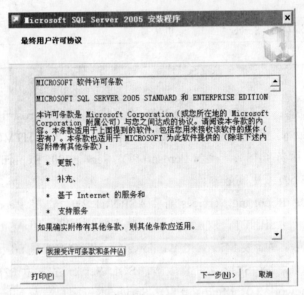

图 A.1　许可认证界面

（2）选择"我接受许可条款和条件"选项，单击【下一步】按钮，进入【安装必备组件】对话框，为 SQL Server 2005 的安装做准备，如图 A.2 所示。

图 A.2　【安装必备组件】对话框

（3）接下来出现安装向导的欢迎界面，如图 A.3 所示。

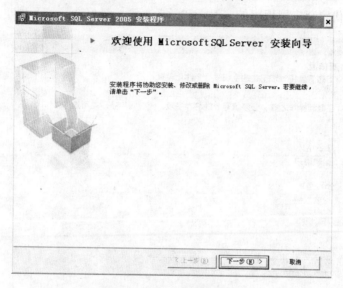

图 A.3 安装向导的欢迎界面

（4）单击【下一步】按钮，进入【系统配置检查】对话框，检查软硬件环境是否符合条件，包括处理器、内存、操作系统和浏览器的版本等方面，如图 A.4 所示。

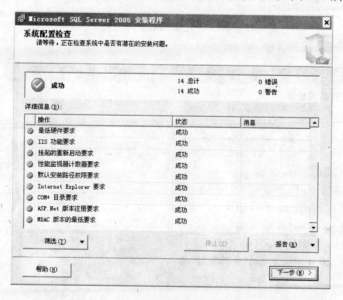

图 A.4 【系统配置检查】对话框

（5）单击【下一步】按钮，弹出 SQL Server 安装窗口，完成后进入【注册信息】对话框，如图 A.5 所示。

（6）填写【姓名】与【公司】（可不填），并单击【下一步】按钮，接着选择要安装的组件，可以选择安装全部组件，也可根据需要选择部分组件，如图 A.6 所示。

（7）如果单击【高级】按钮，则进入定制安装界面，可以具体选择用户所需要安装的

组件，如图 A.7 所示。在默认情况下，【文档、示例和示例数据库】组件中是没有选择示例
数据库以及示例代码和应用程序的，对于初学者来说，最好选择这两项，方便以后学习。

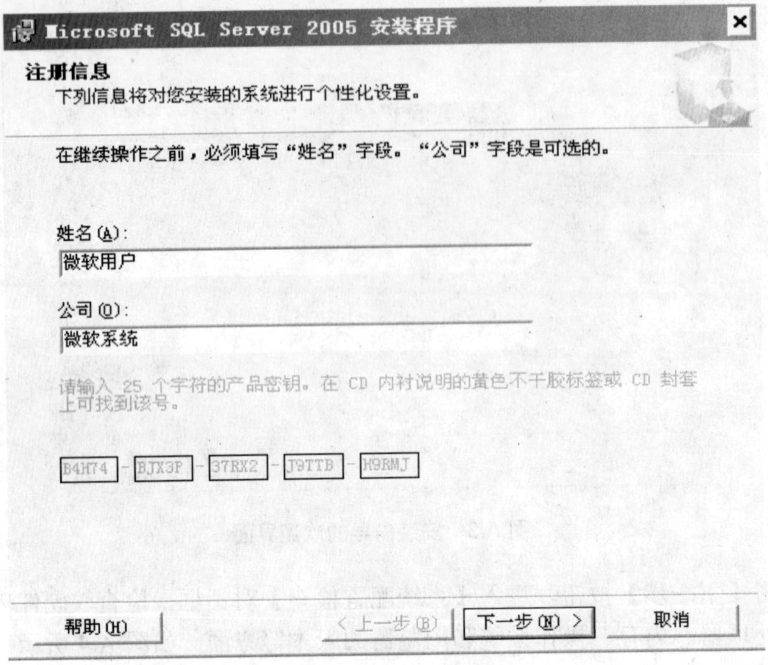

图 A.5　【注册信息】对话框

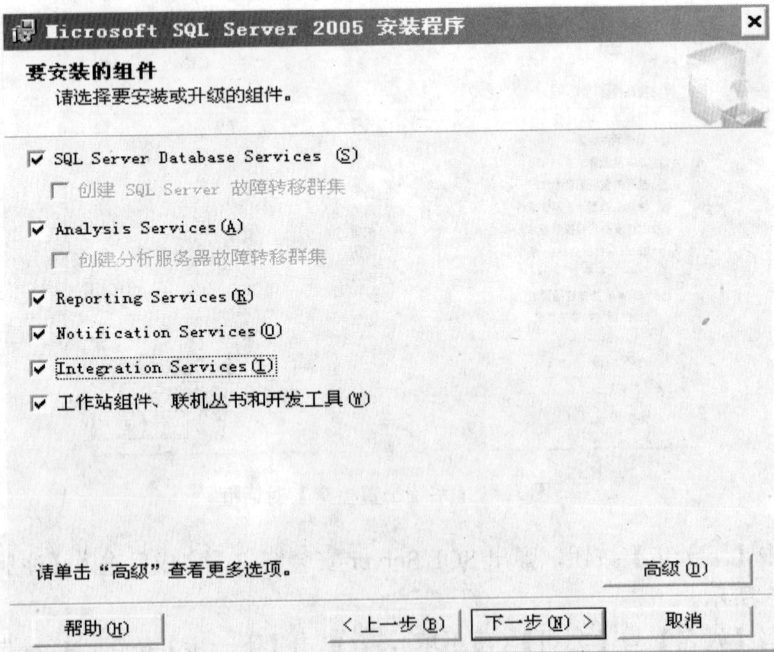

图 A.6　选择安装组件对话框

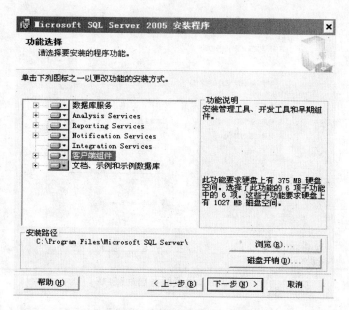

图 A.7 定制安装组件对话框

（8）单击【下一步】按钮，出现【默认实例】和【命名实例】选项，这里选中【默认实例】单选按钮，如图 A.8 所示。

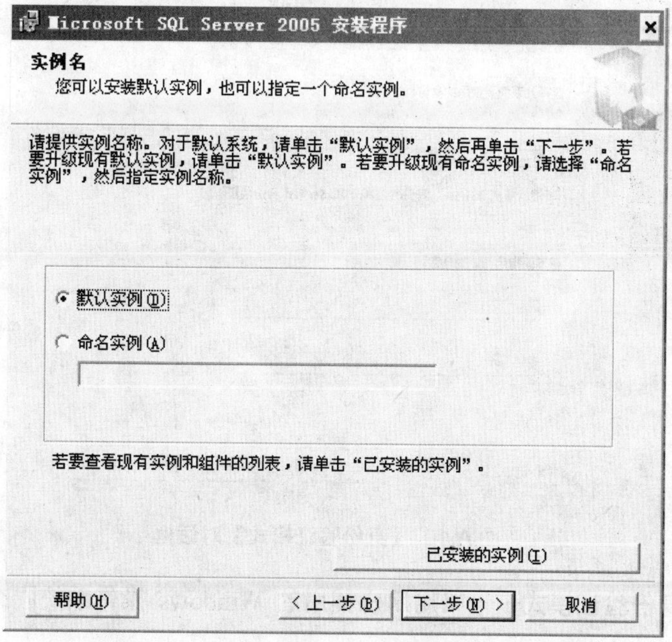

图 A.8 关于实例的选择使用

（9）单击【下一步】按钮，出现设置服务启动账户对话框。可以使用本地系统账户，也可以输入一个域用户账户，甚至可以为每个服务设置一个账户，这里选择【本地系统】账户，如图 A.9 所示。

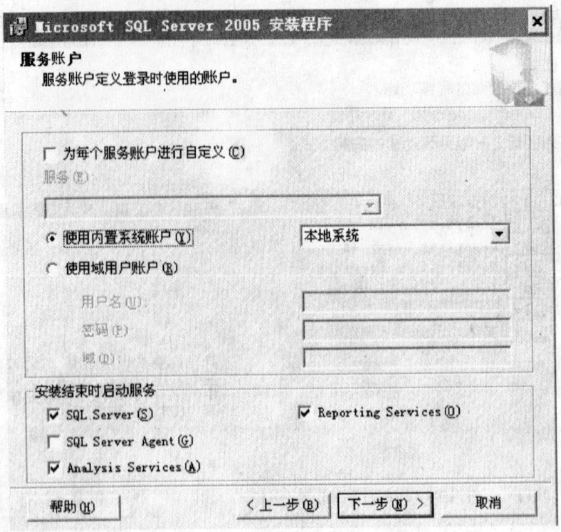

图 A.9　设置服务启动账户

（10）单击【下一步】按钮，出现【身份验证模式】对话框。可以选择【Windows 身份验证模式】或【混合模式】，这里选中【Windows 身份验证模式】单选按钮，如图 A.10 所示。

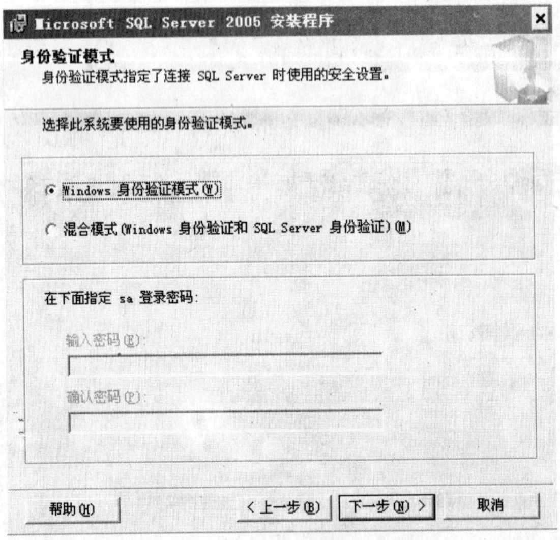

图 A.10　【身份验证模式】对话框

Windows 身份验证模式——采用用户使用的 Windows 操作系统固有的用户资料登录系统。

混合模式——支持 SQL 管理用户和 Windows 管理用户，此时请谨记所输入的管理员登录密码，以便管理员对用户权限等进行管理。

（11）单击【下一步】按钮，出现【排序规则设置】对话框，可以选择不同的排序规则和次序，SQL Server 会根据选择的排序信息来分类、排序和显示字符数据，如图 A.11 所示。

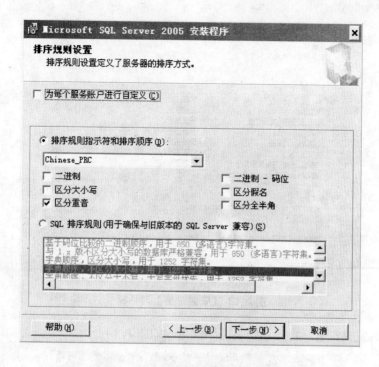

图 A.11　【排序规则设置】对话框

（12）单击【下一步】按钮，将弹出报告将要安装的组件的对话框，如图 A.12 所示，单击【安装】按钮即可开始安装 SQL Server 2005。

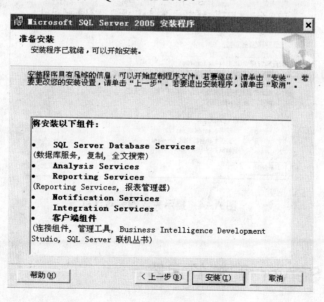

图 A.12　报告将要安装的组件

（13）在安装过程中，可以监视安装进度，若要在安装期间查看组件的日志文件，可以在对话框中单击【产品】或【状态】名称，如图 A.13 所示。

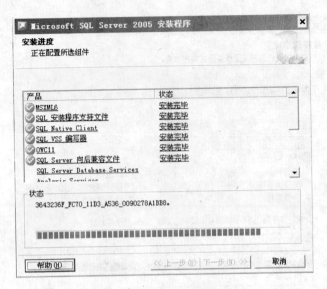

图 A.13 【安装进度】对话框

（14）最后完成安装，将提示安装完毕信息，如图 A.14 所示。

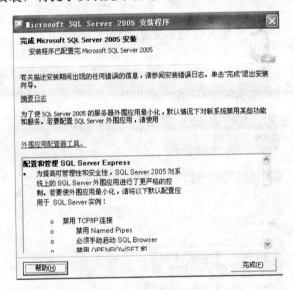

图 A.14 提示完成安装对话框

A.3 SQL Server 配置管理器

SQL Server Configuration Manager（SQL Server 配置管理器）是 SQL Server 的一个常用管理工具，界面如图 A.15 所示，它是服务器端实际工作时最有用的实用程序。用户对数据库执行任何操作之前都要启动 SQL Server 服务。

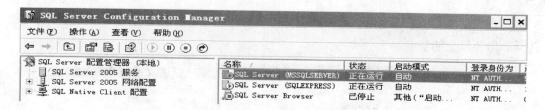

图 A.15　SQL Server 配置管理器

　　SQL Server 配置管理器的主要作用是启动数据库服务器的实时服务、暂停和停止正在运行的服务，或在暂停后继续服务。

　　SQL Server 配置管理器管理者由该 SQL Server 系统拥有的所有文件。客户对数据库的所有服务请求最终都体现为一组 Transaction-SQL 命令。SQL Server 配置管理器的功能就是负责协调和安排这些服务请求的执行顺序，然后逐一解释和执行 SQL 命令，并向提交这些服务请求的客户返回执行的结果。另外，SQL Server 配置管理器的功能还包括监督客户对数据库的操作，实施企业规划，维护数据一致性等，具体表现在：

- 负责存储过程和触发器的执行；
- 对数据加锁，实施并发性控制，以防止多个用户同时修改同一个数据；
- 管理分布式数据库，保证不同物理地址上存放的数据的一致性和完整性；
- 加强系统的安全性。

A.3.1　配置 SQL Server 服务的属性

　　【SQL Server 配置管理器（本地）】下列出了本地计算机上所有不同类型的 SQL Server 服务，一般设置步骤如下：

　　（1）选择【SQL Server 2005 服务】选项，在窗口的右侧会列出当前计算机上的所有 SQL Server 2005 服务。同时，用户还可以看到各个服务的状态信息，包括服务的运行状态、启动模式、登录身份、进程 ID 和服务类型。

　　（2）如果希望配置服务的属性，可以选中相应的服务并右击，在弹出的快捷菜单中选择【属性】命令，打开服务的属性窗口，如图 A.16 所示，该窗口有三个选项卡：【登录】、【服务】和【高级】。

　　（3）在【登录】选项卡中，可以更改服务的登录身份。

　　如果选中【本账户】单选按钮，可以直接输入登录的账户名和密码，也可以单击【浏览】按钮，查找系统中已经定义的用户账户。

　　如果选中【内置账户】单选按钮，在下拉列表框中可以选择内置账户的类型：

- Local System（本地系统）：此账户是对本地计算机具有管理员权限的预定义本地账户。
- Local Service（本地服务）：预定义的本地账户，该账户对本地计算机的用户权限已通过身份验证，使用该账户的服务只能访问允许匿名访问的网络资源。
- Network Service（网络服务）：预定义的本地账户，该账户对本地计算机的用户权限已通过身份验证，使用该账户的服务可以访问经过身份验证的用户有权访问的远程服务器上的资源。

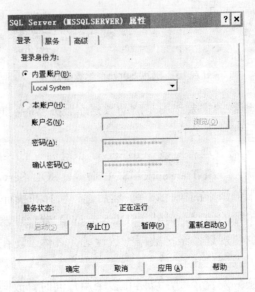

图 A.16　SQL Server 服务的【登录】属性设置

（4）在【服务】选项卡中，如图 A.17 所示，会列出相应服务的服务类型、进程 ID、服务名称、启动模式、主机名和运行状态等信息。除了启动模式属性外，其他属性都是不可更改的。如果希望改变【服务】的启动模式，可以打开【启动模式】项右侧的下拉菜单，在列出的【自动】、【已禁用】和【手动】3 个选项中选择一种，选【自动】则每次启动操作系统时自动启动该服务。

图 A.17　SQL Server 服务的启动属性设置

（5）在【高级】选项卡中列出的是服务的一些高级属性，通常情况下无需对它们进行修改。

（6）对服务的属性进行了更改后，如果希望服务应用这些属性，可以单击【应用】或【确定】按钮。需要注意的是，如果更改了服务的登录身份，则必须重新启动服务，更改方能生效。

A.3.2 配置 SQL Server 2005 的网络

【SQL Server 2005 网络配置】下列出的是所有服务器实例，常用操作步骤及说明如下：

（1）如图 A.18 所示，选择其中的【MSSQLSERVER 的协议】结点，右侧窗口会列出当前实例（MSSQLSERVER）应用的【协议名称】和【状态】。

图 A.18　SQL Server 2005 服务器的网络配置

SQL Server 2005 支持四种网络协议：Shared Memory（共享内存）、Named Pipes（命名管道）、TCP/IP、VIA（虚拟接口体系结构协议）。

（2）用户可以根据实际的网络环境选择启用和禁用这些协议。要想启用网络协议，可以选中需要使用的协议并右击，接着在弹出的菜单中选择【启用】命令。

（3）当用户对服务器的网络协议进行了设置后，还必须重新启动 SQL Server 2005 服务器，才能使更改最终生效。

A.3.3 配置 SQL Server 2005 的客户端

如果希望访问 SQL Server，除了配置 SQL Server 服务器外，还需要对客户端进行配置。要想访问服务器，客户端的网络协议就必须与服务器上的网络协议相一致。常用操作步骤及说明如下：

（1）展开【SQL Native Client 配置】结点，可以看到如图 A.19 所示窗口，单击【客户端协议】结点，在窗口右侧会列出客户端支持的网络协议以及这些协议的状态，类型与服务器端支持的协议类型相同。

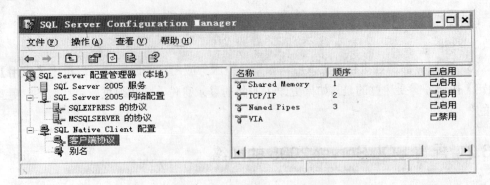

图 A.19　SQL Server 2005 客户端的网络协议

（2）要想启用这些协议，可以选中需要使用的协议并右击，接着在弹出的菜单中选择【启用】命令，与服务器端不同的是，在客户端启用协议，不需要重新启动服务。

（3）启动协议后，还需要设置协议的相应顺序。协议顺序决定了客户端首先使用哪一种协议来连接服务器，如果找到了一个有效的协议，客户端就不再使用后面的协议了。因此，在某些时候选择一个合理的协议顺序，对于提高应用的性能非常重要。

A.4　启动 SQL Server 服务

安装好 SQL Server 2005 数据库，配置完服务器和客户端后，即可使用管理工具对 SQL Server 服务器上的服务进行管理，其中最常用的管理工具就是 SQL Server Management Studio，用户可以使用它方便地连接与断开数据库服务器。依次选择【开始】→【所有程序】→【Microsoft SQL Server 2005】→【SQL Server Management Studio Express】选项，即可打开如图 A.20 所示的【连接到服务器】对话框，在该对话框中，需要选择要连接的 SQL Server 数据库服务器类型、相应的服务器名称、身份验证模式及相关的账户信息。单击【连接】按钮，即可连接到相应的 SQL Server 数据库。

图 A.20　连接到 SQL Server 数据库服务器

A.5　使用 SQL Server Management Studio 管理数据库

SQL Server Management Studio（SQL Server 管理控制台），是 SQL Server 2005 中使用最多的管理工具。它将以前 SQL Server 2000 版本中的企业管理器、查询分析器和 Analysis Manager 功能进行整合，是 SQL Server 2005 提供的一种新集成环境，用于访问、配置、控制、管理和开发 SQL Server 的所有组件，从而大大简化了管理的复杂程度。

A.5.1　SQL Server 系统数据库

SQL Server 的数据库可分为系统数据库和用户数据库两种类型。系统数据库存储 SQL 专用的、用于管理自身和用户数据库的数据；用户数据库则用于存储用户数据。系统数据库包括 master、tempdb、model、msdb，SQL Server 正是使用存储在系统数据库中的信息，操纵和管理自身及用户数据库。

- master：SQL Server 2005 最重要的系统数据库。用于管理其他数据库和保存 SQL Server 的所有系统信息，包括所有的登录信息、系统配置信息、SQL Server 的初始化信息和其他系统数据库及用户数据库的相关信息。
- tempdb：临时数据库，保存所有的临时表和临时存储过程，以及其他的临时存储空间的要求。tempdb 数据库由整个系统的所有数据库使用，SQL Server 每次启动时，tempdb 数据库被重新建立，当用户与 SQL Server 断开连接时，其临时表和存储过程被自动删除。
- model：SQL Server 2005 的模板数据库，其中包含的各个系统表为每个用户数据库共享。创建一个用户数据库时，model 数据库的内容会自动复制到该数据库中，通过修改 model 数据库，可以为所有新的数据库建立一个自定义的配置。
- msdb：代理服务数据库，为报警、任务调度和各种操作记录提供存储空间。

A.5.2　SQL Server 数据库文件

SQL Server 2005 中的每个数据库都由多个文件组成，根据这些文件作用的不同，可以将它们分为以下 3 种。

- 主数据库文件：数据文件是存放数据库数据和数据库对象的文件，一个数据库可以有一个或多个数据文件，但只能有一个主数据文件，其扩展名为.mdf。主数据文件用来存储数据库的启动信息以及部分或全部数据，是所有数据文件的起点，包含指向其他数据文件的指针。
- 辅助数据文件：辅助数据文件用来存储主数据文件未存储的其他数据和数据库对象。一个数据库可以没有辅助数据文件，但也可以同时拥有多个辅助数据文件，其扩展名为.ndf。
- 日志文件：日志文件用于存放数据库的更新情况等事务信息。当数据库损坏时，可以通过事务日志文件恢复数据库。每个数据库至少拥有一个日志文件，也可以拥有多个日志文件，其扩展名为.ldf。

A.5.3 创建数据库

在 SQL Server Management Studio 中，我们可以非常方便地利用图形化的方法创建数据库。下面我们就以这种方法创建一个示例数据库——电力抢修数据库（sampledb）。

在对象资源浏览器中右击【数据库】结点，从弹出的快捷菜单中选择【新建数据库】命令，如图 A.21 所示。

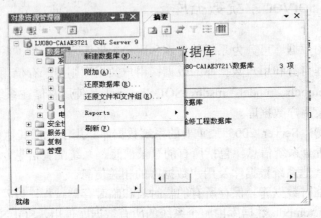

图 A.21　新建数据库

此时，将出现如图 A.22 所示的【新建数据库】对话框，它由【常规】、【选项】和【文件组】三个选项组成。

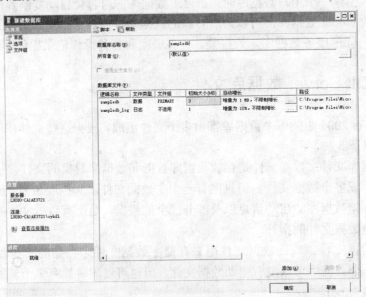

图 A.22　【新建数据库】对话框

（1）指定数据库名称，在【常规】项的【数据库名称】文本框中输入一个要创建的数据库名称，如 sampledb，单击【确定】按钮，则可按系统默认方式建立数据库。

即：默认时是用数据库名作为主数据文件名的前缀，存储位置在 SQL Server 2005 安装目录下的 data 子目录下，初始大小为 3MB；默认时是用数据库名作为日志文件名的前缀，存储位置在 SQL Server 2005 安装目录下的 data 子目录下，初始大小为 1MB。

（2）若要更改数据文件和日志文件的存储位置，单击【路径】列表框上的██按钮，弹出设置数据文件存储位置的窗口，用户可在此窗口中指定数据文件的存储位置。

（3）若要更改数据文件和日志文件的初始大小，可直接在【初始大小】项上输入希望的大小（以 MB 为单位）。

（4）如果希望数据文件和日志文件的容量能根据实际数据的需要自动增加，则可单击【自动增长】列表框上的██按钮，弹出如图 A.23 所示的【更改 Sampledb 的自动增长设置】窗口。

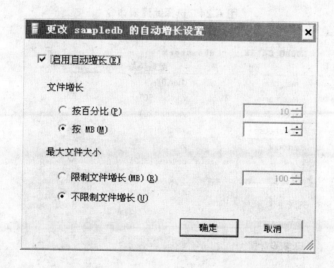

图 A.23　更改主数据文件的自动增长设置

至此，数据库创建完毕，此时在右侧的【资源管理器】中可以看到新创建的数据库 sampledb。

A.5.4　创建表

展开要创建表的数据库结点，如 sampledb，右击该结点下的【表】结点，在弹出的菜单中选择【新建表】命令，如图 A.24 所示。

（1）在弹出的编辑窗口中分别输入各列的名称，如本例中的：mat_num、mat_name、speci、warehouse、amount、unit、total，并对后面的数据类型和是否允许为空等属性进行设置，如图 A.25 所示。

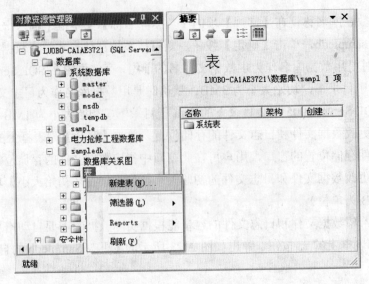

图 A.24   选择新建表命令

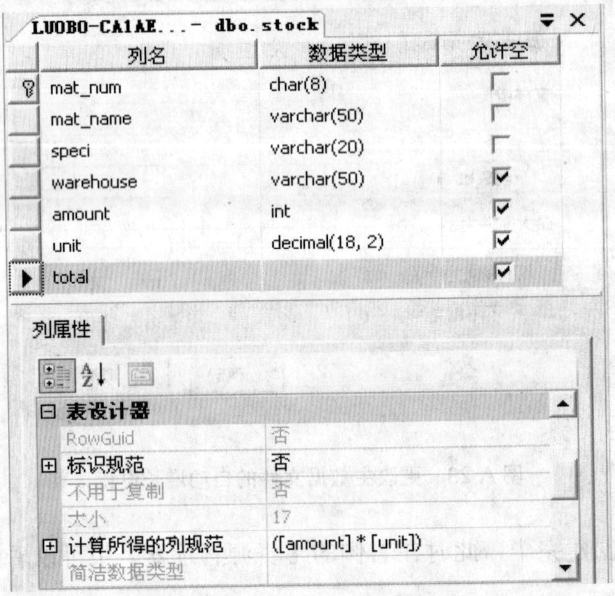

图 A.25   设置 Stock 表的字段

注意：本例中 stock 表的 total 字段值应等于【amount】*【unit】的结果，要求根据 amount 和 unit 字段的值自动计算得出，因此该字段的【列属性】栏下的【表设计器】中【计算所得的列规范】后的文本框中需填写：【amount】*【unit】，这样，total 字段即为计算字段，如图 A.25 所示。

（2）保存该表，并将其命名为 Stock。

完成上述步骤后，【对象资源管理器】中【数据库】sampledb 的【表】结点下将出现一个新建的 Stock 表。同样的方法，可以创建 Salvaging 表和 Out_stock 表，其字段及其数据类型如图 A.26 和图 A.27 所示。

LUOBO-CA1AE...dbo.Table_1* 摘要		
列名	数据类型	允许空
prj_num	char(8)	☐
prj_name	varchar(50)	☐
start_date	datetime	☑
end_date	datetime	☑
prj_status	bit	☑
		☐

图 A.26 设置 Salvaging 表的字段

LUOBO-CA1AE....out_stock* 摘要		
列名	数据类型	允许空
prj_num	char(8)	☐
mat_num	char(8)	☐
amount	int	☑
get_date	datetime	☑
department	varchar(100)	☑
		☐

图 A.27 设置 Out_stock 表的字段

A.5.5 创建约束

约束是 Microsoft SQL Server 提供的自动保持数据库完整性的一种方法,定义了可输入表或表的单个列中数据的限制条件。在 SQL Server 2005 中有 6 种约束:

- 主关键字约束(Primary Key Constraint)。
- 唯一性约束(Unique Constraint)。
- 空值约束(NULL Constraint)。
- 检查约束(Check Constraint)。
- 默认约束(Default Constraint)。
- 外关键字约束(Foreign Key Constraint)。

1. Primary Key 约束

主键约束用于定义基本表的主键,是唯一确定表中每一条记录的标识符,其值不能为空,也不能重复,一个表只能有一个主键约束。

例如:Salvaging 表中的 prj_num 字段,Stock 表中的 mat_num 字段,Out_stock 表中的 prj_num 和 mat_num 字段组合成该表的主键约束。

定义主键的步骤如下:

(1)在表设计器中,单击要定义为主键的数据库列的行选择器。若要选择多个列,请按住 Ctrl 键的同时以鼠标单击其他列的行选择器。

(2)右击列的行选择器,然后选择【设置主键】命令,将自动创建一个名为 PK_且后跟表名的主键索引,如图 A.28 所示。

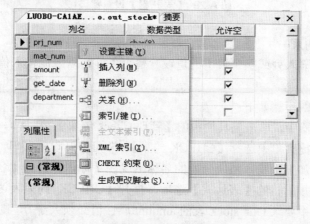

图 A.28 设置主键

2．空值约束

空值约束（NULL Constraint）用于控制是否允许该字段的值为 NULL。其定义方法非常简单，在表设计器中，每一列后面的复选框就可指定该列是否允许为空，见图 A.25～图 A.27。

3．Unique 约束

唯一性约束用于指定一个或多列组合的值具有唯一性，以防止在列中输入重复的值。唯一性约束指定的列可以有 NULL 值。

定义唯一性约束的步骤如下：

（1）在表设计器中，单击工具栏中的【管理索引和键】按钮，或者在设计窗口右击，在弹出的快捷菜单中选择【索引和键】命令，即可打开设置窗口，如图 A.29 所示。

（2）选择【添加】按钮，系统分配的名称出现在【标识】栏的【名称】中。

（3）在【常规】栏的【列】后展开该表的所有列名，选择要增加唯一性约束的列。

（4）将【常规】栏的【是唯一的】选项改为【是】。

（5）关闭，当保存表时，唯一性约束即创建在数据库中。

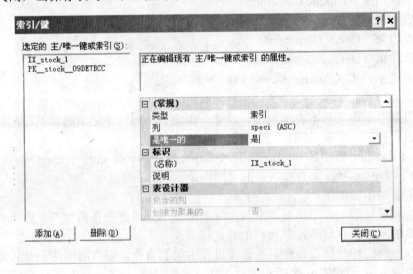

图 A.29　【索引/键】设置窗口

4．CHECK 约束

检查约束是对输入列或整个表中的值设置检查条件，以限制输入值，保证数据库数据的完整性。

定义检查约束的步骤如下：

（1）在表设计器中，单击工具栏中的【管理 Check 约束】按钮，或者在设计窗口中右击，在弹出的快捷菜单中选择【CHECK 约束】，即可打开设置窗口，如图 A.30 所示。

（2）选择【添加】按钮，系统分配的名称出现在【标识】栏的【名称】中。

（3）展开【常规】栏的【表达式】选项，打开【CHECK 约束表达式】窗口，输入具体要求，比如本例中要求 Out_stock 表的 amount 属性值必须大于 0，则输入：amount>0。

（4）单击【关闭】按钮，当保存表时，检查约束即创建在数据库中。

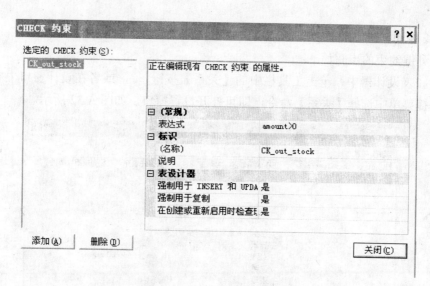

图 A.30　【CHECK 约束】设置窗口

5. Default 约束

默认约束指定在插入操作时如果没有提供输入值时，则系统自动指定值。

定义默认约束的步骤如下：

（1）在表设计器中，选中要设置默认约束的列。比如，设置 Out_stock 表中的 get_date 属性的默认值为系统当前时间，则首先选择 get_date 属性。

（2）在下面的【列属性】的【常规】栏中，在【默认值或绑定】项后面填写具体的默认值。比如：本例中输入获取系统时间函数 getdate()。

（3）关闭，当保存表时，默认约束即创建在数据库中。

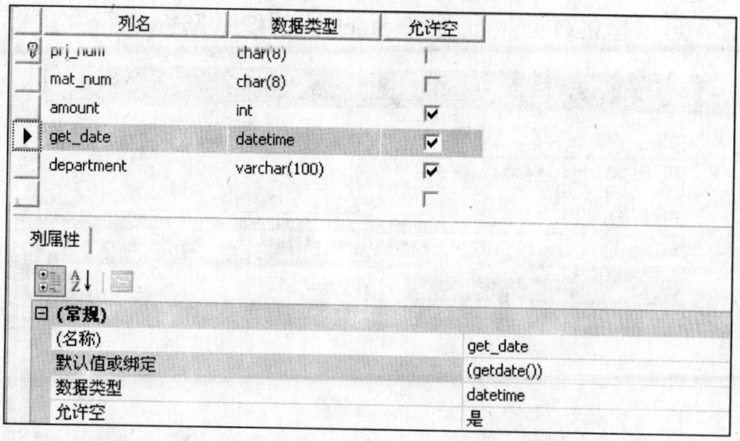

图 A.31　Default 约束设置窗口

6. 外键约束

外键约束定义了多个表之间的关系，用于建立和加强两个表数据之间的链接关系的一列或多列。比如，本例中 Out_stock 表的 prj_num 字段以及 mat_num 字段就分别为 Salvaging

表和 Stock 表的外键。

定义外键约束的步骤如下：

（1）在表设计器中，单击工具栏中的【关系】按钮 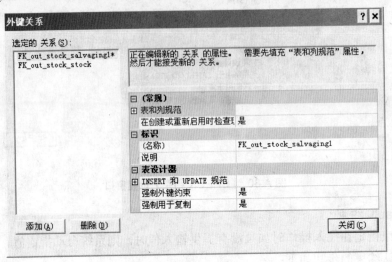，或者在设计窗口中右击，在弹出的快捷菜单中选择【关系】命令，即可打开设置窗口，如图 A.32 所示。

图 A.32　外键约束设置窗口

（2）选择【添加】按钮，系统分配的名称出现在【标识】栏的【名称】中。

（3）打开【常规】栏的【表和列规范】选项，打开【表和列】窗口，如图 A.33 所示，选择对应的主键表和外键表字段。比如：本例中选择 Salvaging 表的 prj_num 字段以及 Out_stock 表的 prj_num 字段，单击【确定】按钮，就建立了 Out_stock 表和 Salvaging 表的参照关系。同理，可以建立 Out_stock 表和 Stock 表的参照关系。

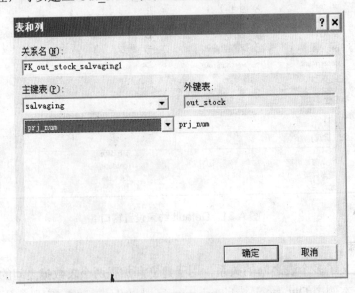

图 A.33　外键约束中【表和列】的选择窗口

（4）单击图 A.32 中的【关闭】按钮，当保存表时，外键约束即创建在数据库中。

外键约束创建好以后，可以在【数据库关系图】中看到各个表之间的关系图示，如图 A.34 所示。

图 A.34　表之间的主外键关系图

A.5.6　修改表

创建完表之后，还可以对表进行修改，包括：为表添加字段、修改字段的定义、定义主键、外键等。

展开包含要修改表的数据库结点，再展开表，在要修改的表上右击，在弹出的快捷菜单中选择【设计】命令，这时弹出的窗口与创建表的窗口非常类似。

在此窗口进行表结构的修改，包括：

（1）为表添加字段：可在列定义的最后添加新列，也可以在列的中间插入新列；方法是在要插入新列的列定义上右击，然后在弹出的快捷菜单中选择【插入列】命令，这时会在此列前空出一行，用户可在此行定义新插入的列。

（2）删除已有字段：选中要删除的字段，然后右击，在弹出的快捷菜单中选择【删除列】命令。

（3）修改已有字段的数据类型或长度：只需在【数据类型】项上选择一个新的类型或在【列属性】的【长度】上输入一个新的长度值即可。

（4）为字段添加约束：添加主键约束、外键约束的方法与创建表时的定义方法相同。

修改完毕后，关闭保存，在弹出的【保存】提示窗口中，如果确定要保存修改，则单击【确定】按钮，否则，单击【否】按钮。

A.5.7　表中数据的管理

表创建好以后，还没有任何数据，需要手动向表中添加数据。

右击需要添加数据的表，比如本例中的 stock 表，在弹出的菜单中选择【打开表】命令，即可显示表中的所有记录，也可在表格中填写相应的示例数据，如图 A.35 所示。

LUOBO-CA1AE... - dbo.stock 摘要						
mat_num	mat_name	speci	warehouse	amount	unit	total
m001	护套绝缘导线	BVV-120	供电局1#仓库	220	89.80	19756.00
m002	架空绝缘导线	10KV-150	供电局1#仓库	30	17.00	510.00
m003	护套绝缘电线	BVV-35	供电局2#仓库	80	22.80	1824.00
m004	护套绝缘电线	BVV-50	供电局2#仓库	283	32.00	9056.00
m005	护套绝缘电线	BVV-70	供电局2#仓库	130	40.00	5200.00
m006	护套绝缘电线	BVV-150	供电局3#仓库	46	85.00	3910.00
m007	架空绝缘导线	10KV-120	供电局3#仓库	85	14.08	1196.80
m009	护套绝缘电线	BVV-16	供电局3#仓库	90	100.00	9000.00
m011	护套绝缘电线	BVV-95	供电局3#仓库	164	88.00	14432.00
m012	交联聚乙烯绝...	YJV22—15KV	供电局4#仓库	45	719.80	32391.00
m013	户外真空断路器	ZW12-12	供电局4#仓库	1	13600.00	13600.00
NULL	NULL	NULL	NULL	NULL	NULL	NULL

图 A.35 填写后的 stock 表

注意：由于本例中 stock 表的 total 字段为计算字段，所以无需填写，只要填写 amount 字段和 unit 字段，total 字段会自动计算出来。

A.5.8 删除表

确定不再需要某个表时，可将其删除，删除表时会将与表有关的所有对象一起删掉。删除表时要注意有外键引用关系的表的删除过程和顺序，不能删除存在外键引用关系的主表。删表时必须先删除有外键的子表，然后再删除主表。

（1）展开包含要删除表的数据库结点，再展开表，在要删除的表上右击，在弹出的快捷菜单中选择【删除】命令，如图 A.36 所示。

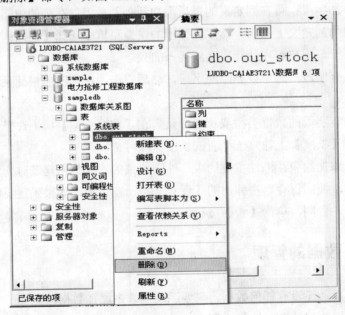

图 A.36 删除表

（2）在弹出的【删除对象】对话框中，单击【确定】按钮，即可删除选择的表。需要注意的是，单击该对话框中的【显示依赖关系】按钮，可以看到该表所依赖的对象和依赖于该表的对象，当发现有对象依赖于该表时，就不能删除。

A.5.9　删除数据库

当不再需要某数据库，或如果它被移到另一数据库或服务器时，即可删除该数据库。数据库被删除之后，其文件及数据都从服务器上删除，且被永久删除。

（1）在对象资源浏览器中展开树形结构的【数据库】结点，右击要删除的数据库，在弹出的快捷菜单中选择【删除】命令，如图 A.37 所示。

（2）在弹出的对话框中单击【确定】按钮，即可删除数据库。

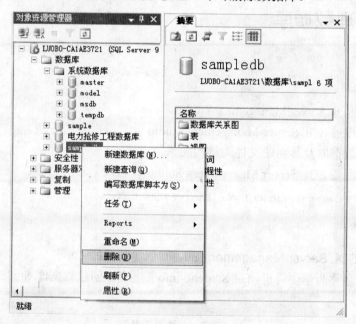

图 A.37　删除数据库

附 录B

实验

实验一 通过 SQL Server Management Studio 创建及管理数据库

实验目的

（1）熟悉 SQL Server Management Studio。
（2）掌握通过 SQL Server Management Studio 管理数据库的方法。
（3）掌握数据库及其物理文件的结构关系。
（4）掌握通过 SQL Server Management Studio 管理数据表的方法。

实验内容

1. 通过 SQL Server Management Studio 创建数据库

创建一个名称为学生管理信息 Student_info 数据库，创建数据库 Student_info 的具体参数如表 B.1 所示。

表 B.1　数据库参数

参 数 名 称	参 考 参 数
数据库名称	Student_info
数据库逻辑文件名称	Student_info_data
数据库物理文件名称	Student_info_data.mdf
数据文件初始大小	20MB
数据文件大小最大值	300MB
数据文件增长增量	5MB
日志逻辑文件名称	Student_info_log
日志物理文件名称	Student_info_log.ldf
日志文件初始大小	5MB
日志文件大小最大值	50MB
日志文件增长增量	1MB

2. 查看、验证创建的数据库

方法 1：执行 sp_helpdb 系统存储过程查看 Student_info 数据库的信息。

方法 2：在 SQL Server Management Studio 中查看。

3. 修改数据库的属性

通过 SQL Server Management Studio 查看数据库，将数据库 Student_info 数据文件的初始大小改为 30MB，最大值改为 300MB，数据增长改为 5%，日志文件的初始大小改为 20MB，最大值改为 30MB，数据增长改为 6%。

4. 数据库的分离及附加

（1）将 Student_info 数据库从数据库服务器分离。

（2）将 Student_info 数据库再次附加到服务器中。

5. 通过 SQL Server Management Studio 在 Student_info 数据库中创建表

Student_info 数据库包含三张表：Student 表、Course 表及 SC 表，分别代表学生信息、课程信息及学生选课信息。三张表的结构及其约束见表 B.2、表 B.3 和表 B.4。

表 B.2　Student 表结构和约束

列　名　称	类　　型	宽度	允许空值	默认值	约束	主键	说　　明
Sno	Char	8	否			是	学号
Sname	Varchar	8	否				学生姓名
Sex	Char	2	否	男			性别
Birth	Smalldatetime		否				出生年月
Classno	Char	3	否				班级号
Entrance_date	Smalldatetime		否				入学时间
Home_addr	Varchar	40	是				家庭地址

表 B.3　Course 表结构和约束

列　名　称	类　　型	宽度	允许空值	默认值	约　　束	主键	说明
Cno	Char	3	否			是	课程号
Cname	Varchar	20	否				课程名称
Total_perior	Smallint		是		大于 0		总学时
Credit	Tinyint		是		大于 0，小于等于 6		学分

表 B.4　SC 表结构和约束

列　名　称	类　　型	宽度	允许空值	默认值	约　　束	主键	外键	说明
Sno	Char	8	否			是	是	学号
Cno	Char	3	否				是	课程号
Grade	Tinyint		是		大于等于 0，小于等于 100		否	成绩

6. 通过 SQL Server Management Studio 管理表结构

（1）添加和删除列

a. 给 Student 表增加身高（以米单位）stature 列，类型为 numeric(4，2)，允许为空值，且身高值需小于 3.0 米。

b. 给 Student 表增加所在系 Sdept 列，字符型，长度 2，不允许为空值。

c．给 Student 表增加邮政编码 Postcode 列，字符型，长度为 6，可以为空，若不为空时，则要求其值只能出现数字，不能是其他字符。

d．删除 Student 表中身高 stature 列。

（2）添加和删除约束

a．在 Student 表添加约束：入学时间必须在出生年月之后。

b．给 SC 表的成绩 grade 列增加默认值约束，默认值为 0。

c．删除 grade 列的默认值约束。

7．通过 SQL Server Management Studio 对表添加、修改、删除数据

（1）插入数据，Student 表、Course 表、SC 表的记录见表 B.5、表 B.6、表 B.7。

表 B.5　Student 表

Sno	Sname	Sex	Birth	Classno	Entrance_date	Home_addr	Sdept	Postcode
20110001	张虹	男	1992/09/11	051	2011/09/01	南京	计算机系	200413
20110002	林红	女	1991/11/12	051	2011/09/01	北京	计算机系	100010
20110103	赵青	男	1993/05/11	061	2011/09/01	上海	软件工程	200013

表 B.6　Course 表

Cno	Cname	Total_perior	Credit
001	高数	96	6
002	C 语言程序设计	80	5
003	Java 语言程序设计	48	3
004	Visual_Basic	48	4

表 B.7　SC 表

Sno	Cno	Grade
20110001	001	89
20110001	002	78
20110001	003	89
20110002	002	60
20110103	001	80

其他数据可自行添加。要求 Student 表和 SC 表中数据包括了每位同学自己的学号。

（2）修改数据

a．将 Student 表中的学号为'20110103'的同学的出生年月改为 1993 年 10 月 1 日。

b．将 Course 表中的课程号为'002'的学分改为 4，总学时改为 64。

（3）删除数据（请注意约束的限制）

a．删除 SC 表中 20110103 同学的选课记录。

b．删除 Course 表中课程号为 002 的记录。如果不能成功删除该记录，请分析原因。

实验二　通过 SQL 语句创建与管理数据表

实验目的

（1）掌握查询分析器的使用。

（2）掌握通过 SQL 语句创建表的方法。

（3）掌握通过 SQL 语句修改表结构的方法。

（4）掌握通过 SQL 语句添加、修改、删除表数据的方法。

实验内容

1．通过 SQL 语句删除表

用 SQL 语句在数据库 Student_info 中删除实验一创建的 Student 表、Course 表、SC 表。

2．通过 SQL 语句创建表

用 SQL 语句在数据库 Student_info 中创建实验一中的 Student 表、Course 表、SC 表，表结构如实验一中表 B.2、表 B.3、表 B.4 所示。

3．通过 SQL 语句管理表结构

（1）添加和删除列

a．给 Student 表增加身高（以米单位）stature 列，类型为 numeric（4，2），允许为空值，且身高值需小于 3.0 米。

b．给 Student 表增加所在系 Sdept 列，字符型，长度 2，不允许为空值。

c．给 Student 表增加邮政编码 Postcode 列，字符型，长度为 6，可以为空，若不为空时，则要求其值只能出现数字，不能是其他字符。

d．删除 Student 表中身高 stature 列。

（2）添加和删除约束

a．在 Student 表添加约束：入学时间必须在出生年月之后。

b．给 SC 表的成绩 grade 列增加默认值约束，默认值为 0。

c．删除 grade 列的默认值约束。

4．通过 SQL 语句添加、修改、删除表中数据

（1）插入数据

a．Student 表、Course 表、SC 表的记录见实验一的表 B.5、表 B.6、表 B.7，其他数据可自行添加。要求 Student 表和 SC 表中数据包括了每位同学自己的学号。

b．执行如下语句：insert into student（sno，sname，sex）values（'20101101'，'赵青'，'男'），该语句能成功执行吗？为什么？

c．执行如下语句：insert into sc values（'20110103'，'005'，80），该语句能成功执行吗？为什么？

（2）修改数据

a．使用 T-SQL 语句，将 Course 表中的课程号为'002'的学分改为 4，总学时改为 64。

b．使用 T-SQL 语句，将 SC 表中的选修了'002'课程的同学的成绩*80%。

（3）删除数据

a．使用 T-SQL 语句，删除选修了"C 语言程序设计"的学生的选课记录。

b．使用 T-SQL 语句，删除所有的学生选课记录。

说明：删除后，请重新插入 SC 表中的记录。

实验三　单表查询

实验目的

掌握简单 SQL 查询语句的应用，包括 like、top、order by、compute 和聚集函数的应用。

实验内容

1．基本查询

（1）查询 Student 表中全体学生的全部信息。

（2）查询全体学生的学号、姓名。

2．查询时改变列标题的显示

查询全体学生的学号、姓名、家庭地址信息，并分别加上"学生"、"学号"、"家庭地址"的别名信息。

3．条件查询

（1）查询成绩大于 80 分的学生的学号及课程号、成绩。

（2）查询成绩介于 75～80 分的学生的学号及课程号、成绩。

（3）查询选修了课程号为"002"，且成绩大于 80 的学生的学号。

（4）某些学生选修某门课程后没有参加考试，所以有选课记录，但没有考试成绩，请查询缺少成绩的学生的学号和相应的课程号。

4．基于 IN 子句的数据查询

从 Course 表中查询出"高数"、"C 语言程序设计"的所有信息。

5．基于 BETWEEN…AND 子句的数据查询

查询所有成绩在 70～80 之间的学生选课信息。

6．基于 LIKE 子句的查询

（1）从 Student 表中分别检索出姓张的所有同学的资料。

（2）检索名字的第二个字是"红"或"虹"的所有同学的资料。

（3）查询课程名为 Visual_Basic 的课程的学分。（提示：使用 ESCAPE 短语）

7．使用 TOP 关键字查询

（1）从选课表中检索出前 3 个课程信息。

（2）从选课表中检索出前面 20%的课程信息。

8．消除重复行

检索出学生已选课程的课程号，要求显示的课程号不重复。

9．查询经过计算的值

查询全体学生的姓名及其年龄。（提示：利用系统函数 getdate()）

10．使用 ORDER BY 语句对查询的结果进行排序

（1）显示所有学生的基本信息，按班号排列，班号相同则再按学号排列。

（2）查询全体学生的姓名及其年龄，并按学生的年龄的降序排列。

11．使用聚合函数

（1）查询学生总人数。

（2）计算"002"号课程的学生平均成绩、最高分、最低分。

12．使用 GROUP 子句进行查询

（1）查询各班级学生总人数。

（2）汇总总分大于 150 分的学生的学号及总成绩。

（3）查询各个课程号相应的选课人数。

13．使用 COMPUTE 和 COMPUTE BY 子句进行查询

（1）汇总每个学生的学号及总成绩。

（2）按学号汇总出每个学生的学号及总成绩、最高分、最低分以及所有学生总成绩。

观察使用 COMPUTE 子句和 COMPUTE BY 子句执行结果有何不同？

实验四　复杂查询

实验目的

掌握两个表以上的连接查询的应用，包括嵌套查询。

实验内容

1．同一数据库中的多表查询

（1）查询比"林红"年纪大的男学生信息。

（2）查询所有学生的选课信息，包括学号、姓名、课号、课程名、成绩。

（3）查询已选课学生的学号、姓名、课程名、成绩。

（4）查询选修了"C 语言程序设计"的学生的学号和姓名。

（5）查询与"张虹"在同一个班级的学生学号、姓名、家庭住址。

（6）查询其他班级中比"051"班所有学生年龄大的学生的学号、姓名。

（7）（选做）查询选修了全部课程的学生姓名。

（8）（选做）查询至少选修了学生"20110002"选修的全部课程的学生的学号、姓名。

（9）查询学生的学号、姓名、学习课程名及课程成绩。

（10）查询选修了"高数"课且成绩至少高于选修课程号为"002"课程的学生的学号、课程号、成绩，并按成绩从高到低次序排列。

（11）查询选修 3 门以上课程的学生的学号、总成绩（不统计不及格的课程），并要求按总成绩的降序排列出来。

（12）查询多于 3 名学生选修的并以 3 结尾的课程号的平均成绩。

（13）查询最高分与最低分之差大于 5 分的学生的学号、姓名、最高分、最低分。

（14）创建一个表 student_other，结构同 Student，输入若干记录，部分记录和 Student 表中的相同。

　　a．查询同时出现在 Student 表和 student_other 表中的记录。

　　b．查询 Student 表和 student_other 表中的全部记录。

2．多个数据库间的多表查询

（选做）创建一个数据库 student_info_other，参数自定。

（1）当前数据库为 Student_info，将 student_info 数据库中的表 student_other 复制到 student_info_other 中。

（2）查询同时出现在 Student 表和 student_info_other 数据库 student_other 表中的记录。

3．外连接查询

（1）查询所有课程信息及其选课信息，包含未被学生选修的课程。

（2）查询所有学生信息，所有课程信息及其选课信息，包含未选修课程的学生及未被学生选修的课程。

实验五　视图的创建与使用

实验目的

（1）理解视图的概念。

（2）掌握创建视图、测试、加密视图的方法。

（3）掌握更改视图的方法。

（4）掌握用视图管理数据的方法。

实验内容

1．创建视图

（1）创建一个名为 stuview1 的水平视图，从 Student_info 数据库的 student 表中查询出所有男学生的资料。并在创建视图时使用 with check option。

（2）创建一个名为 stuview2 的投影视图，从数据库 Student_info 的 Course 表中查询学分大于 3 的所有课程的课程号、课程名、总学时，并在创建时对该视图加密。

（3）创建一个名为 stuview3 的视图，能检索出"051"班所有女生的学号、课程号及相应的成绩。

（4）创建一个名为 stuview4 的视图，能检索出每位选课学生的学号、姓名、总成绩。

2．查询视图的创建信息及视图中的数据

（1）查看视图 stuview1 的创建信息。

方法 1：通过系统存储过程 sp_help 查看。

方法 2：通过查询表 sysobjects。

（2）查看视图的定义脚本。

方法 1：通过系统存储过程 sp_helptext。

方法 2：通过查询表 sysobjects 和表 syscomments。

（提示：视图的名称保存在表 sysobjects 的 name 列，定义脚本保存在表 syscomments 的 text 列）。

（3）查看加密视图 stuview3 的定义脚本。

3．修改视图的定义

修改视图 stuview2，使其从数据库 Student_info 的 Course 表中查询总学时大于 60 的所有课程的课程号、课程名、学分。

4．视图的更名与删除

（1）将视图 stuview4 更名为 stuv4。

（2）将视图 stuv4 删除。

5．管理视图中的数据

（1）从视图 stuview1 查询出班级为"051"、姓名为"张虹"的资料。

（2）向视图 stuview1 中插入一行数据。学号：20110005，姓名：许华，班级：054，性别：男，家庭住址：南京，入学时间：2011/09/01，出生年月：1983/01/09。

原 Student 表中的内容有何变化？

思考：如向视图 stuview1 中插入一行数据。学号：20110006，姓名：赵静，班级：054，性别：女，家庭住址：南京，入学时间：2011/09/01，出生年月：1983/11/09。会出现什么样的结果？原 Student 表中的内容有何变化？

（3）修改视图 stuview1 中的数据。

将 stuview1 中 054 班、姓名为"许华"同学的家庭地址改为"扬州市"。

原 Student 表中的内容有何变化？

（4）删除视图 stuview1 中班级为 054、姓名为"许华"的同学的记录。

原 Student 表中的内容有何变化？

实验六　存储过程

实验目的

（1）掌握 T-SQL 流控制语句。

（2）掌握创建存储过程的方法。

（3）掌握存储过程的执行方法。

（4）掌握存储过程的管理和维护。

实验内容

1. 创建简单存储过程

创建一个名为 stu_pr 的存储过程，该存储过程能查询出 051 班学生的所有资料，包括学生的基本信息、学生的选课信息（含未选课同学的信息）。要求在创建存储过程前判断该存储过程是否已创建，若已创建则先删除，并给出"已删除！"信息，否则就给出"不存在，可创建！"的信息。

2. 创建带参数的存储过程

（1）创建一个名为 stu_proc1 的存储过程，查询某系、某姓名的学生的学号、姓名、年龄、选修课程名、成绩。系名和姓名在调用该存储过程时输入，其默认值分别为"%"与"林%"。执行该存储过程，用多种参数加以测试。

（2）创建一个名为 student_sc 的存储过程，可查询出某学号段的同学的学号、姓名、总成绩。（学号起始号与终止号在调用时输入，可设默认值。）执行该存储过程。

3. 创建带输出参数的存储过程

（1）创建一个名为 course_average 的存储过程，可查询某门课程考试的平均成绩。总成绩可以输出，以便进一步调用。

（2）创建一执行该存储过程的批处理，要求当平均成绩小于 60 时，显示信息为："XX 课程的平均成绩为：XX，其平均分未达 60 分"。超过 60 时，显示信息为："XX 课程的平均成绩为：XX"。

4. 创建带重编译及加密选项的存储过程

创建一个名为 update_sc、并带重编译及加密选项的存储过程，可更新指定学号、指定课程号的学生的课程成绩。（学号、课程号在调用时输入）

5. 使用 T-SQL 语句管理和维护存储过程

（1）使用 sp_helptext 查看存储过程 student_sc 的定义脚本。

（2）使用 select 语句查看 student_sc 存储过程的定义脚本。

（3）将存储过程 stu_pr 改为查询学号为 2011001 的学生的详细资料。

（4）删除存储过程 stu_pr。

6. 使用 SQL Server Management Studio 管理存储过程

（1）在 SQL Server Management Studio 中重新创建刚删除的存储过程 stu_pr。

（2）查看存储过程 stu_pr，并将该过程修改为查询 051 班女生的所有资料。

（3）删除存储过程 stu_pr。

实验七　触发器

实验目的

（1）理解触发器的用途、类型和工作原理。

（2）掌握利用 T-SQL 语句创建和维护触发器的方法。

（3）掌握利用 SQL Server Management Studio 创建、维护触发器的方法。

实验内容

1. 创建 AFTER 触发器

（1）创建一个在插入时触发的触发器 sc_insert，当向 SC 表插入数据时，须确保插入的学号已在 Student 表中存在，并且还须确保插入的课程号在 Course 表中存在；若不存在，则给出相应的提示信息，并取消插入操作，提示信息要求指明插入信息是学号不满足条件还是课程号不满足条件。（注：Student 表与 SC 表的外键约束要先取消。）

（2）为 Course 表创建一个触发器 Course_del，当删除了 Course 表中的一条课程信息时，同时将表 SC 中相应的学生选课记录也删除。

（3）在 Course 表中添加一个平均成绩 avg_grade 字段（记录每门课程的平均成绩），创建一个触发器 grade_modify，当 SC 表中的某学生的成绩发生变化时，则 Course 表中的平均成绩也能及时相应发生改变。

（4）测试上述三个触发器。

2. 创建 INSTEAD OF 触发器

（1）创建一视图 student_view，包含学号、姓名、课程号、课程名、成绩等属性，在 student_view 上创建一个触发器 grade_modify，当对 student_view 中的学生的成绩进行修改时，实际修改的是 SC 中的相应记录。

（2）在 Student 表中插入一个 getcredit 字段（记录学生所获学分的情况），创建一个触发器 ins_credit，当更改（注：含插入时）SC 表中的学生成绩时，如果新成绩大于等于 60 分，则该生可获得这门课的学分，如果新成绩小于 60 分，则该生未能获得这门课的学分。

（3）测试上述两个触发器。

3. 使用 T-SQL 语句管理和维护触发器

（1）用系统存储过程 sp_helptrigger 查看触发器 grade_modify 的相关信息。

（2）使用 sp_helptext 查看触发器 grade_modify 中的定义内容。

（3）使用 select 语句查看触发器 grade_modify 的定义内容。

（4）用系统存储过程 sp_depends 查看触发器 grade_modify 的相关性（即该触发器涉及哪些基本表）。

（5）将 sc_insert 触发器改为 instead of 触发器，实现的功能不变。

（6）将触发器 sc_insert 删除。

4. 使用 SQL Server Management Studio 管理触发器

（1）在 SQL Server Management Studio 中重新创建刚删除的触发器 sc_insert。

（2）查看触发器 sc_insert 的内容。

（3）删除触发器 sc_insert。

实验八　实现数据完整性

实验目的

（1）了解实现数据完整性的概念及实施数据完整性的重要性。
（2）掌握数据完整性的分类。
（3）掌握完整性约束的添加、删除方法。
（4）掌握默认值的创建、实施与删除方法。
（5）掌握规则的创建、实施与删除方法。
（6）掌握级联删除、级联修改方法。

实验内容

1．完整性约束的添加、删除

（1）使用 SQL Server Management Studio 实施约束。

a．为表 Student 的 Birth 字段创建检查约束，使输入的生日日期小于系统日期。

b．为表 Student 的 Sdept 字段，设置默认值约束，默认值取'计算机系'。

c．为 Student 表的 Sname 字段添加唯一性约束。

d．为 SC 表的 Sno,Cno 字段设置外键约束，约束名自己取，并允许级联删除与级联更新。若已存在外键约束，请先删除。

（2）使用 Transact-SQL 语句实施约束。

a．为 student 表的 Sno 字段添加一个 check 约束，使学号满足如下条件：学号前四位为 2011，学号后四位为数字字符。

b．为 student 表中的 Birth 字段添加一个约束，规定生日应小于入学时间。

c．禁用（a）中实施的 Check 约束。

d．重新启用 Check 约束。

e．删除（a）所设置的 check 约束。

f．将 Student 表中的 Classno 字段设置为允许空。

g．为 SC 表中的 Sno，Cno 添加外键约束，约束名自取；并允许级联删除与级联更新。若已存在外键约束，请先删除。

h．为 Course 表中的 Cname 字段添加唯一性约束。

2．默认值的实施

（1）通过 SQL Server Management Studio 实现。

a．为数据库 Student_info 创建一个默认的邮政编码，名称自取，值为：200093。

b．将该默认值绑定到 Student 表中的 Postcode 列。

c．将 Postcode 列上的绑定解除，并删除该默认值。

（2）用 Transact-SQL 语句重做（1）中的（a）、（b）、（c）。

3．规则的实施

（1）通过 SQL Server Management Studio 实现。

a．为数据库 Student_info 创建一个关于性别的取值规则，规则名自取，要求字段的取值仅能为'男'或'女'。

b．将该规则绑定到 Student 表的 Sex 字段上。

c．解除 Student 表的 sex 列上的绑定，并删除该规则。

（2）使用 T-SQL 重做（1）中的（a）、（b）、（c）。

实验九　索引及数据库安全

实验目的

（1）理解索引的概念与类型。

（2）掌握使用 SQL Server Management Studio 创建与维护索引的方法。

（3）掌握 T-SQL 语句创建与维护索引的方法。

（4）掌握 SQL Server 下的数据库安全管理机制。

实验内容

请分别通过 SQL Server Management Studio 和 T-SQL 语句完成该实验。

1．索引

（1）为 Student 表创建一个以 Sno 为索引关键字的唯一聚簇索引，索引名为 sno_index。若索引已存在，请先删除。

（2）为 Student 表创建以 sname、sex 为索引关键字的非聚簇索引，对 Sname 以升序排列，Sex 以降序排列，索引名为 ss_index。

（3）将索引 ss_index 删除。

（4）针对下列 4 条 select 语句，在查询分析器中查看这些语句的预执行计划，分析预执行计划的不同点及原因。

a．Select * from student。

b．Select * from student where sno='20110001'。

c．Select * from student where sname like '张%' and sex='女'。

d．Select * from student where Classno='051'。

2．数据库安全

（1）注册一个"登录"（loginin），登录名为自己的学号，并将该登录加入服务器角色"system administrators"。

（2）注册一个"登录"（loginin），登录名为自己的姓名，该登录不属于任何服务器角色。

（3）在数据库 Student_info 下创建一个用户，用户名为自己的学号，并将它和登录名为自己的学号的登录连在一起，察看该用户属于哪个数据库角色，对数据库对象有哪些操作权限。

（4）在数据库 Student_info 下创建一个用户，用户名为自己的姓名，并将它和登录名为自己的姓名的登录连在一起，查看该用户属于哪个数据库角色；编辑修改该用户属性，并为该用户分配数据库中各对象的操作权限：

a. 对 Student 表拥有全部权限。

b. 对 Course 只有 select 权限。

c. 对 SC 表的 Sno、Cno 列具有 select 权限，对 grade 列没有任何权限。

（5）创建一个自定义角色"学生"，并将以自己姓名命名的用户添加为其成员。

（6）断开原来的链接，用学号重新登录，进入 Student_info 数据库，测试用学号登录后，是否拥有对数据库的全部操作权限（注意：该登录属于 system administrators 组）。

（7）断开原来的链接，用姓名登录，进入学生成绩数据库，测试用姓名登录后，拥有对数据库的哪些操作权限。

参 考 文 献

[1] 萨师煊，王珊. 数据库系统概论（第四版)[M]. 北京：高等教育出版社，2006.

[2] 雷景生. 数据库系统及其应用[M]. 北京：电子工业出版社，2005.

[3] 张晋连. 数据库原理及应用[M]. 北京：电子工业出版社，2006.

[4] 文龙，张自辉，胡开胜. SQL Server 2005 入门与提高[M]. 北京：清华大学出版社，2007.

[5] 周涛，吕伟臣，夏永和. SQL Server 2005 数据库基础应用[M]. 北京：清华大学出版社，2007.

[6] Paul Turley，Dan Wood 著. 刘颖译. SQL Server 2005 Transaction-SQL 编程入门经典[M]. 北京：清华大学出版社，2007.

[7] 龙马工作室编著. SQL Server 2005 数据库管理与开发[M]. 北京：人民邮电出版社，2008.

[8] 崔巍. 数据库系统及应用[M]. 北京：高等教育出版社，2003.

[9] 刘亚军，高莉莎. 数据库原理与设计-习题与解析. 北京：清华大学出版社，2005.

[10] 郑阿奇. SQL Server 实用教程. 北京：电子工业出版社，2009.

21 世纪高等学校数字媒体专业规划教材

ISBN	书　名	定价（元）
9787302234111	多媒体 CAI 课件制作技术及应用	35.00
9787302235118	虚拟现实技术	35.00
9787302238133	影视技术导论	29.00
9787302224921	网络视频技术	35.00
9787302232865	计算机动画制作与技术	39.00
9787302224877	数字动画编导制作	29.50
9787302222651	数字图像处理技术	35.00
9787302218562	动态网页设计与制作	35.00
9787302222644	J2ME 手机游戏开发技术与实践	36.00
9787302217343	Flash 多媒体课件制作教程	29.5
9787302208037	Photoshop CS4 中文版上机必做练习	99.00
9787302210399	数字音视频资源的设计与制作	25.00
9787302201076	Flash 动画设计与制作	29.50
9787302185406	网页设计与制作实践教程	35.00
9787302180319	非线性编辑原理与技术	25.00
9787302168119	数字媒体技术导论	32.00
9787302155188	多媒体技术与应用	25.00
9787302243700	多媒体信息处理与应用	35.00

以上教材样书可以免费赠送给授课教师，如果需要，请发电子邮件与我们联系。

教学资源支持

敬爱的教师：

感谢您一直以来对清华版计算机教材的支持和爱护。为了配合本课程的教学需要，本教材配有配套的电子教案（素材），有需求的教师可以与我们联系，我们将向使用本教材进行教学的教师免费赠送电子教案（素材），希望有助于教学活动的开展。

相关信息请拨打电话 010-62776969 或发送电子邮件至 weijj@tup.tsinghua.edu.cn 咨询，也可以到清华大学出版社主页（http://www.tup.com.cn 或 http://www.tup.tsinghua.edu.cn）上查询和下载。

如果您在使用本教材的过程中遇到了什么问题，或者有相关教材出版计划，也请您发邮件或来信告诉我们，以便我们更好地为您服务。

地址：北京市海淀区双清路学研大厦 A 座 707　　计算机与信息分社魏江江　收

邮编：100084　　　　　　　　　　　电子邮件：weijj@tup.tsinghua.edu.cn

电话：010-62770175-4604　　　　　邮购电话：010-62786544

《网页设计与制作（第2版）》目录

ISBN 978-7-302-25413-3　　梁　芳　主编

图书简介：

　　Dreamweaver CS3、Fireworks CS3 和 Flash CS3 是 Macromedia 公司为网页制作人员研制的新一代网页设计软件，被称为网页制作"三剑客"。它们在专业网页制作、网页图形处理、矢量动画以及 Web 编程等领域中占有十分重要的地位。

　　本书共 11 章，从基础网络知识出发，从网站规划开始，重点介绍了使用"网页三剑客"制作网页的方法。内容包括了网页设计基础、HTML 语言基础、使用 Dreamweaver CS3 管理站点和制作网页、使用 Fireworks CS3 处理网页图像、使用 Flash CS3 制作动画和动态交互式网页，以及网站制作的综合应用。

　　本书遵循循序渐进的原则，通过实例结合基础知识讲解的方法介绍了网页设计与制作的基础知识和基本操作技能，在每章的后面都提供了配套的习题。

　　为了方便教学和读者上机操作练习，作者还编写了《网页设计与制作实践教程》一书，作为与本书配套的实验教材。另外，还有与本书配套的电子课件，供教师教学参考。

　　本书可作为高等院校本、专科网页设计课程的教材，也可作为高职高专院校相关课程的教材或培训教材。

目　　录：